# 알기쉬운 디 지 털 공 학

곽 승 욱 · 정 필 성 공저

오성미디어

# 목 차

# 1. 컴퓨터의 개요

※ 학습목표
컴퓨터 및 디지털 시스템의 기본 개념을 인식하고, 그 구성요소를 파악한다.

■ 세부목표
(1) 데이터, 정보, 지식의 개념
(2) 컴퓨터의 구성 및 원리
(3) 컴퓨터의 역사 및 분류
(4) 디지털 시스템의 원리
(5) 집적회로의 분류 등을 익힌다.

## 1.1. 데이터, 지식, 정보

### 1.1.1. 데이터와 지식

데이터(Data)란 정보를 얻기 위하여 적절한 방법으로 만들어진 자료를 말하는 것으로 아직 특정의 목적에 대하여 평가되지 않은 상태의 단순한 여러 사실, 개념이라 정의할 수 있다. 이것을 컴퓨터가 처리 및 가공함으로써 특정목적을 달성하는데 필요한 정보가 생산된다. 지식(Knowledge)이란 정보가 체계적으로 저장되어 일반화된 형태로 정리된 것을 말한다.

### 1.1.2. 정보

정보(Information)란 생명력을 가진 개체에 그 의미가 있다. 즉, 생존을 위한 도구로 인식되는 것이 바람직하다. 결국 최근의 정보화 사회란 의미도 결국 개인이나 단체 더 나아가 국가의 생존전략과 맥락을 같이한다고 볼 수 있다. 지구상에 생명력을 가진 개체는 생존유지를 위해 끊임없이 외부로부터 자신이 처한 환경을 기본으로 뉴스를 접하고, 획득하고 이를 평가하여 외부환경에 대응하는 판단과 그에 따른 행동을 취하게 마련이다.

따라서 정보에는 반드시 생명체 → 사실, 개념획득 → 판단 → 행동 → 효율평가라는 사이클(cycle)이 있게 마련이며 이를 정보 사이클이라 한다. 여기서 효율평가는 어떤 특정의 목적을 달성하기 위한 행동에 대한 결과의 효율정도에 대한 평가치가 된다.

인간이 역사의 흐름과 함께 꾸준히 생존전략이 수정되고 보완되어 온 것처럼 정보의 개념도 상황에 따라 변화하여왔고, 언어나 문자와 같은 고도의 정보매체가 생산되었고, 이들이 유기적으로 결합되고 융합되어 왔다. 결국 정보는 인간이 사회생활을 유지하는 데 필요불가결의 생활요소가 되었다.

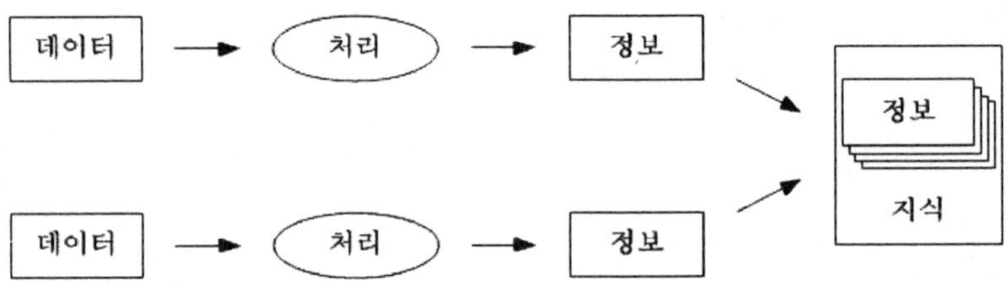


그림 1-1. 데이터, 정보, 지식의 개념

특히, 우리가 관심을 가지고 있는 컴퓨터 정보의 특징은 논리적, 초고속, 선별화란 점이다. 언론 정보와 달리 정보화 사회의 컴퓨터 정보는 쌍방으로 요구에 따라 발행될 수 있으며 단순한 뉴스가 아닌 복합적인 정보이다.

# 1.2. 컴퓨터

## 1.2.1. 컴퓨터의 정의

컴퓨터를 전자계산기라고도 하며 EDPS(Electronic Data Processing System)라고도 부른다. 전자계산기는 다양한 대량의 데이터를 사용자가 원하는 형태로 계산하고, 논리적인 비교 및 판단을 자동으로 신속 정확하게 처리할 뿐 아니라 저장장치에 기억시켜주는 여러 구성장치로 구성된 정보처리 시스템을 말한다. 여기서 데이터는 앞에서도 간단히 언급한 바와 같이 원시자료로서 이것을 수집하여 가공 처리하여 이용 가능한 형태로 변형함으로서 비로소 유용한 정보를 얻게 되는데 이 과정을 데이터처리라 한다. 컴퓨터에 의해 처리된 정보나 적절한 양식으로 자료화한 것은 기억 매체에 영구히 기억시켰다가 필요시 즉각적으로 검색하거나 사용할 수 있다.

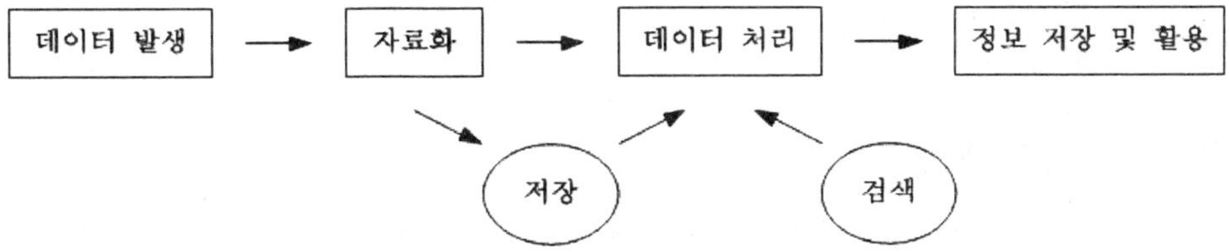


그림 1-3. 컴퓨터에 의한 데이터 처리

## 1.2.1. 컴퓨터의 구성과 데이터처리 원리

전자계산기를 구성하고 있는 기계장치를 하드웨어라 한다. 즉, 컴퓨터 주기억장치의 기억소자, 중앙처리장치의 회로, 주변장치에 해당하는 입출력상치, 보조기억장치 등이 하드웨어이다. 전자계산기는 데이터가 입력되어 처리과정을 거쳐 정보가 출력되는 원리를 기본으로 하며 이것을 GIGO(Garbage In Garbage Out)라 한다. 하드웨어의 각 부분의 동작은 인간의 각 기능과 흡사하다. 인간이 일을 할 때의 경우를 생각해보면 작업을 위하여 필요한 정보는 문서나 말로 외부에서 입력된다. 이들 정보를 받아들이는 입력장치로는 문자나 그림인 경우에는 눈으로, 사람의 말인 경우에는 귀로 듣고 그 외 접촉 등 감각으로 신경을 통해 뇌에 전해진다. 뇌 속에서는 과거에 경험한 기억 등을 회상하면서 사고를 하게 된다. 이 경우 상세한 숫자라던가 기억이 희미한 것은 과거의 자료나 메모를 이용한다. 사고의 결과는 입을 통해 말로 표현되거나 손을 써서 문자로 기록되어 나타난다. 즉, 출력된다.

컴퓨터의 구조도 이것과 흡사하다. 인간의 기능을 컴퓨터의 경우와 비교하면 눈이나 귀에 해당하는 부분을 입력장치, 뇌에 해당부분이 중앙처리장치, 과거를 회상하는 기억은 기억장치(영구 기억장치와 임시 기억장치), 메모 가능한 보조기억장치, 입이나 손은 출력장치가 된다. 여러분들은 아마도 시험공부라던가 암기를 할 경우 하나의 입력기관보다는 여러 개의 입력기관을 통해 해당 자료를 암기할 때 보다 빠르고 쉽게 암기되는 경험을 한 적이 있을 것이다. 예컨대 영어단어를 외울 때 그냥 읽으면서 외우는 것 보다 필기도구와 노트 등을 이용해 일기와 병행하여 외우면 보다 빠르고 쉽게 외워 진다. 이것은 사람의 정보처리 체제와 컴퓨터의 정보처리 체제의 공통성을 엿보게 한다. 즉, 정보처리를 위해 많은 입력 자료를 주면 처리속도의 향상은 물론 그 처리결과에 대한 신뢰성을 높일 수 있다는 것과 맥락을 같이한다.

## 1.3. 컴퓨터의 역사

### 1.3.1. 수동식계산기

컴퓨터에 대한 최초의 발전은 자동계산기의 요구에서 비롯되었다. 동양권에서는 수의 계산을 돕는 기구로 주판(Abacus)이 사용되어왔으며 이것은 BC 450년경부터 중국에서 사용되어 아직도 쓰이고 있는 고전적인 장치이다.

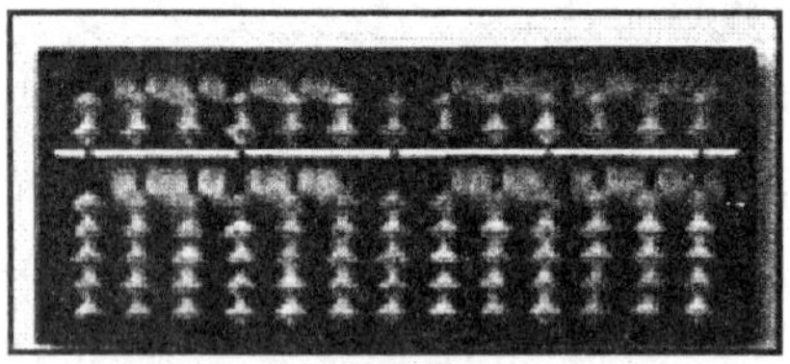

그림 1-3. 주판

### 1.3.2. 기계식 계산기

기계식 계산기는 1617년 네피어(John Napier)가 대수학을 이용한 곱셈기를 개발한 것을 시작으로 1642년 프랑스의 철학자이며 수학자인 파스칼(Blaise Pascal)이 가감산을 자동으로 할 수 있는 톱니바퀴계산기를 고안했는데 이것이 수동계산기의 효시라 할 수 있다.

1671년 독일의수학자인 라이프니츠(Gottfried Leibniz)는 곱셈과 나눗셈을 할 수 있는 자동계산기를 만들었는데 이것이 탁상계산기의 시조라 할 수 있다.

그림 1-4. 파스칼과 그의 계산기

### 1.3.3. 자동계산기

현대 컴퓨터의 아버지로 불리는 영국의 수학자인 찰스 배비지(Charles Babbage)는 1823년 차분기관(Difference Engine)을 완성하였다. 이것은 파스칼 계산기와 다르게 유한 차이법(finite difference)을 이용하여 많은 유용한 공식을 덧셈과 뺄셈을 통하여 대체로 정확하게 계산 될 수 있는 장치였다. 배비지는 계속하여 1834년 해석기관(analytical engine)이란 것을 주장했는데 이것은 현대 컴퓨터의 원리(입력, 출력, 제어, 연산 및 기억기능 등)를 모두 포함하는 것이었고 배비지의 공헌은 연산의 순서를 자동으로 변경하는 방법인데 불행히도 그 당시는 기술수준의 낙후로 실현되지는 못하였다. 인류최초의 여성프로그래머라 볼 수 있는 Agusta Ada와 같이 작업한 것은 매우 유명하다. 프로그래밍 언어 Ada는 그녀의 이름을 딴 것이다.

그림 1-5. Charles Babbage와 차분기관

한편, 1854년 영국의 불(George Boole)은 불 논리 원리를 발표하였으며 현재 컴퓨터에 사용되고 있다. 그 후 미국의 인구통계국에서 근무하던 홀러리스는 천공기와 이를 분류하는 홀러리스의 기계라 불리는 장치를 고안했다. 홀러리스(Herman Hollerith)는 1890년도 인구센서스를 처리하는 과정으로 자신의 기계를 이용한 결과 그 당시 수작업으로 7년 반 정도 걸리던 인구통계 작업을 불과 2달 만에 끝낼 수 있었다. 홀러리스는 1894년 Tabulating Machine이란 회사를 세웠는데 나중에 이 회사가 바로 IBM으로 발전하게 된다.

그림 1-6. Herman Hollerith와 그의 기계

### 1.3.4. 전기기계식 계산기

이후, 하버드 대학의 에이컨(Howard Aiken)교수는 1944년에 마크원(Mark 1)이란 전기기계식 계산 장치를 만들었는데 이것이 바로 인류최초의 전자기계식 컴퓨터로 찰스 배비지의 개념을 거의 수용하고 있었다. 거의 100년 전, 배비지의 이론이 얼마나 시대를 앞선 선구자적인 것인가를 생각해 보게 하는 대목이다. 이 기계는 부품이 100만개 이상 내장된 길이 17미터, 높이 2.4미터의 매우 덩치 큰 장치였다.

그림 1-7. Aiken과 MARK-1

### 1.3.5. 전자식 계산기와 1세대 컴퓨터(1946-1958) - 진공관

1939년 아이오와 주립대학의 John Atannasoff에 의해 최초의 전자식 디지털 컴퓨터인 ABC(Atannasoff-Berry Computer)가 개발되었으며 선형 방정식을 풀기 위한 특수 목적용 계산기였다. 그 후 2차 세계 대전이 시작되면서 미 육군성 탄도 연구소(The Army's Ballistics Research Laboratory, BRL)는 포병용 탄도 계산표를 만들기 위해 고심하였다.

그림 1-8. John Atannasoff와 ABC

그 후 기상관측이나 군사적 목적으로 개발된 최초의 전자계산기가 바로 10진수 체계를 사용한 최초의 일반 목적의 전자식 디지털 컴퓨터 ENIAC(Electronic Numerical Integrator And Computer, The Electronic Numerical And Calculator)이다.

그림 1-9. ENIAC의 개발자들과 ENIAC 그리고 진공관

ENIAC은 1943년에 착수하여 1946년에 만들어졌는데 미국 펜실베이니아 대학의 머클리(John Mauchly)와 에커트(John Eckert)에 의해 제작되었다. 이것은 1만 7천 개 이상의 진공관을 기본으로 부품수가 80여만 개로 사람의 손으로 일일이 전선을 연결하여 명령을 수행하는 외부프로그램방식을 사용했다. 현재의 AT성능에 불과하지만 당시에는 대단한 계산능력을 자랑하였다. 1946년 미 육군의 탄도연구소에 설치되어 사람이 7시간 정도 걸려 계산하던 탄도계산을 ENIAC은 단 3초 만에 해치워버려 총알보다 더 빠른 계산기로 불리게 되었다. 그러나 이 기계는 전력소모가 너무 많았고, 다른 일을 위해서는 다시 새로 만들다시피 조립하여야하는 불편을 가지고 있었다. 이 단점을 보완해 컴퓨터에 프로그램을 내장해서 사용하자는 폰노이만(John Von Neumann)의 주장을 받아들여 캠브리지 대학의 윌키스(Maurice

Vincent Wilkes) 교수에 의해 만들어진 EDSAC(Electronic Delay Storage Automatic Calculator)이 개발되었고, 이후 1950년 문자와 기호를 표현할 수 있는 최초의 상업용 컴퓨터인 UNIVAC이 출현하면서 본격적인 컴퓨터 시대가 열리게 되었다.

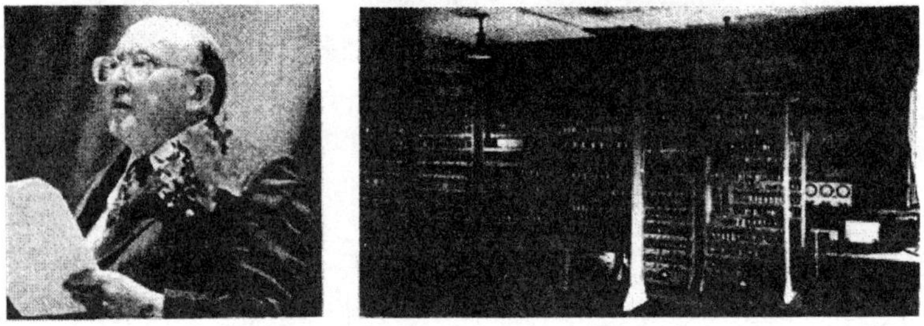

그림 1-10. Wilkes와 EDSAC

그림 1-11. UNIVAC

폰노이만은 1945년에 발표한 획기적인 논문에서 "Von Neumann 아키텍처"라고 불리는 현대 컴퓨터의 다섯 가지 구성요소를 상세히 설명했다. 그는 논문에서 컴퓨터 시스템이 능률적이고도 다목적으로 사용되려면 중앙처리장치, 기억장치, 입력장치, 출력장치가 있어야 한다고 했다. 또한 그러한 시스템은 2진수를 써서 기계식이 아니라 전자식으로 작동해야 하며 연산은 한 번에 하나씩 순차적으로 수행해야 한다고 지적했다. 그는 기억장치에 컴퓨터의 명령이나 데이터를 모두 기억시키는 프로그램 내장방식을 제안하였다.

그림 1-12. 폰노이만(John Von Neumann)

한편 UNIVAC과 경쟁하기 위해 IBM은 Tomas J. Watson, Jr. 회장에 의해서 1952년에 최초의 전자식 내장형 프로그램 방식 컴퓨터인 상업용 컴퓨터 701 Computer를 만들었다. 이 제품은 범용컴퓨터이면서 다량으로 생산되어 상업적인 성공을 거둔 최초의 컴퓨터였다. 또한 1953년에는 사무용과 과학기술용으로 함께 쓸 수 있는 범용적인 컴퓨터인 IBM 650을 발표했다.

그림 1-13. IBM 701과 IBM 650

### 1.3.6. 2세대 컴퓨터(1959-1963) - 트랜지스터

이후 1947년 벨연구소에서 트랜지스터(Transistor)가 발명되면서 컴퓨터의 역사는 완전히 새로 쓰이게 되었다. 진공관 컴퓨터가 1세대컴퓨터였다면 트랜지스터는 2세대 컴퓨터 시대를 열었다. 트랜지스터는 1947년 Bell 연구소의 J. Bardeen, H. W. Brattain과 W. Shockley에 의해서 발명되었다.

트랜지스터는 진공관과 같은 방식으로 동작을 하며 실리콘을 이용하여 만든 장치로서 진공관에 비해 부피도 작고 전력소모도 작으면서 속도도 빨라 컴퓨터의 성능을 획기적으로 발전시켰다.

그림 1-14. 트랜지스터 개발자들(왼쪽으로부터 J. Bardeen, H. W. Brattain, W. Shockley)

특히, 2세대 컴퓨터들은 1세대 컴퓨터들이 프로그램을 하는 방법이 너무 힘들고 어렵다는 것에 실감을 해서 포트란(FORmula TRANslation, FORTRAN)이라는 수학적인 기호로써 프로그램을 작성할 수 있게 하는 고급 언어 개발에도 신경을 썼다. 이에 따라 코볼(COmmon Business Oriented Language, COBOL), 알골(Algol) 등 고급언어들이 개발되었다.

FORTRAN이 과학, 공학 등의 전통적인 컴퓨터 영역에서 많은 사용자를 확보해 가고 있을 무렵 사무처리 분야에서도 컴퓨터 응용에 대한 수요가 계속 증가하고 있었다. 1959년 4월 사용자와 컴퓨터 제작사, 학계의 대표들이 펜실베이니아대학에서 표준화된 사무용 언어의 필요성에 대해 합의를 했고 국방부를 후원자로 정해 CODASYL(Conference On Data Systems Languages)라고 불리는 그룹을 만들게 된다. 5월에 정식으로 COBOL(Common Business Oriented Language)라는 명칭을 얻게 되었고 1960년 4월에 정식으로 확정, 공표 되었다.

제2세대 컴퓨터들은 주기억장치로 접근시간이 짧은 자기코어(Magnetic Core)를 이용하였으며 기억용량이 큰 자기드럼, 자기디스크, 자기 테이프를 이용하여 보조기억장치로 사용하였다. 그리고 주어진 제한 시간 안에 지역적으로 분산된 각각의 작업을 중앙의 컴퓨터 시스템과 연결하여 작업을 처리하는 실시간 온라인 시스템(Real Time on-line System, RTS)과 하나의 컴퓨터를 여러 명의 사용자가 공유하면서 동시에 작업을 수행하는 시분할 시스템(Time Sharing System, TSS), 하나의 컴퓨터에서 동시에 두 개 이상의 프로그램을 실행시키는 다중프로그래밍(Multi Programming)등의 개념이 도입되었다.

계산 속도는 백만분의 1초($\mu$second)단위 정도까지 향상되었으며, 대표적인 기종으로는 IBM 1401, 7070, PDP-I, UNIVAC Ⅲ, 1107, USSC 80, CDC 3000계열 등을 들 수 있다

표 1-1. 컴퓨터의 처리속도와 기억용량 단위

| 컴퓨터의 처리속도 단위 | | 컴퓨터 기억용량 단위 | |
|---|---|---|---|
| ms(milli second) | : $10^{-3}$ | | |
| $\mu$s(micro second) | : $10^{-6}$ | KB(Kilo Byte) | : $2^{10} \fallingdotseq 10^{3}$ |
| n s(nano second) | : $10^{-9}$ | MB(Mega Byte) | : $2^{20} \fallingdotseq 10^{6}$ |
| p s(pico second) | : $10^{-12}$ | GB(Giga Byte) | : $2^{30} \fallingdotseq 10^{9}$ |
| f s(femto second) | : $10^{-15}$ | TB(Tera Byte) | : $2^{40} \fallingdotseq 10^{12}$ |
| a s(atto second) | : $10^{-18}$ | | |

### 1.3.7. 3세대 컴퓨터(1964-1969) - 집적회로

1960년대 중반의 컴퓨터 기술 분야에서 가장 큰 진보는 집적회로(IC)를 탑재한 3세대 컴퓨터의 등장이었다. 그리고 집적회로의 기술이 발전함에 따라서 반도체를 이용한 반도체 기억장치가 사용되어 소형화, 경량화 및 대용량화를 꾀할 수가 있었고 고성능화, 고신뢰성, 고속화가 촉진되었다. 3세대 컴퓨터들은 주기억장치로 집적회로를 사용하였고 보조기억 장치로는 자기 디스크와 자기 드럼이 사용되었다. 또한 자기 잉크 판독기, 광학문자 판독기, 광학 마크 판독기가 개발되어 실용화되었다.

특히, 3세대에서는 집적 회로는 저비용으로 대량 생산되었다. 따라서 더욱 많은 컴퓨터들이 집적 회로를 써서 만들어지므로 컴퓨터의 값은 자꾸만 떨어졌다. 제3세대 컴퓨터는 값도 싸고 크기도 작아서 많은 회사들이 보유할 수 있게 되었다. 이에, 과학기술 계산 외에 사무 처리도 할 수 있는 범용 컴퓨터가 개발되었다.

또한 동일 기종 간에는 소, 대형을 막론하고 모두 공통된 소프트웨어를 사용할 수 있도록 컴퓨터 시스템을 설계하는 Man Machine 개념이라는 방법이 도입되어 컴퓨터 내부에서 시스템을 관리·제어하는 운영체제(OS)가 발달하였고 영상 표시장치(CRT Display) 등 단말기에 의한 자료처리가 보편화되었으며 복수개의 일 또는 다수의 사용자에게 우선순위를 주어 일정시간 내에 컴퓨터 시스템을 멀리 떨어진 장소에서 데이터 통신을 이용한 정보처리 즉, 여러 사람이 공유하여 정보처리를 할

수 있는 시분할 처리 방법의 개발이 이루어졌다.

온라인 실시간 처리와 하나의 컴퓨터에 두 개 이상의 프로세서를 두어서 병렬로 작업을 처리하는 기법인 다중 프로그래밍(Multi Processing) 방식이 널리 보급되었다. 연산속도는 나노 초(ns) 단위로 빨라졌다. 이는 제2세대 컴퓨터에 비하여 100배 1세대 컴퓨터보다는 1,000배나 빨라진 것이었다.

특히, 1964년 IBM은 자사가 생산하던 모든 컴퓨터의 생산을 중단하고 3세대 컴퓨터인 시스템360을 선보였다. 이것은 운영체제라 부르는 시스템 프로그램을 최초로 도입한 제품이었다. 이 제품은 유연성 면에서 기존제품을 크게 앞질러 큰 인기를 끌었으며 GE같은 회사가 컴퓨터 부문에서 손을 떼게 하는 계기가 되었다.

한편, IBM의 독주를 막기 위해 DEC는 미니컴퓨터라는 새로운 분야를 개척했다. 1964년 DEC는 세계최초의 대량생산 미니컴퓨터인 PDP-8을 발표하기에 이르렀다. 1960년대 이후 컴퓨터 업계에는 새로운 변화가 일어났다. 대형기종에만 의존에 일을 처리하던 것에서 벗어나 각각의 업무마다 소형컴퓨터를 설치하고 이를 통신망으로 연결하는 것이었다. 아울러 대형컴퓨터는 초대형인 슈퍼컴퓨터로 발전하는 양극화현상이 일어났다. 그리고 이때부터 하드웨어를 사면 소프트웨어를 무료로 주던 IBM이 무료 소프트웨어 공급을 중단하면서 소프트웨어산업에 눈을 돌리는 계기가 되었다.

## 1.3.8. 4세대 컴퓨터(1970년 이후) - 고밀도 집적회로(VLSI)

한편, 집적회로기술이 비약적으로 발전하는 가운데 1971년 인텔의 테드 호프는 마침내 마이크로프로세서를 개발하여 역사에 획기적인 전기를 마련했다. 이는 프로그램이 가능한 최초의 장치로 여기에 몇몇 메모리칩과 주변기기만 갖추면 컴퓨터가 만들어지는 식이다.

1970년대 들어서 실리콘 위에 수만 개의 트랜지스터를 집적시킨 초대형 집적회로(Very Large Scaled Integration, VLSI)가 개발되면서 이에 기반을 둔 4세대 컴퓨터시대가 열리게 되었다. 연산속도는 피코초(ps) 단위로 빨라졌다. 이들 칩으로 만들어 진 컴퓨터는 1초에 1,000만 번의 계산을 할 수 있다. 이는 3세대 컴퓨터보다 10배나 빠르며 2세대 컴퓨터보다는 1,000배, 1세대 컴퓨터보다는 10,000배나 빠르다.

또한, 캐시 및 가상기억체제의 개발되어 가상기억 기능을 실용화하였으며 파이프라인처리, 벡터 처리기술이 도입되었다. 특히, 모든 산술과 논리 연산을 처리하는 산술논리연산장치(ALU)와 연산을 체계적인 순서에 의해서 실행하도록 제어하는 제어장치(CU)를 하나의 칩에 집적시킨 마이크로프로세서(Microprocessor)의 출현은 컴퓨터업계의 일대 혁신이라 할 수 있는 커다란 변화를 불러오게 했다. 부피가 초소형화 된 마이크로프로세서의 개발로 슈퍼컴퓨터(Super Computer)등의 초대형 컴퓨터의 제작뿐만 아니라  초소형의 크기에 값싸고 성능 좋은 퍼스널 컴퓨터 즉, 마이크로컴퓨터(Micro Computer)의 출현을 이끌게 하였다. 컴퓨터 시스템은 사용목적에 의거 크기에 따라 워크스테이션(Workstation), 미니컴퓨터(Mini Computer), 메인 프레임(Mainframe)등으로 구분할 수 있으며 이는 차후에 자세히 살펴보자.

한편, 1980년 일본에 의해 주도된 인공지능(Artificial Intelligence, AI) 컴퓨터를 5세대 컴퓨터로 보는 시각도 있으나 5세대 컴퓨터는 그야말로 컴퓨터발전의 최종목적지로 보는 것이 적절할 것 같다. 5세대 컴퓨터는 신소자를 이용하여 더욱 빠르고 많은 양의 자료의 저장이 가능해질 것이다. 아울러 컴퓨터 스스로 문제해결능력을 가지고, 스스로 학습하며, 지각(음성인식, 비전 등) 능력을 갖추게 될 것이다. 컴퓨터가 없는 컴퓨터 세상이 바로 5세대 더 나아가 차세대 컴퓨터로 자리 잡을 전망이다.

표 1-2. 컴퓨터의 세대별 특징

| 세대 / 구분 | 1세대<br>(1946-1958) | 2세대<br>(1959-1963) | 3세대<br>(1964-1969) | 4세대<br>(1970이후) |
|---|---|---|---|---|
| 논리소자 | 진공관<br>(Vacuum Tube) | 트랜지스터<br>(Transistor) | 집적회로(IC) | 고밀도집적회로<br>(LSI, VLSI) |
| 운영체제 | 기본기능 | 일괄처리 | 다중처리 | 가상운영체제 |
| 연산속도 | msec | $\mu$sec | nsec | psec |
| 적용분야 | 통계집계<br>과학계산 등 | 생산관리<br>원가관리 등 | 의사결정<br>모의실험, 금융<br>전산처리 등 | 인공지능<br>전문가시스템 등 |
| 컴퓨터 및 소프트웨어 특징 | -내장프로그램, 기계어 등 저급언어 사용<br>-기본적 기능 | -코볼, 포트란, 알골 등의 고급프로그래밍언어사용<br>-컴퓨터크기의 소형화 가시화 | -조직프로그램,TSS(시분할시스템)등으로 컴퓨터에 통신의 의미부가<br>-미니컴퓨터등장 | -ADA,전문가시스템, UNIX<br>-개인용 컴퓨터의 보편화 |
| 대표적인 예 | ENIAC<br>IBM 650 | IBM 1401<br>Honeywell 200 | IBM 360, 370<br>NCR 395 | 마이크로컴퓨터<br>Cray슈퍼컴퓨터 |

## 1.4. 컴퓨터의 구성 요소

### 1.4.1. 하드웨어

일반적인 디지털 컴퓨터의 구성 요소 및 연결 개념도는 [그림 1-15]와 같다. 기본적인 컴퓨터 시스템은 5개의 장치로 구성되는데 입력장치, 제어 및 연산장치, 기억장치 그리고 출력장치를 들 수 있다. 여기서 제어 및 연산장치는 중앙처리장치(Central Processing Unit, CPU)에 탑재되어있으며, 이러한 기능 블록별 연결 및 조직을 컴퓨터 구조(Computer Architecture)라 부른다.

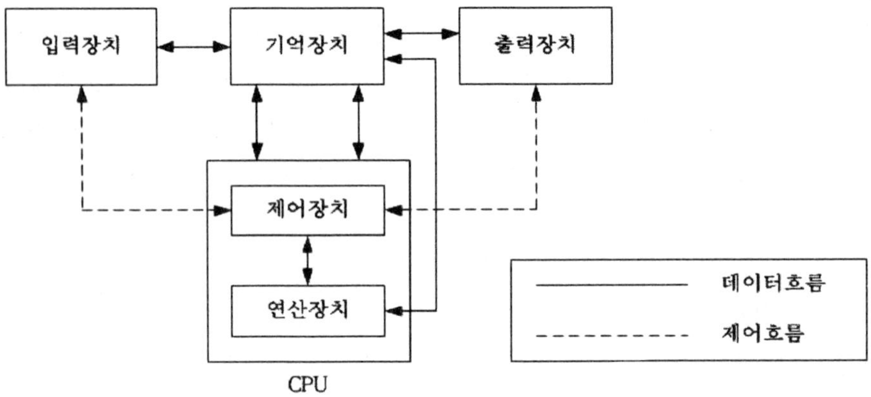


그림 1-15. 컴퓨터 구조

컴퓨터의 구성에 관련된 장치들을 하드웨어라 하고 기억장치의 프로그램 되어있는 기억들은 CPU에게 무엇을 할지 요구하게 된다. 명령(Instruction)을 준비하는 것을 프로그래밍(Programing)이라 하며 명령의 리스트(List)를 프로그램(Program)이라 한다.

프로그램은 영구히 기억장치에 프로그램 되어 저장되기도 하고 일시적으로 저장되기도 한다. 이러한 프로그램들은 데이터라 부르는 자료를 조작하는 것이며 보통 소프트웨어(Software)라 함은 이러한 모든 프로그램을 지칭하는 일반적 용어이다. 또한 프로그램 메모리에 일시적으로 저장되는 소프트웨어를 펌웨어(Firmware)라고 하는데, 보통 마이크로프로그램을 의미하며 하드웨어와 소프트웨어의 중간이라 볼 수 있다.

### 1.4.1.1. 입력장치

입력장치는 데이터와 명령을 컴퓨터의 주기억장치로 공급하기 위한 장치이며, 각 입력장치는 사용목적에 따라 일장일단을 가지며 개인용 컴퓨터의 경우 키보드와 마우스가 대표적인 장치이다. 그 외에 몇 가지 예를 들어 보면 다음과 같다.

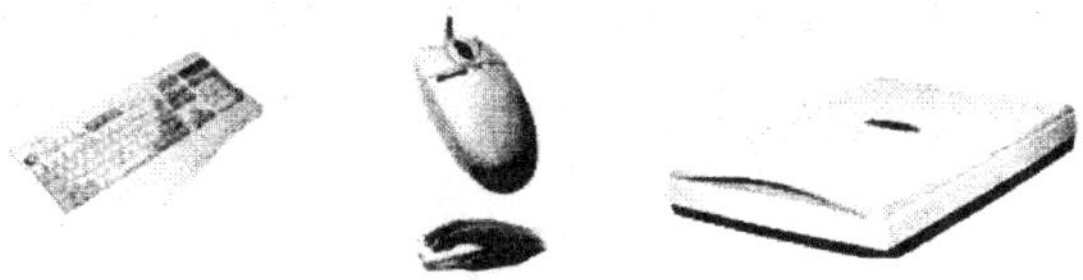

그림 1-16. 키보드, 마우스, 스캐너

(1) 카드판독기

카드는 카드 천공기에 의해서 천공되고 천공된 정보는 카드판독기(Card Reader)에 입력된다. 카드에 구멍이 뚫린 것을 읽어서 데이터를 2진수로 바꾸어 주기억장치에 기억시킨다. 기계식, 브러시식, 광전식 카드 판독기 등이 있다.

(2) 광학마크 판독기

광학마크 판독기(Optical Mark Reader, OMR)는 특정 카드나 용지에 천공하는 대신에 사람이 연필이나 잉크로 표시하면, 카드나 용지에 빛을 비추어 반사되는 빛에 따라 데이터 값을 검출하는 장치이다. 카드에 구멍을 뚫지 않기 때문에 천공기가 필요 없으므로 시험채점이나 시장조사, 설문조사 조사 등에 널리 사용된다. 읽는 속도는 60-300장/분 정도이다.

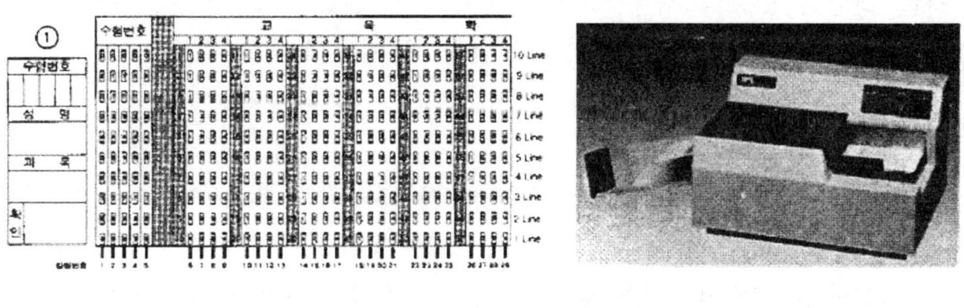

그림 1-17. OMR카드 견본과 OMR리더

### (3) 광학문자 판독기

광학문자 판독기(Optical Character Reader, OCR)은 종이 위에 타이프라이터나 프린터로 인쇄된 문자나 손으로 기입된 문자를 광학적으로 판독하는 장치로서, 광학문자 판독은 판독매체에 광선을 주사하여 이를 판독하여 장치에 기억된 문자와 비교하여 판독하는 일종의 패턴인식 방식이다. 광학문자 판독기에서 판별이 가능한 문자는 문자의 굵기, 크기, 농도 등에 의해 제한받는다. 따라서 손으로 쓴 글자는 판독이 어렵다. 주로 신용카드회사나 은행에서 사용되며, 각종 공과금청구서 등을 처리하는데 사용된다.

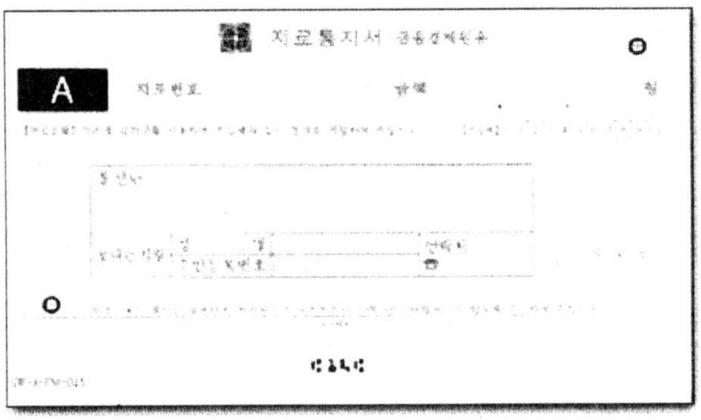

그림 1-18. OCR용지의 대표적인 예, 지로용지

### (4) 자기잉크 문자 판독기

자기잉크 문자 판독기(Magnetic Ink Card Reader, MICR)는 자기(磁氣)성을 띈 특수한 잉크로 쓴 문자를 자기적으로 읽고 이것을 2진 코드로 변환하는 장치이다. 자기잉크 문자 판독기는 문자를 빨리 읽지만 제한된 문자만 사용된다. 오차가 거의 없다는 장점이 있으나 특수 잉크로 되어 지워지지 않고 수정이 어렵다는 단점이 있다. 고속도로 통행권이나 통장, 지하철 표 등에 사용되고 있다.

### (5) 바코드리더

책이나 상품을 보면 거의 모든 상품에 가늘고 굵은 검은 막대가 그려진 그래프 같은 것이 있고 그 밑에 숫자가 쓰여 있는 것을 볼 수 있는 데 이것이 바코드(Bar-Code)라는 것이다. 이와 같은 바코드에 빛을 비추어서 반사되는 빛의 강약에 따라 데이터를 읽어 컴퓨터 내부에 미리 기억된 정보와 비교하여 제조회사, 제조날

짜, 상품명, 가격 등을 판별하여 자동금액 처리나 재고정리에 효율적으로 이용되는 입력장치로 판매시점(Point of Sales, POS)관리 등에 폭넓게 사용된다.

(6) 디지타이저

디지타이저(Digitizer)는 사각형의 평면모양의 장치와 그 위에 사용자가 손에 쥐고 펜 모양의 철필 또는 버튼이 있는 라인 커서로 구성되며 사용자가 펜이나 커서를 움직이면 그 좌표를 평면모양의 장치가 읽어 자동으로 컴퓨터의 화면 기억장소로 전달되고 펜이나 커서의 버튼을 누르면 그에 해당하는 명령을 수행할 수 있다.

(7) 스캐너

스캐너(Scanner)는 사진이나 책, 신문 등의 그림 정보를 읽어 컴퓨터의 그래픽 정보로 변환시켜 주는 장치로서 영상처리나 전자출판(Desk Top Publishing, DTP) 등에서 널리 쓰이는 장치이다.

(8) 기타 입력장치

이 외에도 마이크로필름 입력장치, 음성입력장치, 트랙볼, 터치스크린, 조이스틱, 광펜(Light pen), 디지털 카메라 등의 장치가 사용되고 있다.

### 1.4.1.2. 기억장치

입력장치에 의해 일단 데이터나 프로그램이 컴퓨터로 공급되면, 계산이 이루어지는데 먼저 내부 기억장치에 데이터나 명령이 저장된다. 내부 기억장치는 매우 빠른 속도로 데이터나 명령을 조작할 수 있도록 동작한다. 현재 널리 쓰이고 있는 내부 메모리의 형태는 반도체 집적회로의 일종인 RAM(Random Access Memory)과 ROM(Read Only Memory)이다. 내부기억장치(내부메모리 또는 주기억장치라고도 함)의 속도는 반도체 기술의 발전에 힘입어 매우 빠른 속도로 발전하고 있다. 현재 초당 백 만개이상의 워드나 명령을 처리할 수 있는 메모리가 개발되어있다.

기억장치는 인간의 뇌와 같이 프로그램과 데이터 및 연산결과를 기억시키는 장치로 주기억장치와 보조기억장치로 구성된다. 한편, 캐시기억장치는 속도를 빠르게 하여 프로그램 실행속도를 중앙처리장치 속도에 가깝도록 개발된 고속 버퍼 메모리를 말한다.

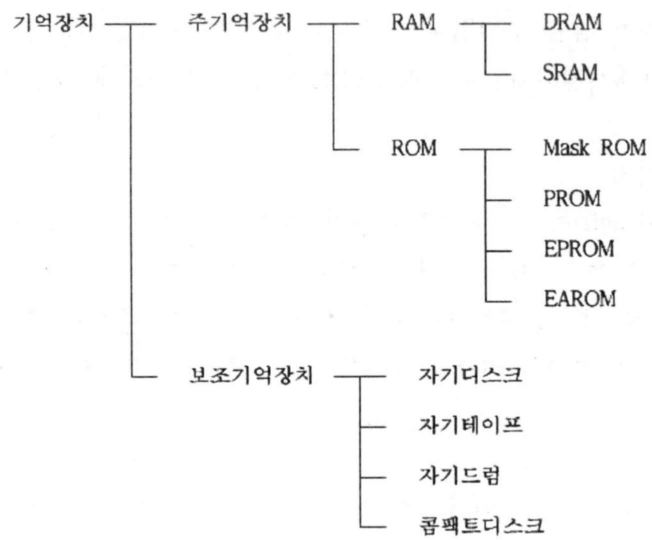


그림 1-19. 기억장치의 분류

(1) 주기억장치

주기억장치는 내부기억장치라고도 하며 컴퓨터 수행에 필요한 프로그램과 데이터, 그리고 처리한 결과 데이터를 기억하는 장치이다. 주기억장치의 성능은 기억용량과 작동 속도에 의하여 평가되는데 용량표시는 대개 킬로바이트($10^3$, KB) 또는 메가바이트($10^6$, MB) 단위로 표시한다. 작동속도는 접근시간(access time)으로 나타내는데 기억장치가 읽기 신호를 받은 시점부터 프로그램이나 데이터를 찾아 읽어들일 때까지의 소요시간을 말한다. 접근시간은 대개 마이크로초($10^{-6}$, $\mu$s), 또는 나노초($10^{-9}$, ns) 단위 등으로 나타낸다.

주기억장치에 사용되는 기억매체는 재질에 따라서 자심기억장치(자성체)와 반도체기억소자(반도체)로 구분할 수 있다.

■ 자심기억장치(과거에 주로 사용)

강한 자성물질로 기억소자로서 강자성 물질을 이용하여 정보를 기억한다. 자기코어를 규칙적으로 배열한 것을 코어(Core)행렬 또는 코어판이라고 하며 일반적으로 4,096개의 코어를 한 단위로 한다.

■ 반도체 기억소자(현재 주로 사용)

반도체의 기억소자는 실리콘 판에 트랜지스터를 집적한 일종의 집적회로로 전기적으로 제어되며, 전도조건(Conduct Condition)인가 아닌가를 비트로 표시한다. 부피가 작고 전력소모가 작으며 기억속도도 빠른 장점 때문에 1970년대부터 널리 사용되어오고 있는 방식이다. 주기억장치용 집적회로에는 RAM과 ROM이 있다.

※ 참고 1-2. RAM과 ROM

■ RAM(Random Access Memory)

기억된 내용을 랜덤(Random)하게 액세스(Access)(Read 또는 Write)하도록 구성된 기억장치를 RAM 이라 부른다. ROM과는 달리 전원이 꺼지면 기억된 내용이 소멸되는 휘발성(Volatile)특성을 가지고 있다. 주로 캐시 기억장치나 주기억장치에 사용되며 정적 RAM(Static Random Access Memory)과 동적 RAM(Dynamic Random Access Memory)으로 양분된다.

▸정적 RAM : 전원이 공급되는 때까지는 내용이 그대로 남아있으며 속도가 느리며, 소비전력이 많이 요구된다.

▸동적 RAM : 전원이 지속적으로 공급되더라도 일정시간이 경과하면 전하가 방전되어 주기적으로 재충전(Refresh)하여야만 기억된 내용이 유지되는 RAM이다. 소비전력이 작고 집적도가 높아 대용량의 기억장치에 사용된다.

■ ROM(Read Only Memory)

ROM은 읽기만 가능한 장치이다. 즉, 처음에 기억된 내용을 읽는 것만 가능한 장치로서 비휘발성(전원을 꺼도 기억된 내용이 사라지지 않음)으로 시스템 동작에 관련된 프로그램이나 정보를 기억시키는데 주로 사용된다. 그 종류는 다음과 같다.

▸Mask ROM : 제조회사에서 미리 내용을 저장시킨 것. 변경불가

▸PROM(Programmable ROM) : 미리 프로그램 된 내용을 출력에 전류펄스를 가해 내용을 1회 변경(프로그램)할 수 있는 ROM(이후 수정불가)

▸EPROM(Erasable Programmable ROM) : 자외선을 ROM에 투사하여 공장에서 프로그램 되어진 상태로 되돌릴 수 있어 ROM writer등을 이용 사용자가 프로그램 가능하도록 한 것.

▸EAROM(Electrically Alterable ROM) : EPROM과 흡사하나 자외선대신 전기신호를 이용한다. 소비전력이 작고 집적도가 높아 대용량의 기억장치에 사용된다.

(2) 보조기억장치

주기억장치에 기억된 정보는 컴퓨터 전원을 끄면 사라지지만, 보조기억장치에 기억된 정보는 영구히 보존할 수 있다. 즉, 영구히 저장을 요하는 프로그램이나 데이터를 보조기억장치에 기억시켜 두었다가 필요할 때마다 다시 사용할 수 있다. 따라서 보조기억 장치를 외부기억장치라고도 부르며 주기억장치에 비해 읽는 속도가 느리지만 가격이 저렴하고 많은 정보를 기억시킬 수 있다. 주의할 점은 보조기억장치에 저장된 정보를 컴퓨터에서 실행시키려면 주기억장치에 정보를 일단 옮겨와야 한다. 대표적인 자기 보조 기억 장치의 종류를 살펴보면 다음과 같다.

■ 자기테이프장치

자기테이프장치는 주소의 개념이 거의 없는 순차적 액세스 장치로서 자성물질이 입혀진 테이프에 정보를 기록하거나 읽는 장치이다. 자기테이프 1인치당 기록할 수 있는 비트 수를 기록밀도라고 하는데 BPI(Bit Per Inch)로 나타내며 일반적으로 800, 1600, 2400, 6250 BPI 등의 자기테이프가 널리 사용되고 있다. 자기테이프의 속도는 초당 인치수로 나타내는데 전송속도는 기록밀도와 테이프속도의 곱으로 나타낸다. 자기테이프는 고속으로 판독되거나 기록되므로 테이프장치의 구조상 가속 또는 감속 시에 정상속도가 될 때까지 사용할 수 없는 공간이 생기는데 이 부분을 IBG(Inter Block Gap)이라고 한다. 매우 큰 기억용량을 가지는 장점이 있지만 순차적 접근 방식을 취하므로 평균 접근 시간이 느리다는 단점이 있다.

■ 자기디스크 장치

자기디스크장치는 주소에 의한 임의의 장소의 직접액세스가 가능하며 속도도 빠르고 기억용량도 크기 때문에 보조기억장치로 널리 사용된다. 그 구조는 자성 재료를 바른 다수의 레코드원판과 같이 얇고 둥근 알루미늄 합금 원판과 자기헤드에 의해 데이터가 읽혀진다. 액세스 시간이 자기드럼보다 느리지만 기억용량이 매우 크고 여러 개의 디스크 팩을 사용하여 무한대로 늘릴 수 있다.

### 1.4.1.3. 제어 장치

컴퓨터 동작의 심장부라 할 수 있는 제어장치는 모든 컴퓨터 동작의 제어를 담당하는 곳이며 메모리 장치내의 명령을 번역하고 데이터의 전달 장치와 수신 장치를 다른 장치에 일러주며 어떤 동작을 수행할 지에 대한 것을 일러주는 기능을 한다. 즉, 제어장치는 컴퓨터의 입력데이터의 기억장소나 입력장치의 지정 결과를 인쇄하기 위한 출력장치의 지정 등 장치의 작동에 필요한 신호를 보내고 또 이들 장치로부터 신호를 받아서 다음 해야 할 동작을 결정하는 역할을 한다. 그 구성은 다음과 같다.

■ 프로그램 카운터(Program Counter) : 프로그램의 실행 순서를 지정하기 위하여, 다음에 실행될 명령어가 기억되어 있는 주기억장치의 번지를 기억한다.

■ 명령 레지스터(Instruction Register) : 수행할 명령어를 해독하기 위하여 일시적으로 보관하고 있는 기억장소이다.

■ 명령 해독기(Instruction Decoder) : 명령 레지스터의 명령 코드부에 있는 명령어를 해독한다.

■ 번지 해독기(Address Decoder) : 명령 레지스터의 번지부에 있는 번지를 해독하여 주기억장치의 해당 번지에 기억되어 있는 데이터를 가져온다.

### 1.4.1.4. 연산 장치

연산장치는 가(Addition), 감(Subtraction), 승(Multiplication), 제(Division) 등의 산술 동작을 수행하며 산술동작의 결과는 저장을 위해 다시 메모리에 되돌려진다. 이 결과는 다시 나중에 출력장치에 의해 읽혀진다. 그 구성은 덧셈을 위한 가산기(Adder), 연산에 사용되는 데이터와 연산결과를 일시로 보관하는 레지스터, 보수를 만드는 보수기 등으로 구성된다. 가산기는 2개의 수를 더하는 회로로서 전가산기가 사용된다.

■ 가산기 : 2개의 수를 더하는 회로로서 전가산기가 사용된다.

■ 레지스터 : 연산에 필요한 데이터를 일시적으로 보관하는 기억장소

■ 누산기 : 가산기에서 연산한 결과를 일시적으로 보관하기 위한 레지스터의 일종

■ 보수기 : 뺄셈을 할 때 빼는 수를 보수로 바꾸어 주는 회로

### 1.4.1.5. 출력 장치

출력장치는 연산 결과 및 명령 처리의 결과를 출력하는 기능을 담당하며, 그 예로는 자기 디스크, CRT(Cathode Ray Tube) 디스플레이, 고속 프린터 등이 있다.

- 장치 구분
  - 입력 장치
    - 문자/영상/기타 입력용 - 키보드(문자입력), 바코드 리더, 스캐너, 마이크로필름 입력장치, 음성입력장치 등
    - 포인팅용 - 마우스, 광펜, 디지타이저, 조이스틱, 트랙볼, 터치스크린 등
    - 문자 읽기용 - MICR(Magnetic Ink Character Reader), ORM(Optical Mark Reader), OCR(Optical Character Reader)
  - 출력 장치
    - 인쇄용 - 프린터, XY 플로터
    - 표시용 - CRT(Cathode Ray Tube) 모니터, LCD(Liquid Crystal Display)
    - 마이크로필름 장치용 - COM(Computer Output Microfilm)
  - 기억 장치
    - 주기억장치 - ROM, RAM
    - 보조기억장치 - 디스크 등과 같은 각종 기록장치, CD-ROM, 광자기디스크 등과 같은 대량 기록 매체

그림 1-20. 각 장치 별 종류 요약

## 1.4.2. 소프트웨어

컴퓨터의 하드웨어의 중요성도 배제할 수 없겠지만 최근에는 소프트웨어의 개념이 더욱 중요성을 더 해가고 있으며 좋은 소프트웨어 없이 컴퓨터는 존재할 수 없기 때문이다. 소프트웨어는 하드웨어가 효율적으로 동작하도록 하는 기능과 기술로서 모든 프로그램의 집합체를 말하며 소프트웨어는 크게 기본 소프트웨어(시스템 소프트웨어)와 애플리케이션 프로그램의 2가지로 분류할 수 있다.

### 1.4.2.1. 기본소프트웨어

컴퓨터의 각 기능이 최대한 효율적으로 동작시키기 위한 소프트웨어이며, 시스템 소프트웨어라고도 한다. 시스템 소프트웨어라 하면 보통 운영체제를 지칭하는 것인데 운영체제(Operating System)를 간단히 OS라고 부르기도 한다. 이것은 하드웨어를 사용자가 쉽게 효과적으로 사용할 수 있게 컴퓨터 하드웨어와 사용자 사이에 위치하는 조직화된 프로그램을 말한다.

운영체제는 하드웨어의 기능이 효율적으로 작동하도록 돕는다. 운영체제는 크게 제어프로그램과 처리프로그램으로 나뉘며 제어프로그램은 시스템 전체의 작동 상

태를 제어, 운영, 감시하는 프로그램이며 처리 프로그램은 제어 프로그램의 감시 하에 특정 문제를 해결하기 위한 자료 처리를 수행한다.

제어프로그램에는 감시 프로그램, 데이터관리 프로그램, 작업(Job)관리 프로그램 등이 있고, 처리 프로그램에는 언어 변역 프로그램, 서비스 프로그램 등이 있다. 언어 변역 프로그램은 어셈블러, 인터프리터, 컴파일러 등이 있고, 서비스 프로그램은 연계 편집 프로그램(Linkage Editor Program), 라이브러리 관리 프로그램 등과 같은 시스템 서비스 프로그램과 분류/병합(Sort/Merge) 프로그램, 텍스트 에디터와 같은 사용자 편의 서비스(유틸리티) 프로그램으로 구성된다.

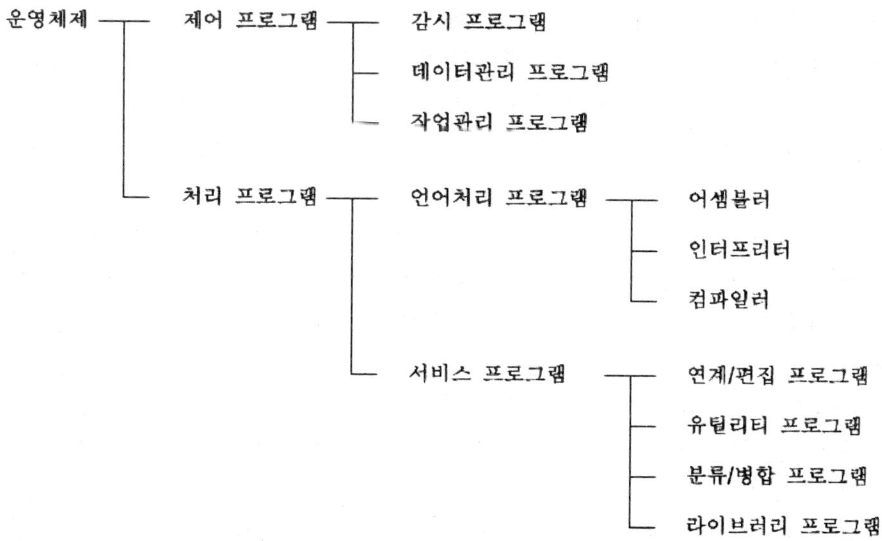


그림 1-21. 운영체제 구성

※ 참고 1-3. 운영체제의 목적

■ 컴퓨터의 처리능력(Throughput) 향상 : 처리능력이란 단위시간에 처리할 수 있는 일의 양을 의미하는 것으로 효율적인 job관리, 다중프로그래밍(Multi Programing)등을 통하여 개선할 수 있다. 여기서 다중프로그래밍은 하나의 컴퓨터의 기억장치에 복수개의 프로그램을 놓고 이들을 동시에 병행 수행하는 것을 말한다.

■ 컴퓨터의 응답시간(Turn Around Time) 단축 : 응답시간이란 어떤 일의 처리 결과를 얻는데 까지 걸리는 시간을 말한다. 이것은 다중프로그래밍, 온라인 실시간 처리, 시분

할 방식 등을 통하여 개선시킬 수 있다.

■ 컴퓨터의 가용도(Availability) 증대 : 사용가능도란 컴퓨터를 사용할 필요가 있을 때, 어느 정도 빨리 시스템을 이용할 수 있는가를 의미하는 것으로 다중처리(Multiprocessing)등으로 사용효율을 높일 수 있다. 여기서 다중처리는 앞에서 언급한 다중프로그래밍과는 달리 한 컴퓨터시스템에서 복수개의 CPU를 이용하여 적절한 조정을 통해 복수개의 명령을 병행 처리하는 것을 말한다.

■ 컴퓨터의 신뢰도 향상 : 신뢰도란 컴퓨터의 올바른 작동 여부를 의미하며 하드웨어 상에서 오류발생시 회복시간의 단축을 통하여 신뢰도를 향상시킬 수 있다.

■ 단일처리 : 한 번에 하나의 작업만 처리하는 방식으로 한 작업이 끝날 때까지 기다렸다가 그 작업이 끝나면 다른 작업을 처리하는 방법이다.

■ 일괄(Batch)처리 : 처리할 데이터를 일정한 기간이나 일정한 양을 정해서 모아 둔 다음, 모아진 데이터를 한 번에 처리하는 방식이다. 초기시스템은 대부분 이러한 일괄 처리기법을 시용 하였다.  응답 시간이 크게 중요시되지 않는 경우(예를 들어, 월급 계산 등)에 사용하고 있다.

■ 즉시(Real Time) 처리 : 즉시처리는 자료를 처리하는 시점이 실시간으로 일어나며, 자료 처리 요구가 발생하면 그 즉시 필요한 처리에 응답하여 특정 시간 내에 그 처리 결과를 산출하는 방식으로 응답시간이 중요시되는 경우(각종 자료 조회시스템 등)에 사용한다.

■ 시분할(Time Sharing)처리 : 시분할처리는 중앙컴퓨터와 여러 대의 단말기가 연결되어 있는 경우 중앙컴퓨터는 자신의 CPU의 사용 시간을 여러 단말기에 균등하게 할당하여 모든 사용자에게 균등하게 서비스를 제공하는 방식이다. CPU가 모든 사용자의 프로그램을 아주 빠르게 순회하면서 처리하기 때문에 동시에 여러 프로그램을 처리하는 것처럼 보이지만 한순간에는 하나의 프로그램만 처리한다.

■ 기타 방식 : 앞서 언급한 다중프로그래밍, 다중처리 등의 방식이 있다.

(1) 제어 프로그램

컴퓨터 시스템 전체와 프로그램 작동 상태를 감시하고, 제어하는 프로그램으로 다음과 같은 프로그램이 있다.

■ 감시프로그램

제어프로그램의 중심 역할을 하며, 컴퓨터 시스템의 작동 상태와 처리프로그램의 실행과정을 끊임없이 감시하는 프로그램이다. 감시프로그램의 주요기능은 인터럽트

(Interrupt)의 원인 분석과 처리에 대한 것이다.

※ 참고 1-4. 인터럽트(Interrupt)

인터럽트는 컴퓨터 시스템의 구성요소(기억 장치, 주변장치 등)중의 하나가 CPU에 긴급 신호를 보내는 것을 말한다. CPU는 이상의 인터럽트를 받으면, 수행하던 프로그램을 잠시 중단하고 우선순위에 의거 미리 정해진 인터럽트 처리 루틴으로 가서 이에 대한 조치를 취한 후, 다시 원래로 돌아와 중단했던 일을 계속 수행한다.
인터럽트의 종류에는 다음과 같은 것이 있다.

■ 외부인터럽트 : 프로그램에 할당된 시간의 초과, 콘솔의 인터럽트 키 작동, 외부장치로부터의 인터럽트 신호등에 의해 발생되는 인터럽트이다.
■ SVC 인터럽트(Supervisor Call Interrupt) : 감독 프로그램의 호출 명령으로 수행되며 이 인터럽트에 의하여 제어가 자료처리 시스템으로 옮겨간다. 이 명령은 프로그래머가 사용할 수 있다.
■ 프로그램 인터럽트 : 프로그램 처리도중 자릿수초과(Overflow), 어떤 값을 0으로 나누었을 경우 등에 의하여 발생한다.
■ 기계(Machine) 인터럽트 : 하드웨어 고장으로 발생한다.
■ 입출력 인터럽트 : 입출력 처리 과정에서 발생한다.

■ 작업관리 프로그램

작업들의 연속적인 처리를 위한 스케줄(Schedule)이나 시스템자원의 할당을 관리하는 역할을 한다.

■ 데이터관리 프로그램

컴퓨터가 취급하는 여러 개의 자료와 파일을 표준적으로 관리하는 프로그램으로서 주기억장치와 보조기억 장치사이의 자료전송 입출력 채널의 스케줄, 레코드의 Blocking(블록화), Deblocking(블록단위의 데이터로부터 레코드를 잘라내는 작업, Blocking의 반대) 등을 담당한다.

(2) 처리 프로그램

■ 언어처리 프로그램

컴퓨터에게 어느 하나의 작업을 하게 하기 위해 처리의 과정을 명령이라는 형태로 코딩한 것을 프로그램이라고 하고, 프로그램을 만드는 것을 프로그래밍이라 한다. 프로그래밍 할 때 사용하는 언어를 프로그래밍 언어라고 부르고 있다. 컴퓨터가 이해할 수 있는 언어를 기계어(Machine Language)라고 하며 0과 1의 조합으로 만들어진 이른바 코드와 같은 것으로서 사람이 이해하기는 매우 어려운 언어이다. 그래서 생각해낸 것이 사람이 일상 쓰고 있는 말이나 문법에 가까운 형태로 적어 놓고 이것을 후에 번역 프로그램을 사용하여 기계어로 바꾸는 방법을 취하는 데 이 경우 사용되는 언어를 인간이 사용하는 언어에 얼마나 유사하느냐에 따라 저급 언어와 고급언어로 나누고 있다.

※ 참고 1-5. 프로그래밍 언어의 종류

프로그래밍 언어는 인간중심이냐 기계중심이냐에 따라 기계 중심의 기계어, 기계어를 기호화한 어셈블리언어, 인간이 알기 쉽도록 인간중심으로 된 고급언어(컴파일러로 번역됨)로 나눌 수 있고, 용도에 따라 범용 언어와 특수목적의 언어로 나눌 수 있다.

■ 기계어(Machine Language) : 컴퓨터가 이해할 수 있는 가장 기초적인 언어로 0과 1의 2진수로 되어있다. 따라서 컴퓨터의 종류에 따라 차이가 있다. 모든 프로그램은 최종적으로 기계어로 번역되어야 실행 가능하다. 처음부터 기계어로 프로그램을 작성하기는 어렵기 때문에 어셈블리 언어나 고급언어로 프로그램을 작성한 후 번역기에 의해 기계어로 변환하는 것이 일반적이다.

■ 어셈블리언어(Assembly Language) : 이것은 프로그램을 작성하기에 어려운 기계어대신 암기하기 좋게 기계어 명령에 이름을 준 연상기호(Mnemonic)을 이용하여 쉽게 프로그램을 작성하도록 하는 언어이다. 기계어와 일대일 대응을 이루는 저급언어이지만 기계어보다는 프로그램을 작성하기가 용이하다. 주로 컴퓨터 하드웨어에 관련된 정밀한 수행과정이 필요한 시스템 프로그램 작성 등에 많이 이용된다.

■ 고급언어(High Level Language) : 고급언어는 기계어나 어셈블리언어에 비해 이해가 쉽고, 배우기도 쉬우며, 프로그램 디버깅에 소요되는 시간과 노력도 상당히 줄일 수 있다. 특히, 컴퓨터하드웨어에 종속적이지 않아서 하드웨어에 대한 전문지식이 없어도 쉽게 프로그램을 작성할 수 있는 이점이 있다. 그 종류를 보면 과학계산용의 포트란

(FORTRAN)과 알골(ALGOL), 사무 처리용 코볼(COBOL), 구조화 프로그래밍에 강한 파스칼(PASCAL), UNIX운영체제와 밀접한 시스템 중심의 언어인 C, C언어에 객체지향 개념을 보강한 C++, 인공지능 분야에 널리 사용되는 인터프리터형의 LISP 등 다양한 언어가 있다. 최근에는 사람과 컴퓨터 간에 서로 이해하기 쉬운 시각적인 정보를 교환하여 프로그램작성을 도와주는 비주얼프로그래밍을 위한 Visual Basic 등도 있다.

※ 참고 1-6. 프로그래밍 기법

■ 모듈화(Modular) 프로그래밍 : 여기서 모듈(Module)이란 잘 정의된 특정일을 수행하는 프로그램의 논리적 일부분(서브루틴, 프로시저, 함수 등)을 말한다. 주프로그램은 모듈단위로 쪼개질 수 있고, 이런 개별 모듈들이 모여져서 하나의 프로그램을 형성한다. 따라서 모듈화 프로그래밍이란 개별적인 모듈들로 프로그램을 구성하는 기법을 말한다.

■ 구조화(Structured) 프로그래밍 : 1960년대 중반에 세안된 프로그래밍 방법으로서 큰 프로그램을 단계적으로 분할하여 작성하는 Top-down 방식, 한 모듈 안에서 순차, 선택, 반복의 3가지 구조만을 사용하고 되도록 특정위치로 Jump하는 GOTO문을 사용하지 않음으로서 작성된 프로그램을 쉽게 이해할 수 있고, 검증을 용이하게 하는 프로그래밍 방법론을 말한다.

■ 객체지향(Object Oriented)프로그래밍 : 프로그래밍에 객체의 개념을 도입하여 프로그램의 재사용 가능성을 높여 전반적인 프로그래밍의 생산성을 높이는 기법을 말한다.

※ 참고 1-7. 객체지향의 개념

지금까지 우리가 살펴보고 있는 바와 같이 컴퓨터의 하드웨어는 놀라울 정도로 비약적인 발전을 해오고 있다. 그러나 소프트웨어의 경우에는 하드웨어의 발전 속도에 비해 다소 뒤쳐진다. 이것을 "소프트웨어의 위기"라 한다. 이것은 소프트웨어의 경우 이미 만들어진 소프트웨어를 다시 사용할 수 없다는 점이 주요원인으로 지목된다. 이를 위한 것이 바로 소프트웨어 공학이라는 학문이다.

여기서 앞에서 언급한 모듈화 기법이나 하향식, 구조화 기법 등이 제시되었지만 그래도 중요한 점은 범용성을 보장받을 수 없다는 점이었다. 예컨대 정수를 곱하는 루틴은 실수를 곱하는 루틴에는 바로 적용할 수 없는 것이다. 따라서 객체지향 프로그래밍 기법에서는 프로그램이 처리하여야 할 데이터를 가장 우선적으로 취급하는 기법이다.

여기서 객체(Object)란 기억, 판단, 행위 등 데이터와 그 데이터를 처리하기 위한 순서로 된 하나의 구성단위를 말한다. 즉, 객체지향 프로그래밍에서는 모든 것을 객체로 나타내고, 원하는 일은 객체에 메시지를 보내는 것으로 나타낸다. 또한 공통의 성질을 가지는 객체들을 하나로 묶어주는 클래스(Class)개념, 한 클래스에서 다른 클래스를 만들고 원래의 클래스의 성질을 그대로 이어받는 상속(Inheritance)등의 개념이 객체지향 프로그래밍 기법의 주요 핵심이다. 특히 상속에 대한 개념이 바로 소프트웨어의 재사용을 보장해주는 주요 개념이 된다. 객체지향언어의 예로는 Simula, Smalltalk, C++ 등이 있다.

다시 말해 사용자가 프로그래밍 언어로 작성한 프로그램(이것을 원시프로그램(Source Program)이라 한다)을 언어처리 프로그램이 기계어로 번역된 프로그램(이것을 목적프로그램(Object Program)이라 한다)으로 바꾸는 일을 수행한다.

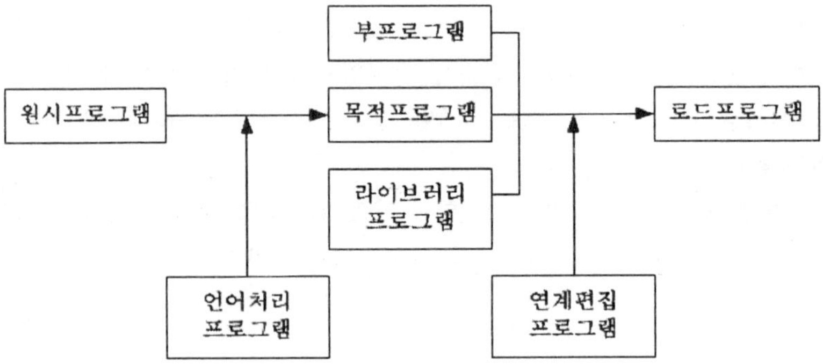


그림 1-22. 프로그램 언어처리 과정(로드프로그램 이후 처리 과정은 그림 1-23 참조)

기계어로 바뀐 목적 프로그램은 2개 이상의 목적 프로그램을 합쳐서 하나의 실행 가능한 프로그램으로 만드는 링커(Linker) 또는 연계편집기(Linkage Editor)에 의해 수행 가능한 로드 모듈로 변환된다. 그리고 최종적으로 로드모듈은 로더를 거치게 되어 실행되는 것이다.

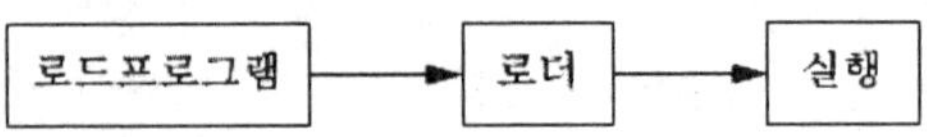


그림 1-23. 로더의 역할

※ 참고 1-8. 로드모듈과 로더

■ 로드모듈(Load Module) : 앞에서 잠깐 설명한 바와 같이 컴파일과 링크 과정이 끝나서 기억장치에 올리면 바로 실행될 수 있는 프로그램을 말한다.

■ 로더(Loader) : 디스크 등에 저장된 목적 프로그램을 읽어서 주기억장치에 올린 다음 이를 실행시키는 프로그램을 말하며, 운영체제가 이 일을 일반적으로 담당한다.

■ 로더의 목적은

- ▸목적 프로그램의 재배치
- ▸주기억장치 내 목적프로그램이 들어갈 공간 확보
- ▸실제 프로그램을 디스크로부터 읽어 오는 것
- ▸여러 목적 프로그램들과의 링크작업 등

참고로 언어처리 프로그램은 다음과 같은 종류가 있다.

▸저급 언어처리 프로그램 : 앞서 지적한 바와 같이 기계어 자체는 인간이 사용하기에는 큰 무리가 있으므로 기계어인 2진수 대신 기호(어셈블리(Assembly) 언어라 부른다.)를 사용하여 프로그램하면 이것을 기계어로 바꾸어주는 프로그램이 바로 어셈블러(Assembler)이다.

▸고급 언어 처리 프로그램 : 어셈블리 언어보다 더욱 인간에 가까운 언어를 고급 프로그래밍 언어라 한다. 고급 언어로 프로그램 된 것을 기계어로 번역하는 것을 인터프리터 또는 컴파일러라 부른다. 먼저 인터프리터(Interpreter)는 고급언어로 작성된 프로그램을 기계어로 번역하여 즉시 실행하는데 Basic언어 등에 사용되며 COBOL, C, C++등의 고급 언어로 프로그램 된 원시 프로그램(Source Program)을 기계어로 번역된 프로그램(목적 프로그램(Object Program))으로 바꾸어 주는 것을 컴파일러(Compiler)라 한다.

※ 참고 1-9. 컴파일러의 컴파일 과정

컴파일러는 우선 원시프로그램을 읽어 들이고 각 문장을 분석한 다음 그 의미를 해석하여 그에 대응되는 목적 프로그램을 만든다. 그 처리과정은 다음과 같다.

■ 컴파일 단계

원시프로그램 입력 → 어휘분석과정 → 토큰생성 → 구문분석과정 → 구문트리생성 → 의미분석과정 → 문장의미정보생성 → 중간코드생성과정 → 중간코드생성 → 코드최적화과정 → 최적화된 중간코드 생성 → 목적코드생성과정 → 목적코드생성

■ 각 단계(과정) 설명

▸ 어휘 분석(Lexical Analysis)과정 : 입력된 원시프로그램을 조사해서 각 단어별로 분리하여 각 단어에 해당하는 토큰(Token)을 생성하는 과정이다. 즉, 프로그램에서 부호, 상수, 변수, 연산자 등을 구분한다.

▸ 구문 분석(Syntax Analysis)과정 : 어휘 분석과정에서 분리된 토큰을 분석하여 구문트리(Parse Tree)를 생성하고, 해당 프로그래밍언어의 문법형식에 맞게 되어 잇는지도 분석한다. 이 과정을 파싱(Parsing)이라고도 한다.

▸ 의미 분석(Semantic Analysis)과정 : 구문트리로부터 문장의 종류(선언문, 지정문 등)를 파악하고, 각 문장을 구성하는 토큰들의 의미와 상호관계를 파악한다. 숫자 및 변수의 형(Type)도 정의한다.

▸ 중간코드(Intermediate Code)생성과정 : 어셈블리 언어와 비슷한 형태의 중간 코드를 생성한다.

▸ 코드최적화(Code Optimization)과정 : 중간코드를 분석하여 기계어코드가 더욱 빨리 수행될 수 있도록 중간코드를 효율적으로 개선한다.

▸ 목적코드생성(Object Code Generation)과정 : 중간코드를 실제 기계어코드로 변환한다.

■ 서비스 프로그램

프로그램 작성자의 부담을 경감시켜 주기 위하여 컴퓨터회사에서 제공해주는 프로그램이다. 여기에는 다음과 같은 프로그램이 있다.

▸ 연계/편집 프로그램 : 목적프로그램을 각종 시스템 디스크에 저장된 라이브러리 및 부프로그램과 결합하여 실행 가능한 상태의 로드프로그램으로 생성해 주는

프로그램이다.

▸분류/병합 프로그램 : 분류는 파일 속의 레코드를 어떤 항목을 기준으로 순서대로 분류하는 프로그램이며, 병합 프로그램은 여러 개의 파일을 결합하여 하나의 순서로 된 파일로 만들어 주는 프로그램이다.

▸라이브러리 프로그램 : 프로그램을 작성할 때 자주 사용되는 기능(자료 정렬, 파일 합병 등)이나 함수(예를 들면, 제곱근, 지수함수 등) 등을 미리 컴파일 하여 기계어로 만들어 놓은 프로그램이다. 사용자의 목적 프로그램이 실행 프로그램으로 링크될 때 필요할 경우 라이브러리에 있는 프로그램들을 추출하여 목적 프로그램과 함께 제공된다.

▸유틸리티 프로그램 : 사용자의 편의성을 제공하는 프로그램으로 예를 들면, 프로그램 코딩이 하도록 가능하게 하는 문서편집기(Text Editor)등의 프로그램이 여기에 해당된다.

### 1.4.2.2. 응용소프트웨어

사용자의 실제 업무를 사용자가 프로그램 언어를 사용하여 직접 개발하는 것이 아니라 미리 소프트웨어 회사에 의해 개발된 프로그램을 이용하여 처리할 수도 있겠는데 이를 위한 프로그램이다. 이에 속하는 것 중에는 미리 마련된 패키지 프로그램과 이용자의 업무 내용에 맞추어 별개로 만들어지는 사용자 프로그램으로 분류할 수가 있다.

(1) 패키지 프로그램

업무의 종류나 업종이 같을 경우에 광범위한 이용자들에게 곧바로 쓸 수 있도록, 미리 업무 내용이나 절차 등을 표준화해서 만들어진 마치 기성품 같은 프로그램이다. 판매관리나 급여계산 등 어느 회사나 공통으로 적용할 수 있는 업무 단위로 만들어진 프로그램을 업무별 패키지라고 부르고 항공예약, 호텔 예약, 은행 온라인 처리 등 모든 회사에 적용할 수 없으나 특정 업종에서 사용할 수 있는 프로그램을 업종별 패키지라고 한다.

종류를 보면 문서작성 패키지로 워드프로세싱 패키지(한글, MS Word 등), 표 계산을 위한 스프레드시트(Spreadsheet) 패키지(EXCEL 등), 저장된 자료의 효율적 관리(수정, 조건 검색, 발췌 등)를 위한 데이터베이스 패키지(MS Access 등)등과 다른 컴퓨터와 연결하여 정보나 자원의 효율적 공유를 위한 통신용 프로그램 등이 있다.

(2) 사용자 프로그램

이용자의 업무 내용 또는 조건에 따라 별도로 만들어지는 프로그램으로서 사용자의 요구를 프로그램에 잘 반영시킬 수가 있다.

### 1.4.2.3. 소프트웨어 개발과정

소프트웨어, 더 나아가서 전산 시스템의 개발과정은 일반적으로 다음과 같이 이루어진다.

■ 계획수립단계 : 시스템 개발계획을 수립하고 추진전략을 수립하며 개발 팀을 구성한다.

■ 시스템분석 : 소프트웨어 요구사항 분석으로 해당 업무의 조사 및 개념 그리고 요구사항을 조사하고 시스템 요구사항을 작성한다.

■ 시스템 설계 : 시스템의 기능구조를 지정하기 위한 기본설계와 특히 입출력, 파일 그리고 코드 설계에 따른 상세 설계까지 이루어진다.

■ 프로그래밍 : 실제로 프로그램작업을 수행하여 시스템을 구현한다. 여기서 문서화작업까지 함께 이루어진다.

■ 시스템 운영 : 여기에는 개발된 시스템의 테스트와 검토(walk-through)를 통하여 검증하고 확인한 후 이상이 없을 경우 실제로 운영한다. 참고로 테스트 방법은 다음과 같은 것이 있다.

■ 평가 및 유지보수 : 이것은 시스템을 평가하고 관리하며 소프트웨어 유지보수까지를 포함한다.

## 1.5. 디지털 기술과 집적회로

집적회로나 마이크로프로세서 모두 디지털 전자공학의 발전의 결과로 볼 수 있으며, 현재 디지털 전자공학은 1950년대의 스위칭 이론과 집적회로(집적회로는 1960년대까지 개발되지는 못했다.)의 부산물로 생각되고 있다. 이것은 디지털 회로가 컴퓨터를 비롯한 여러 유용한 장치들을 구현하는 최상의 해결책으로 인식되고 있기 때문이며 이에 대한 발전 속도는 매우 빠른 속도를 보이고 있다.

한편, 다수의 전자 장치의 출력은 아날로그 양으로 볼 수 있는데 대표적인 예는 전압을 들 수 있겠다. 아날로그 량이란 가능한 출력 범위내의 어떤 값으로 가정하는 개념이며 디지털은 이와는 달리 그 값이 명확히 구분되는 것임을 우리는 잘 알고 있다. 다시 말하면, 디지털 회로는 아날로그 회로와는 달리 출력으로 단지 2가지의 값인 0과 1만을 만들어낸다. 물론 디지털 회로를 연구하고 개발하는 공학자들 역시 출력이 전압이 되는 전자 회로를 다루고는 있지만 이들은 단지 논리 1과 논리 0의 특정 범위를 규정할 뿐이다. 즉, 1과 0의 전압 범위는 금지 영역에 의해 분리되는 개념을 이루고 있으며 이것이 바로 여러분들이 디지털 논리 회로의 전제 조건임을 우선 명심하여야 할 듯싶다. 이에 대한 예로서 TTL(Transistor Transistor Logic) 집적회로의 경우에는 2에서 5 볼트(V)사이의 전압 값을 논리 1로 규정하며, 접지(ground: 0)와 0.8볼트(V)사이의 전압 값은 논리 0으로 정의한다. 그러면 여기서 의문이 드는 것은 "만약에 회로의 출력이 금지 또는 미정의 된 영역내의 값을 실제로 나타낸다면 어떻게 될까?" 하는 점인데, 이 경우 디지털 측면의 답은 [회로가 정상적으로 동작하지 않음. 고칠 필요성이 있음] 이 된다. 이것은 매우 중요한 문제가 되며 이러한 회로의 검증 절차를 테스팅이라 하며 회로 설계에서는 매우 중요한 절차로 취급하고 있다.

그림 1-24. 디지털 표현과 아날로그 표현

세계 최초의 Computer가 처음 만들어졌을 때는 앞서 언급한 바와 같이 진공관이라 부르는 전자장치로 구현되었는데, 이 당시 컴퓨터의 신뢰도는 크게 낮을 뿐 아니라 전력소비가 매우 컸었다. 진공관은 후에 트랜지스터로 대체되었으며 트랜지스터와 몇 개의 다이오드(Diode), 저항(Resistor)등을 사용하여 값싸고 효율적인 디지털 회로가 개발되면서 일대 혁신을 가져왔다.

현재 저항, 트랜지스터, 다이오드와 같은 이산소자(Discrete Components)들은 집적회로 내에 집적화되어 그 모습을 잃었다. 최근의 IC들은 점점 대규모 집적회로로 되어 그 복잡도 또한 매우 높다. 수천 개의 게이트로 구성된 마이크로프로세서 자체는 대규모 집적회로의 한 형태로 볼 수 있을 것이다.

집적회로는 [그림 1-25]와 같이 표준형 IC와 특수목적용 IC인 ASIC(Application Specific Integrated Circuits)으로 크게 나뉜다. 다시 ASIC은 풀 커스텀(Full-custom)

방식의 IC와 세미-커스텀(Semi-custom) IC로 나뉘며 세미 커스텀 IC는 다시 표준 셀과 게이트어레이 방식으로 양분된다.

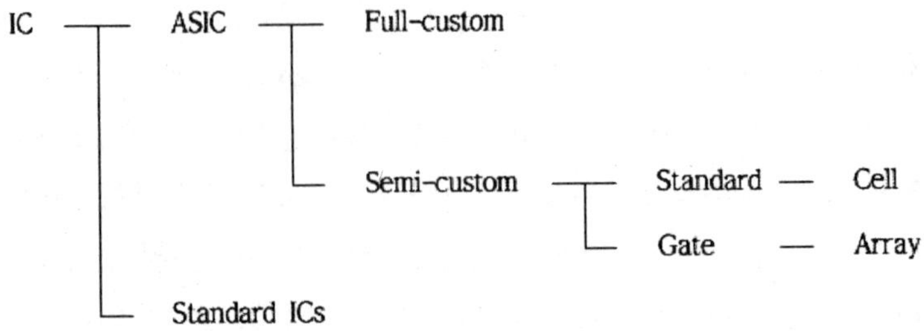


그림 1-25. IC의 분류

# 1장 연습 문제

1. 입력장치와 출력장치에 대해서 설명하시오.
2. 시스템 소프트웨어에 대해서 설명하시오.
3. 즉시처리와 배치처리의 차이점에 대해서 설명하시오.
4. 아날로그 회로와 디지털 회로의 차이점에 대해서 설명하시오.
5. 컴퓨터를 구성하는 5대 구성요소에 대해서 설명하시오.
6. 집적회로에 대해서 설명하시오.
7. 하드웨어, 소프트웨어, 펌웨어의 차이점에 대해서 설명하시오.
8. 다음 용어에 대해서 설명하시오.
   (1) UNIX
   (2) 정보의 사이클
   (3) 다중프로그래밍, 다중프로세싱
   (4) 명령(Instruction), 프로그램, 프로그래밍, 프로그래머
   (5) 로드 프로그램, 라이브러리 프로그램
   (6) GUI(Graphic User Interface), CUI(Character User Interface)
   (7) 클라이언트, 서버
   (8) GIS(Geographical Information System)
   (9) CAD(Computer Aided Design)

# 2. 수 체계

※ 학습목표

디지털 컴퓨터의 데이터 구성과 표현방식으로 수의 체계를 학습한다.

■ 세부목표

(1) 10진수를 2진법, 8진법, 16진법으로 나타내는 기법을 이해한다.

(2) 2진수, 8진수, 16진수를 다른 진수로 표현하는 기법을 이해한다.

(3) 각 진법으로 표현된 수의 표현의 덧셈, 뺄셈동작을 이해한다.

(4) 실수와 정수를 컴퓨터 내부에서 표현하는 방법을 이해한다.

## 2.1. 진수 체계

수 체계는 기호(symbol)를 사용하여 수를 표현하는 코드를 말한다. 우리는 일상생활에서 10진수를 가장 많이 사용하지만 디지털 컴퓨터의 데이터를 표현할 때는 2진수, 8진수, 16진수를 사용한다. 따라서 진수 체계와 원리 및 진수 변환을 이해하는 것이 중요하다.

일상생활에서 우리가 많이 사용하는 10진수(decimal number)는 기수(radix 또는 base)가 10인 수의 체계를 가지며 0, 1, 2, 3, 4, 5, 6, 7, 8, 9의 10개의 숫자(digit)로 된 기호를 사용한다. 10진수 324는 다음과 같이 나타낼 수 있다.

$$(324)_{10} = 3\times10^2 + 2\times10^1 + 4\times10^0$$

10진수 324는 기수를 10으로 사용하며 각 자릿수는 각각의 가중치를 가진다. 즉, 진법 R로 표현하는 숫자 N은 다음과 같이 해석할 수 있다.

$$N = d_n\times R^n + d_{n-1}\times R^{n-1} + \cdots + d_1\times R^1 + d_0\times R^0$$

N은 임의의 수이며, $d_n$은 해당되는 위치의 자리 수(digit)이며, R은 기수이다. 따라서 10진수 324는 R = 10, $d_2$ = 3, $d_1$ = 2, $d_0$ = 4가 된다. 이때, 가장 큰 자릿값을 갖는 $d_2$를 최상위 디지트 또는 최상위 숫자(MSD, Most Significant Digit)라 하고, 가장 작은 자릿값을 최하위 디지트 또는 최하위 숫자(LSD, Least Significant Digit)라 한다.

2진수(binary number)는 기수가 2인 수의 체계를 가지며 0, 1의 2개의 숫자로 된 기호를 사용한다. 2진수 1001는 다음과 같이 나타낼 수 있다.

$$(1001)_2 = 1\times2^3 + 0\times2^2 + 0\times2^1 + 1\times2^0 = (9)_{10}$$

2진수 1001은 R = 2, $d_3$ = 1, $d_2$ = 0, $d_1$ = 0, $d_0$ = 1이 된다. 2진수에서는 가장 큰 자릿값을 갖는 $d_3$를 최상위 비트(MSB, Most Significant Bit)라 하고, 가장 작은 자릿값을 최하위 비트(LSB, Least Significant Bit)라 한다.

8진수(octal)는 기수가 8인 수의 체계를 가지며 0, 1, 2, 3, 4, 5, 6, 7의 8개의 숫자로 된 기호를 사용한다. 8진수 371은 다음과 같이 나타낼 수 있다.

$$(371)_8 = 3\times8^2 + 7\times8^1 + 1\times8^0 = (249)_{10}$$

16진수(hexadecimal)는 기수가 16인 수의 체계를 가지며 0, 1, 2, 3, 4, 5, 6, 7, 8, 9, A, B, C, D, E, F의 16개의 기호를 사용한다. 10부터는 숫자로 표현할 수 없기 때문에 알파벳을 사용하여 16진수를 표현한다. 16진수 BA7은 다음과 같이 나타낼 수 있다.

$$(BA7)_{16} = B\times16^2 + A\times16^1 + 7\times16^0 = (2983)_{10}$$

디지털 컴퓨터에서 2진 코드를 사용하여 컴퓨터 내부의 데이터를 표현한다. 컴퓨터 입장에서는 2진 코드가 편하지만 사람의 입장에서는 2진 코드가 불편하기 때문에 원시 데이터를 좀 더 편하게 보기 위하여 8진수와 16진수를 사용한다. 10진수를 사용하는 것이 더 편리하긴 하지만 2진수를 10진수를 변환하는 것보다 8진수와 16진수로 변환하는 방법이 더 쉽기 때문이다.

16개의 수에 대한 10진수, 2진수, 8진수, 16진수의 값을 표로 정리하면 [표 2-1]과 같다.

표 2-1. 10진수, 2진수, 8진수, 16진수 대응관계

| 10진수 | 2진수 | 8진수 | 16진수 |
|---|---|---|---|
| 0 | 0000 | 0 | 0 |
| 1 | 0001 | 1 | 1 |
| 2 | 0010 | 2 | 2 |
| 3 | 0011 | 3 | 3 |
| 4 | 0100 | 4 | 4 |
| 5 | 0101 | 5 | 5 |
| 6 | 0110 | 6 | 6 |
| 7 | 0111 | 7 | 7 |
| 8 | 1000 | 10 | 8 |
| 9 | 1001 | 11 | 9 |
| 10 | 1010 | 12 | A |
| 11 | 1011 | 13 | B |
| 12 | 1100 | 14 | C |
| 13 | 1101 | 15 | D |
| 14 | 1110 | 16 | E |
| 15 | 1111 | 17 | F |

## 2.2. 진수 변환

### 2.2.1. 10진수와 2진수

먼저 10진수를 2진수로 변환하는 절차를 생각하고 변환된 2진수를 다시 역으로 10진수로 변환하는 방법을 생각함으로서 상호 변환 방법을 고려해보자.

10진수를 2진수로 변환하기 위해서는 주어진 10진수를 2로 계속 나누어 그 나머지를 취함으로서 쉽게 계산할 수 있다. 먼저 간단한 예를 들어 보자.

**예제 2-1**

10진수 26을 2진수로 변환하라.

(풀이)

26/2 → 몫 13, 나머지 0 → 0을 기록하고 13을 다음 단계로 넘김.
13/2 → 몫 6, 나머지 1 → 1을 기록하고 6을 다음 단계로 넘김.
6/2 → 몫 3, 나머지 0 → 0을 기록하고 3을 다음 단계로 넘김.
3/2 → 몫 1, 나머지 1 → 1을 기록하고 1을 다음 단계로 넘김.
1/2 → 몫 0, 나머지 1 → 1을 기록하고 끝냄.

기록된 나머지 값들을 LSB(Least Significant Bit) 부터 정리하면 11010를 얻는다. 좀 더 가시적으로 표현하면 [그림 2-1]와 같다.

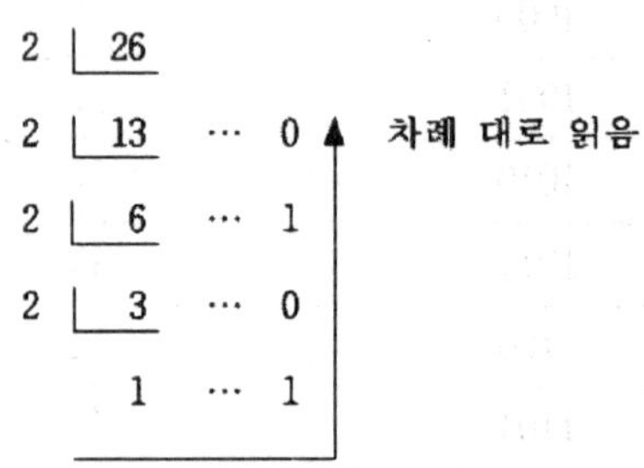


그림 2-1. 좀 더 가시적인 설명

그러면 예제를 하나 더 들어보기로 하자.

예제 2-2

10진수 217을 2진수로 바꾸어라.

(풀이)

217/2 → 몫 108, 나머지 1 → 1을 기록하고 108을 다음 단계로 넘김.
108/2 → 몫 54, 나머지 0 → 0을 기록하고 54를 다음 단계로 넘김.
54/2 → 몫 27, 나머지 0 → 0을 기록하고 27을 다음 단계로 넘김.
27/2 → 몫 13, 나머지 1 → 1을 기록하고 13을 다음 단계로 넘김.
13/2 → 몫 6, 나머지 1 → 1을 기록하고 6을 다음 단계로 넘김.
6/2 → 몫 3, 나머지 0 → 0을 기록하고 3을 다음 단계로 넘김.
3/2 → 몫 1, 나머지 1 → 1을 기록하고 1을 다음 단계로 넘김.
1/2 → 몫 0, 나머지 1 → 1을 기록하고 끝냄.

이상의 결과로부터 $(21710)_{10}$ = $(11011001)_2$를 얻는다. 결과를 검증해보기 위하여 역으로 구해진 2진수를 10진수로 바꾸면 11011001에서 1이 나타난 곳만을 자릿수를 따져보면 $1\times2^7 + 1\times2^6 + 0\times2^5 + 1\times2^4 + 1\times2^3 + 0\times2^2 + 0\times2^1 + 1\times2^0 = 128 + 64 + 16 + 8 + 1$ = 21710이 되어 올바른 결과를 구한 것임을 알 수 있다. 이와 같은 검증 방법은 우리에게 또 하나의 유용한 변환 방법을 생각하게 하며 이로서 임의의 2진수 값을 10진수로 바꿀 때는 1이 나타난 자리를 2의 지수승 개념으로 생각하고 이를 차례로 더해나가면 구할 수 있다는 것을 알 수 있다. 그러면 2진수를 10진수로 바꾸는 예를 들어보기로 하자.

예제 2-3

2진수 100011011을 10진수로 바꾸어라.

(풀이)

| 1이 나타난 자릿수 | 2의 지수승 값 |
|---|---|
| 0 | $2^0 = 1$ |
| 1 | $2^1 = 2$ |
| 3 | $2^3 = 8$ |
| 4 | $2^4 = 16$ |
| 8 | $2^8 = 256$ |

$(100011011)_2 = 2^0 + 2^1 + 2^3 + 2^4 + 2^8 = 1 + 2 + 8 + 16 + 256 = (283)_{10}$

소수점이 있는 경우에는 정확한 2진법 표현을 구하지 못할 수도 있는데 그것은 2진 비트의 반복적 순서를 만들어내는 경우로 예를 들면 1/3 경우가 이에 해당한다. 따라서 변환 결과의 정확도를 한번 재검증해보는 것이 필요하다. 먼저 소수점이 있는 경우의 일반적 해석을 나타내는 [정리 2-1]을 설명한다.

정리 2-1

소수점이 있는 경우의 해석은 다음과 같이 생각할 수 있다.

$$N = d_1 \times R^{-1} + d_2 \times R^{-2} + d_3 \times R^{-3} + \cdots + d_n \times R^{-n}$$

10진수 0.123의 경우에는 $N = 1 \times 10^{-1} + 2 \times 10^{-2} + 3 \times 10^{-3}$ 와 같이 해석된다.
2진수 0.1011의 경우에는 $N = 1 \times 2^{-1} + 0 \times 2^{-2} + 1 \times 2^{-3} + 1 \times 2^{-4} = 0.6875$가 되며 2진수 0.1011을 10진수로 변환하는 경우 0.6875가 됨을 뜻한다.

손으로 소수점이 있는 10진수를 2진수로 변환하는 경우에는 2를 연속적으로 곱하고 소수점 이상을 기록하고, 소수점이하를 다음 단계로 넘겨 계속 2를 곱하는 과정을 적용하여 구할 수 있다. 그 예를 들어보기로 하자.

**예제 2-4**

10진수 0.57251을 2진수로 변환하라.

(풀이)

| | | | | |
|---|---|---|---|---|
| 0.57251×2 | = | 1.14502 | → | 1을 기록하고 0.14502를 다음 단계로 넘김. |
| 0.14502×2 | = | 0.29004 | → | 0을 기록하고 0.29004를 다음 단계로 넘김. |
| 0.29004×2 | = | 0.58008 | → | 0을 기록하고 0.58008을 다음 단계로 넘김. |
| 0.58008×2 | = | 1.16016 | → | 1을 기록하고 0.16016을 다음 단계로 넘김. |
| 0.16016×2 | = | 0.32032 | → | 0을 기록하고 0.32032를 다음 단계로 넘김. |
| ⋮ | = | ⋮ | → | ⋮ |

이 경우 구하는 답은 0.10010... 이 되는데 이를 역변환하면 0.5625가 구해져서 원래 값인 0.57251과 약간의 차이를 보인다는 것을 알 수 있다. 다음 계속되는 예에서 왜 이와 같은 경우가 발생하는지 이해 할 수 있을 것이다.
이 경우 중요한 사항은 MSB 소수점 (즉, 소수점의 바로 오른쪽 비트)비트부터 시작한다는 것을 주의하여야 하겠다.

**예제 2-5**

10진수 0.78125를 2진수로 바꾸어라.

(풀이)

| | | | | |
|---|---|---|---|---|
| 0.78125×2 | = | 1.5625 | → | 1을 기록하고 0.5625를 다음 단계로 넘김. |
| 0.5625×2 | = | 1.125 | → | 1을 기록하고 0.125를 다음 단계로 넘김. |
| 0.125×2 | = | 0.25 | → | 0을 기록하고 0.25를 다음 단계로 넘김. |
| 0.25×2 | = | 0.5 | → | 0을 기록하고 0.5를 다음 단계로 넘김. |
| 0.5×2 | = | 1.0 | → | 1을 기록하고 소수점 이하 값이 0이므로 끝냄. |

[예제 2-5]를 풀면 10진수 0.78125를 2진수로 바꾸면 0.11001임을 알 수 있다. 그

런데 이 예에서 명심할 것은 마지막 단계에서 소수점 이하 값이 정확히 0이 되는 경우도 있지만 그렇지 않은 경우도 있다. 다음 예를 살펴보자.

**예제 2-6**

10진수 0.85를 2진수로 바꾸어라.

(풀이)

| | | | | |
|---|---|---|---|---|
| 0.85×2 | = | 1.7 | → | 1을 기록하고 0.7을 다음 단계로 넘김. |
| 0.7×2 | = | 1.4 | → | 1을 기록하고 0.4를 다음 단계로 넘김. |
| 0.4×2 | = | 0.8 | → | 0을 기록하고 0.8을 다음 단계로 넘김. |
| 0.8×2 | = | 1.6 | → | 1을 기록하고 0.6을 다음 단계로 넘김. |
| 0.6×2 | = | 1.2 | → | 1을 기록하고 0.2를 다음 단계로 넘김. |
| 0.2×2 | = | 0.4 | → | 0을 기록하고 0.4를 다음 단계로 넘김. |
| 0.4×2 | = | 0.8 | → | 0을 기록하고 0.8을 다음 단계로 넘김. |
| 0.8×2 | = | 1.6 | → | 1을 기록하고 0.6을 다음 단계로 넘김. |
| 0.6×2 | = | 1.2 | → | 1을 기록하고 0.2를 다음 단계로 넘김. |
| ⋮ | = | ⋮ | → | ⋮ |

이상의 결과를 보면 0110의 패턴이 계속 반복되어 나옴을 확인할 수 있을 것이다. 따라서 이 경우에 답은 다음과 같이 9개 또는 13개의 비트를 사용하여 나타낼 수 있다.

$$(0.85)_{10} = (0.1101100110011)_2$$

그러면 결과를 재검증해보자. 즉, 역으로 구해진 2진수를 10진수로 바꾸는 것이다.

$$0.11011 = 1\times2^{-1} + 1\times2^{-2} + 0\times2^{-3} + 1\times2^{-4} + 1\times2^{-5} = 0.84375$$

$$0.110110011 = 0.84960937$$

$$0.1101100110011 = 0.8499755859$$

와 같이 된다. 각각의 결과는 0.85보다는 작게 됨을 확인하기를 바라며 0.85에 근접한 결과를 얻기 위해서는 더욱더 많은 비트가 필요하다는 것을 확인하기 바란다.

### 2.2.2. 10진수와 8진수

8진수는 쉽게 2진수로 변환이 가능하므로 널리 사용되고 있다. 8진수는 기수가 8인 수의 체계를 가지며 자릿수는 0에서 7까지이다. 10진수에서 나타나는 8과 9는 없다. 8진수 37을 10진수로 바꾸면 우리가 잘 아는 바와 같이 다음과 같이 된다.

$(37)_8 = 3\times8^1 + 7\times8^0 = 24 + 7 = (31)_{10}$

$(0)_8$에서 $(77)_8$까지의 8진수 및 10진수의 쌍을 구해보면 [표 2-2]와 같이 된다.

표 2-2. 10진수와 8진수 쌍

| 10진수 | | 8진수 | | 10진수 | | 8진수 | | 10진수 | | 8진수 | | 10진수 | | 8진수 | |
|---|---|---|---|---|---|---|---|---|---|---|---|---|---|---|---|
| $10^1$ | $10^0$ | $8^1$ | $8^0$ | $10^1$ | $10^0$ | $8^1$ | $8^0$ | $10^1$ | $10^0$ | $8^1$ | $8^0$ | $10^1$ | $10^0$ | $8^1$ | $8^0$ |
| 0 | 0 | 0 | 0 | 1 | 6 | 2 | 0 | 3 | 2 | 4 | 0 | 4 | 8 | 6 | 0 |
| 0 | 1 | 0 | 1 | 1 | 7 | 2 | 1 | 3 | 3 | 4 | 1 | 4 | 9 | 6 | 1 |
| 0 | 2 | 0 | 2 | 1 | 8 | 2 | 2 | 3 | 4 | 4 | 2 | 5 | 0 | 6 | 2 |
| 0 | 3 | 0 | 3 | 1 | 9 | 2 | 3 | 3 | 5 | 4 | 3 | 5 | 1 | 6 | 3 |
| 0 | 4 | 0 | 4 | 2 | 0 | 2 | 4 | 3 | 6 | 4 | 4 | 5 | 2 | 6 | 4 |
| 0 | 5 | 0 | 5 | 2 | 1 | 2 | 5 | 3 | 7 | 4 | 5 | 5 | 3 | 6 | 5 |
| 0 | 6 | 0 | 6 | 2 | 2 | 2 | 6 | 3 | 8 | 4 | 6 | 5 | 4 | 6 | 6 |
| 0 | 7 | 0 | 7 | 2 | 3 | 2 | 7 | 3 | 9 | 4 | 7 | 5 | 5 | 6 | 7 |
| 0 | 8 | 1 | 0 | 2 | 4 | 3 | 0 | 4 | 0 | 5 | 0 | 5 | 6 | 7 | 0 |
| 0 | 9 | 1 | 1 | 2 | 5 | 3 | 1 | 4 | 1 | 5 | 1 | 5 | 7 | 7 | 1 |
| 1 | 0 | 1 | 2 | 2 | 6 | 3 | 2 | 4 | 2 | 5 | 2 | 5 | 8 | 7 | 2 |
| 1 | 1 | 1 | 3 | 2 | 7 | 3 | 3 | 4 | 3 | 5 | 3 | 5 | 9 | 7 | 3 |
| 1 | 2 | 1 | 4 | 2 | 8 | 3 | 4 | 4 | 4 | 5 | 4 | 6 | 0 | 7 | 4 |
| 1 | 3 | 1 | 5 | 2 | 9 | 3 | 5 | 4 | 5 | 5 | 5 | 6 | 1 | 7 | 5 |
| 1 | 4 | 1 | 6 | 3 | 0 | 3 | 6 | 4 | 6 | 5 | 6 | 6 | 2 | 7 | 6 |
| 1 | 5 | 1 | 7 | 3 | 1 | 3 | 7 | 4 | 7 | 5 | 7 | 6 | 3 | 7 | 7 |

다음에는 소수점이 있는 8진수를 10진수로 바꾸어 보기로 하자. 이 경우에는 8진수의 소수점 위치에 따른 적절한 가중치를 고려하면 된다. 즉, 다음과 같이 생각할 수 있다.

$$N = d_1 \times 8^{-1} + d_2 \times 8^{-2} + d_3 \times 8^{-3} + \cdots$$

**예제 2-7**

8진수 0.23을 10진수로 바꾸어라.

(풀이)

$(0.23)_8 = 2 \times 8^{-1} + 3 \times 8^{-2} = 0.25 + 0.046875 = (0.296875)_{10}$

다음에는 10진수에서 8진수로 역변환 하는 경우를 고려해보자. 이때는 해당 수의 정수부분은 반복적으로 나눗셈을 적용하고, 소수부에 대해서는 반복적으로 곱셈을 적용하여 구할 수 있다. 먼저 예를 보기로 하자.

**예제 2-8**

10진수 127을 8진수로 변환하라.

(풀이)

표 2-3. 10진수 127의 8진수 변환

| 1/8 | 15/8 | 127/8 | |
|---|---|---|---|
| 0 | ↖ 1 | ↖ 15 | 몫 |
| 1 | 7 | 7 | 나머지 |

따라서 $(177)_8$이 구해진다.

또는 다음과 같이 우리가 앞에서 2진법에서 사용했던 것과 유사하게 풀 수도 있다.

```
8 | 127
8 | 15   … 7 ▲ 차례 대로 읽음
     1   … 7 |
```

그림 2-2. 좀 더 가시적인 풀이

| 예제 2-9 |
|---|
| 10진수 0.1875를 8진수로 변환하라.<br><br>(풀이)<br>0.1875×8 = 1.5000 … 1을 기록<br>0.5000×8 = 4.0000 … 4를 기록<br><br>따라서 0.14가 구해진다. |

### 2.2.3. 10진수와 16진수

기수 16인 수의 체계를 16진법이라 하며 대부분의 컴퓨터에서 널리 사용되고 있다. 16진수의 경우에는 10진수에서 사용되는 0에서 9까지 수 외에도 10에서 15까지의 추가적인 digit가 필요하다. 16진수는 [표 2-4]와 같다.

표 2-4. 10진수와 그에 대응하는 16진수 표현법

| 10진수 | 16진수 | 10진수 | 16진수 | 10진수 | 16진수 | 10진수 | 16진수 |
|---|---|---|---|---|---|---|---|
| 0 | 0 | 4 | 4 | 8 | 8 | 12 | C |
| 1 | 1 | 5 | 5 | 9 | 9 | 13 | D |
| 2 | 2 | 6 | 6 | 10 | A | 14 | E |
| 3 | 3 | 7 | 7 | 11 | B | 15 | F |

[정리 2-2]를 이용하여 16진수의 경우에는 R이 16인 경우이므로 16진수로 2B인 수를 10진수로 변환해보면 $(2B)_{16} = 2\times16^1 + 11\times16^0 = 32 + 11 = (43)_{10}$ 이 된다.

소수점이 있는 경우도 마찬가지로 구할 수 있는데 이에 대한 예를 들어 보자. 16진수로 0.8을 10진수로 바꾸면 $(0.8)_{16} = 8\times16^{-1} = 8/16 = (0.5)_{10}$ 와 같이 구할 수 있다.

이번에는 10진수를 16진수로 변환하는 방법을 생각해보자. 이 경우도 마찬가지로 정수부에 대해서는 16을 계속 나누고 소수부의 경우 16으로 곱하는 것을 반복하여 구할 수 있다.

| 예제 2-10 |
|---|
| 10진수 567.1875를 16진수로 변환하라. |

(풀이)

| | | | | |
|---|---|---|---|---|
| 567/16 | = | 몫 35, 나머지 7 | → | 7을 기록하고 35를 다음 단계로 넘김. |
| 35/16 | = | 몫 2, 나머지 3 | → | 3을 기록하고 2를 다음 단계로 넘김. |
| 2/16 | = | 몫 0, 나머지 2 | → | 2를 기록하고 끝냄. |

다음에는 소수부분을 변환한다.

$0.1875 \times 16 = 1.1250 + 1.875 = 3.0000$

이상의 결과를 종합하면 $(567.1875)_{10} = (237.3)_{16}$

## 2.2.4. 2진수와 8진수

$8 = 2^3$ 이므로 2진수를 3개씩 그룹으로 묶으면 쉽게 8진수로 변환이 가능하고, 이의 성질을 이용하면 그 역변환도 매우 쉽게 수행할 수 있다. 먼저 예를 들어 보자.

| 예제 2-11 |
|---|
| $(01101111)_2$를 8진수로 바꾸어라. |

(풀이)

3개씩 그룹으로 묶으면 (001) (101) (111)이 되고 이를 각각 8진수로 변환하면 (1) (5) (7)가 되어 구하는 답은 $(157)_8$ 이 된다.

2진수와 8진수의 상호 관계를 나타내는 [표 2-5]를 사용하면 쉽게 상호 변환이 가능해진다.

표 2-5. 2진수와 8진수의 관계

| 2진수 | 8진수 | 2진수 | 8진수 |
|---|---|---|---|
| 0000 | 0 | 0100 | 4 |
| 0001 | 1 | 0101 | 5 |
| 0010 | 2 | 0110 | 6 |
| 0011 | 3 | 0111 | 7 |

예제 2-12

8진수 57324를 2진수로 바꾸어라.

(풀이)

5 → 0101

7 → 0111

3 → 0011

2 → 0010

4 → 0100

따라서 이상의 결과를 종합하면 $(57324)_8$ = $(0101011100110010 0100)_2$

## 2.2.5. 2진수와 16진수

16 = $2^4$ 이므로 2진수를 4개씩 그룹으로 묶으면 쉽게 16진수로 변환이 가능하고, 이의 성질을 이용하면 그 역변환도 매우 쉽게 수행할 수 있다. 먼저 예를 들어 보자.

예제 2-13

$(01101111)_2$를 16진수로 바꾸어라.

(풀이)

4개씩 그룹으로 묶으면 (0110) (1111)이 되고 이를 각각 16진수로 변환하면 (6) (F)가 되어 구하는 답은 $(6F)_{16}$ 이 된다.

참고로 2진수와 16진수의 상호 관계를 나타내는 [표 2-5]를 사용하면 매우 큰 수도 쉽게 상호 변환이 가능해진다.

표 2-5. 2진수와 16진수의 관계

| 2진수 | 16진수 | 2진수 | 16진수 | 2진수 | 16진수 | 2진수 | 16진수 |
|---|---|---|---|---|---|---|---|
| 0000 | 0 | 0100 | 4 | 1000 | 8 | 1100 | C |
| 0001 | 1 | 0101 | 5 | 1001 | 9 | 1101 | D |
| 0010 | 2 | 0110 | 6 | 1010 | A | 1110 | E |
| 0011 | 3 | 0111 | 7 | 1011 | B | 1111 | F |

예제 2-14

16진수 1BAC를 2진수로 바꾸어라.

(풀이)

1 → 0001

B → 1011

A → 1010

C → 1100

따라서 이상의 결과를 종합하면 $(1BAC)_{16} = (0001101110101100)_2$

## 2.2.6. 8진수와 16진수

8진수와 16진수의 변환은 $2^n$ 속성을 이용한다. 8진수는 2진수 변환한 후 4개씩 그룹으로 묶으면 쉽게 16진수로 변환이 가능하다. 예를 들어 보자.

**예제 2-15**

8진수 520.236을 16진수로 바꾸어라.

(풀이)

5 → 101

2 → 010

0 → 000

2 → 010

3 → 011

6 → 110

8진수를 520.236을 2진수로 변환하면 $(101010000.010011110)_2$이고 4개씩 그룹으로 묶으면 (0001) (0101) (0000) . (0100) (1111) (0000) 이 된다. 16진수로 변환하면 (1) (5) (0) . (4) (F) (0) 가 되어 구하는 답은 $(150.4F)_{16}$ 이 된다.

16진수는 2진수 변환한 후 3개씩 그룹으로 묶으면 쉽게 8진수로 변환이 가능하다. 예를 들어 보자.

**예제 2-16**

16진수 A73.2B를 8진수로 바꾸어라.

(풀이)

A → 1010

7 → 0111

3 → 0011

2 → 0010

B → 1011

16진수를 A73.2B를 2진수로 변환하면 $(101001110011.00101011)_2$이고 3개씩 그룹으로 묶으면 (101) (001) (110) (011) . (001) (010) (110) 이 된다. 8진수로 변환하면 (5) (1) (6) (3) . (1) (2) (6) 가 되어 구하는 답은 $(5163.126)_8$ 이 된다.

## 2.3. 2진수의 사칙 연산

### 2.3.1. 2진 덧셈

2진수의 덧셈에서는 다음과 같은 경우의 조합이 적용된다.

0 + 0 = 0

0 + 1 = 1

1 + 0 = 1

1 + 1 = 1 0 → 올림수(carry) 1이 발생

여기서 올림수라는 것은 이미 우리는 초등학교 수학에서 배웠다. 즉, 다음과 같은 10진수의 덧셈을 보자.

```
   25
+  19
------
    ?
```

당연히 여러분들은 이렇게 계산할 것이다. 오른쪽이 하위 자릿수이니까 하위 자릿수끼리인 5와 9를 먼저 더할 것이다. 그러면 14가 나올 것이다. 여기서 우리가 답을 쓸 때 14를 그대로 적지 않는다. 자릿수가 2자리로) 늘어났으므로 4만 적고 1 올리기가 되는 것이다. 바로 올라가는 1이 올림수라는 것이다. 그래서 2진법에서도 2진수 1과 1을 더하면 사실은 10진법으로는 2가 되지만 2진법에서 2라는 것은 없으므로 당연히 자릿수를 늘려 10이 될 것이다. 이때 바로 1이라는 올림수가 발생하는 것이다.

| 예제 2-17 |
|---|
| 2진수 덧셈<br><br>(풀이)<br><br>$(001101)_2$<br>+ $(100101)_2$<br>―――――――<br>$(110010)_2$ |

## 2.3.2. 2진 뺄셈

2진수의 뺄셈에서는 다음과 같은 뺄셈 연산이 적용된다.

0 - 0 = 0
0 - 1 = 1 → 자리 빌림 필요
1 - 0 = 1
1 - 1 = 0

마찬가지로 여기서 자리 빌림이라는 것이 무엇인지 의아해 할 수도 있겠다. 이 경우도 마찬가지이다. 즉, 다음과 같은 10진수의 뺄셈을 보자.

```
  25
- 19
-----
   ?
```

당연히 여러분들은 이렇게 계산할 것이다. 오른쪽이 하위 자릿수이니까 하위 자릿수끼리인 5와 9를 먼저 뺄 것이다. 바로 뺄셈을 할 수 없다. 그래서 작은 수인 5는 앞자리인 2에서 1을 빌린다(엄밀히 말하면 앞자리가 10의 자리이므로 20에서 10을 빌린다는 의미가 되겠다). 결국 앞자리는 20에서 10을 5에게 빌려주었으므로 10만 남고, 5는 10을 얻어 15가 되어 이제 뺄셈이 가능해져서 15-9의 결과 6이 되고, 10의 자릿수끼리의 뺄셈에서 10-10의 결과 0이 되어 최종적으로 구하는 답이 6이 계산될 것이다. 이 때 작은 수인 5가 앞자리인 20에서 10을 빌리는 것을 자리 빌림이라 한다.

| 예제 2-18 |
|---|
| 2진수 뺄셈<br><br>(풀이)<br><br>$(10110)_2$<br>- $(01010)_2$<br>―――――<br>$(01100)_2$ |

## 2.3.3. 2진 곱셈

2진수 체계에서 곱셈은 매우 간단히 수행될 수 있는데 곱셈 수행 시 승수(乘數)의 digit는 단지 0아니면 1이기 때문이다. 곱셈 규칙은 다음과 같다.

$0 \times 0 = 0$

$0 \times 1 = 0$

$1 \times 0 = 0$

$1 \times 1 = 1$

예제 2-19

10진수 217을 2진수로 바꾸어라.

(풀이)

10진 곱셈

```
   53
×   7
-----
  371
```

2진 곱셈

```
      110101   (피승수, multiplicand)
×        111   (승수, multiplier)
------------
      110101
+     110101
+     110101
------------
   101110011
```

이와 같이 곱셈 동작은 컴퓨터 내부에서는 연속된 덧셈 동작으로 수행된다.

## 2.3.4. 2진 나눗셈

2진 나눗셈 역시 매우 간단히 수행된다. 우선 연산 규칙은 다음과 같다.

0 ÷ 0 = 불가능
0 ÷ 1 = 0
1 ÷ 0 = 불가능
1 ÷ 1 = 1

다음 예와 같이 피제수가 제수로 나누어지면 몫이 1이 되고 나눌 수 없으면 0이 된다.

예제 2-20

```
                 1100      몫
제수 110    ┌ 1001000     피제수
              110
            ─────────
                 110
                 110
            ─────────
              0000000
```

## 2.4. 보수 연산

지금까지는 뺄셈 결과가 음수가 나오지 않는 간단한 경우만을 알아보았다. 그러면 음수가 나오는 경우는 어떻게 할 것인가? 이때는 보수(complement) 동작이 필요하다.

※ 참고 2-1. 보수

보수란 컴퓨터 시스템의 내부에서 바라보는 특수한 상황에 적용된다. 즉, 컴퓨터 내부에서 수를 표시할 경우 음수를 표시하기 위한 방법인 것이다. 컴퓨터에서 보수를 사용하는 것은 뺄셈의 경우 음수를 효율적으로 표시하고 인간이 이용하는 뺄셈기법이 아닌 논리적인 처리가 가능하므로 사용한다는 점이다. 즉, A-B를 계산하기 위하여 A+(B의 보수)로 계산한다는 의미이다. 그러면 보수를 사용하면 뺄셈을 덧셈동작만으로 처리 가능하므로 우리가 뒤에 배우게 될 덧셈회로만으로 뺄셈도 처리할 수 있게 되어 회로구성이 간단해진다는 장점도 있다.
일반적으로 기수가 R인 양수 I에 대해 R의 보수는 I가 0이 아닐 때 $R^p-I$으로 정의되며 만약 I가 0이면 R의 보수도 0이다. 여기서 p는 정수부분의 자릿수이다. 기수가 R인 양수 I에 대해 (R-1)의 보수는 $R^p-(R^q)-I$이다. 여기서 p, q는 각각 I의 정수부분과 소수부분의 자릿수이다.
예를 들어 보면, 10진수 123의 10의 보수는 $10^3-123$이 되어 877이 계산된다. 10진수 0.3의 10의 보수는 $10^0-0.3$이 되어 1-0.3=0.7이 된다. $10^0$이 나온 것은 정수부분이 없기 때문에 0으로 처리한 이유 때문이다. 2진수 1011의 2의 보수는 $2^4$-1011이 되어 결국 10000-1011이 되어 0101이 된다. 10진수 6의 9의 보수는 $10^1-(10^{-0})$-6이 되어 3이 계산된다. 여기서 $10^{-0}$이 나온 것은 소수부분이 없기 때문이고 결국 이 값은 1이 된다. 참고로 기수가 R인 양수 M에 대해 R보수는 (R-1)의 보수에서 1을 더해주어도 구할 수 있다.

## 2.4.1. 9의 보수를 이용한 10진수의 감산

참고 2-1에서 보수의 정의를 설명하고 예도 들어보았지만 조금 계산방법이 복잡하다 느꼈을 것이다. 그래서 쉽게 다음과 같이 바꾸어서 생각해보기로 하자. 예를 들어 10진수 12의 9의 보수는 2자리의 최댓값인 99에서 12를 뺀 값이다. 즉, 99-12=87이 바로 10진수 12의 9의 보수이다. 따라서 9의 보수를 이용하면 덧셈 동작으로 감산 결과를 바로 구해낼 수 있다.

### 2.4.1.1. 9의 보수를 이용한 큰 수에서 작은 수 감산

예제 2-21

$(8)_{10}$ - $(3)_{10}$를 9의 보수를 이용하여 덧셈 동작으로 계산해보시오.

(풀이)

```
    8
+   6      → 3의 9의 보수
---------
   14      → 캐리 1 발생
+   1      → 캐리를 결과에 더한다.
---------
    5
```

이제 알기 쉽게 계산 순서를 정리해보자. 즉, 다음과 같이 정리 할 수 있다.

※ 참고 2-2. 9의 보수를 이용한 10진 감산, (큰 수 - 작은 수) 계산 단계 정리

단계 1. 작은 수의 9의 보수를 구한다.
단계 2. 큰 수와 단계1의 결과를 더한다.
단계 3. 자리올림수(캐리)를 최하위로 보내 다시 더한다.

### 2.4.1.2. 9의 보수를 이용한 작은 수에서 큰 수 감산

이번에는 작은 수에서 큰 수를 감산하는 경우이다.

**예제 2-22**

$(15)_{10}$ - $(28)_{10}$를 9의 보수를 이용하여 계산해보시오.

(풀이)

```
    15
 +  71     → 28의 9의 보수
 -------
    86     → 자리 올림수는 없고 음수가 나와야 한다.
 -------
   -13     → 결과 값에 9의 보수를 취하고 부호를 바꾸어 음수가 나오게 한다.
```

이제 알기 쉽게 계산 순서를 정리해보자. 즉, 다음과 같이 정리 할 수 있다.

※ 참고 2-3. 9의 보수를 이용한 10진 감산, (작은 수 - 큰 수) 계산 단계 정리

단계 1. 큰 수(-가 붙은 수)의 9의 보수를 구한다.
단계 2. 작은 수와 단계1에서 구한 큰 수의 9의 보수를 더한다.
단계 3. 자리 올림수는 없고 음수가 나와야한다.
단계 4. 최종 답은 결과 값에 9의 보수를 다시 구하고 부호를 변환하면 된다.

## 2.4.2. 10의 보수를 이용한 10진수의 감산

### 2.4.2.1. 10의 보수를 이용한 큰 수에서 작은 수 감산

10의 보수는 9의 보수에다가 1을 더하면 구할 수 있는데 예를 들어 8의 9의 보수는 9-8=1 이며 여기에 다시 1을 더하면 1+1= 2가 되어 8의 10의 보수는 2가 된다. 9의 보수와 마찬가지로 10의 보수도 감산에 적용하여 덧셈 동작으로 감산할 수 있다.

예제 2-23

$(8)_{10}$ - $(3)_{10}$를 10의 보수를 이용하여 계산해보시오.

(풀이)

```
      8
+     7        → 3의 10의 보수
──────────
     15        → 여기서 캐리 1은 버린다.
──────────
      5        → 구하는 답이다.
```

이제 알기 쉽게 계산 순서를 정리해보자. 즉, 다음과 같이 정리 할 수 있다.

※ 참고 2-4. 10의 보수를 이용한 10진 감산, (큰 수 - 작은 수) 계산 단계 정리

단계 1. 작은 수의 10의 보수를 구한다.
단계 2. 큰 수와 단계1의 결과를 더한다.
단계 3. 자리올림수(캐리)를 버린다.

### 2.4.2.2. 10의 보수를 이용한 작은 수에서 큰 수 감산

이번에는 작은 수에서 큰 수를 감산하는 경우이다.

| 예제 2-24 |
|---|
| $(15)_{10}$ - $(28)_{10}$를 10의 보수를 이용하여 계산해보시오.<br><br>(풀이)<br><br>    15<br>+ 72 → 28의 10의 보수<br>―――<br>    87 → 자리 올림수는 없고, 그 결과는 10의 보수가 되고 음수이다.<br>―――<br>   -13 → 결과 값에 10의 보수를 취하고 부호를 바꾸어 음수가 나오게 한다. |

이제 알기 쉽게 계산 순서를 정리해보자. 즉, 다음과 같이 정리 할 수 있다.

※ 참고 2-5. 10의 보수를 이용한 10진 감산, (작은 수 - 큰 수) 계산 단계 정리

| 단계 1. 큰 수(-가 붙은 수)의 10의 보수를 구한다.<br>단계 2. 작은 수와 단계1에서 구한 큰 수의 10의 보수를 더한다.<br>단계 3. 자리 올림수는 없고 음수가 나와야한다.<br>단계 4. 최종 답은 결과 값에 10의 보수를 다시 구하고 부호를 변환하면 된다. |
|---|

## 2.4.3. 1의 보수를 이용한 2진수의 감산

2진수에 대한 1의 보수는 모든 1을 0으로 0을 1로 맞바꾸면 구해진다.

예제 2-25

$(10101)_2$ 의 1의 보수를 구하시오.

(풀이)

( 1 0 1 0 1 )

↓ ↓ ↓ ↓ ↓

( 0 1 0 1 0 )

#### 2.4.3.1. 1의 보수를 이용한 큰 수에서 작은 수 감산

1의 보수를 이용하여 큰 수에서 작은 수를 감산하는 경우 계산 순서는 다음과 같이 정리된다.

※ 참고 2-6. 1의 보수를 이용한 2진 감산, (큰 수 - 작은 수) 계산 단계 정리

단계 1. 작은 수의 1의 보수를 구한다.
단계 2. 큰 수와 단계1의 결과를 더한다.
단계 3. 자리올림수(캐리)를 최하위로 보내 다시 더한다.

예제 2-26

$(11001)_2$ - $(10011)_2$ = 1의 보수를 이용하여 계산해보시오.

(풀이)

```
      11001
+     01100      → 10011의 1의 보수
─────────────
     100101
+         1
─────────────
      00110      → 최종 답
```

#### 2.4.3.2. 1의 보수를 이용한 작은 수에서 큰 수 감산

1의 보수를 이용하여 작은 수에서 큰 수를 감산하는 경우 계산 순서는 다음과 같이 정리된다

※ 참고 2-7. 1의 보수를 이용한 2진 감산, (작은 수 - 큰 수) 계산 단계 정리

| |
|---|
| 단계 1. 큰 수(-가 붙은 수)의 1의 보수를 구한다.<br>단계 2. 작은 수와 단계1에서 구한 큰 수의 1의 보수를 더한다.<br>단계 3. 자리 올림수는 없고 음수가 나와야한다.<br>단계 4. 최종 답은 결과 값에 1의 보수를 다시 구하고 부호를 변환하면 된다. |

예제 2-27

$(1001)_2$ - $(1101)_2$ = 1의 보수를 이용하여 계산해보시오.

(풀이)

```
      1001
  +   0010      → 1101의 1의 보수
  ----------
      1011      → 여기에 다시 1의 보수를 취하고 부호를 변환시킨다.
     -0100      → 최종 답
```

### 2.4.4. 2의 보수를 이용한 2진수의 감산

#### 2.4.4.1. 2의 보수를 이용한 큰 수에서 작은 수 감산

2의 보수는 1의 보수에 1을 더하면 바로 구해진다.

| 예제 2-28 |
|---|
| $(110)_2$ 의 2의 보수를 구하시오.<br><br>(풀이)<br>$(110)_2$ → 001(1의 보수) → 001 + 1 = $(010)_2$ |

그러면 감산 방법을 알아보자.

※ 참고 2-8. 2의 보수를 이용한 2진 감산, (큰 수 - 작은 수) 계산 단계 정리

| |
|---|
| 단계 1. 작은 수(-가 붙은 수)의 2의 보수를 구한다.<br>단계 2. 큰 수와 단계1의 결과를 더한다.<br>단계 3. 자리올림수(캐리)를 버린다.(캐리는 항상 존재) |

| 예제 2-29 |
|---|
| $(1100)_2$ - $(1011)_2$ = 2의 보수를 이용하여 계산해보시오.<br><br>(풀이)<br><br>　　1100<br>+　0101　　→ 1011의 2의 보수<br>―――――<br>　　10001　　→ 캐리 1을 버리면 최종 답은 0001이 된다. |

#### 2.4.4.2. 2의 보수를 이용한 작은 수에서 큰 수 감산

2의 보수를 이용하여 작은 수에서 큰 수를 감산하는 경우 계산 순서는 다음과 같이 정리된다

※ 참고 2-9. 2의 보수를 이용한 2진 감산, (작은 수 - 큰 수) 계산 단계 정리

단계 1. 큰 수(-가 붙은 수)의 2의 보수를 구한다.
단계 2. 작은 수와 단계1에서 구한 큰 수의 2의 보수를 더한다.
단계 3. 자리 올림수는 없고 음수가 나와야한다.
단계 4. 최종 답은 결과 값에 2의 보수를 다시 구하고 부호를 변환하면 된다.

예제 2-30

$(10011)_2$ - $(11100)_2$ = 2의 보수를 이용하여 계산해보시오.

(풀이)

| | | |
|---|---|---|
| | 10011 | |
| + | 00100 | → 11100의 2의 보수 |
| | 10111 | → 올림수(캐리) 없음. |
| | 01000 | → 10111의 1의 보수 |
| + | 1 | → 2의 보수를 취하기 위해 1을 더함. |
| | -01001 | → 구하는 최종 답(-부호를 붙여줌에 유의) |

## 2.5. 컴퓨터 내부에서의 수치 자료 표현 방식

여기서는 컴퓨터 내부에서의 수치 자료 표현 방식에 대해 세부적으로 알아보기로 한다. 수는 부호와 크기 그리고 소수점으로 구성되는 데 부호는 양수인지 음수인지를 나타내기 위한 것으로 0을 양의 부호로 1을 음의 부호로 일반적으로 사용한다. 따라서 부호를 나타내기 위해 필요한 최소 비트 수는 1이 된다. 소수점을 나타내기 위해서는 고정 소수점(Fixed Point)방식과 부동 소수점(Floating Point)방식의 2가지가 널리 사용되며 고정 소수점 방식은 소수점이 항상 정해진 위치에 고정되어있는 것으로서 실수를 나타내는 경우는 가장 왼쪽의 위치에 소수점이 있고, 정수를 나타내는 경우에는 가장 오른쪽에 소수점이 있다고 가정하는 방식이다.

부동 소수점 방식은 가수와 지수를 이용하여 표기하는 데 정수부와 소수부의 자

릿수가 일정하지 않고 지수의 크기에 의해 결정된다. 즉, 소수점의 위치가 고정되지 않는 방식이다.

## 2.5.1. 정수 표현 (고정 소수점 방식)

### 2.5.1.1. 부호와 절대치 표현 (signed magnitude representation)

정수의 부호와 절대치를 따로 보관하는 방식이다.

| 예제 2-31 |
|---|
| 8비트로 10진수 -10 및 +10을 나타내어라.<br><br>(풀이)<br>-10 → 1000 1010　　　　　　　　　　+10 → 0000 1010 |

### 2.5.1.2. 2의 보수 표현 (two's complement representation)

2의 보수에 의해 수를 표현하는 방식이며 양수는 해당 수의 2진법으로 나타내고, 음수는 양수에 대한 2의 보수로 표현하는 방식이다.

| 예제 2-32 |
|---|
| 8비트로 +10과 -10을 2의 보수 표현으로 나타내어라.<br><br>(풀이)<br>+10 → 00001010<br>-10 → +10의 2의 보수 = 11110101(+10의 1의 보수) + 1 = 11110110 |

### 2.5.1.3. 1의 보수 표현 (one's complement representation)

1의 보수에 의해 수를 나타내는 방식이다.

**예제 2-33**

8비트로 +10과 -10을 1의 보수 표현으로 나타내어라.

(풀이)

+10 → 00001010　　　　-10 → 11110101

표 2-6. +0과 -0 표현

| 표현 방식 | +0 | -0 |
|---|---|---|
| 부호와 절대치 표현 | 0 000000 | 1 000000 |
| 1의 보수 표현 | 0 000000 | 1 111111 |
| 2의 보수 표현 | 0 000000 | 없음 |

따라서 고정 소수점 표현 방식의 경우 k 비트가 수의 크기를 나타내고 1비트가 부호를 나타내는 데 사용된다면 레지스터는 k+1비트 개가 필요하고 이 범위를 벗어나는 비트수가 요구된다면 이를 나타낼 수가 없으므로 이 경우 오버플로(Overflow)가 발생한다. 정수의 표현 범위는 $\pm(2^{k-1}-1)$이 되나 2의 보수 표현의 경우에는 -0을 나타내지 않으므로 $+(2^{k-1}-1)$에서 $-(2^{k-1}-1)-1=-2^{k-1}$이 된다는 사실을 쉽게 생각할 수 있을 것이다.

**예제 2-34**

8비트의 레지스터를 사용하는 경우 고정 소수점 방식을 사용할 경우 부호화절대치, 1의 보수, 2의 보수일 경우 각각 표현범위를 계산하라.

(풀이)

부호화절대치와 1의 보수일 경우 앞에서 설명한 식은 k=8일 경우이므로 다음과 같이 $\pm(2^{k-1}-1)= \pm(2^{8-1}-1)= \pm(2^{7}-1)=\pm127$로 계산된다.

한편, 2의 보수를 사용하는 경우에는 앞에서 설명한 바와 같이 음수일 경우 -0을 표현하지 않으므로 음수의 표현은 $-(2^{k-1}-1)-1 = -2^{k-1}$ 식에 k=8을 대입해주면 -128이 구해진다. 따라서 전체 표현범위는 -128 ~ +127의 범위가 된다.

### 2.5.2. 실수 표현(부동 소수점 표현 방식)

부동 소수점을 사용하여 좀 더 정밀한 실수 표현이 가능한데 이 경우에는 정수부에 대한 가수(Mantissa)부분과 지수부분(Exponent)이 필요하다. 즉, 다음과 같이 표현한다.

| 부호 | 가수 | 부호 | 지수 |
|---|---|---|---|

그림 2-3. 부동 소수점 표현

**예제 2-35**

10진수 +6132.389를 부동 소수점 표현으로 나타내시오.

(풀이)

| 0 | 6132389 | 0 | 04 |
|---|---|---|---|

# 2장 연습 문제

1. 16진수 FDC.68을 8진수로 변환하시오.
2. 8진수 352.6을 각각 2진법, 10진법으로 고치시오.
3. 10진수 -5를 1의 보수, 2의 보수 표현으로 각각 나타내시오.
4. 10진수 -0.375를 정규형 부동 소수점으로 표현하시오.
5. 다음의 2진수를 10진수로 나타내시오.
   (1) 101111
   (2) 111000111
   (3) 111000110101
   (4) 0101010111
6. 다음의 10진수를 2진수로 나타내시오.
   (1) 87
   (2) 19.23
   (3) 234.45
   (4) 0.635
7. 다음의 수를 10진수로 바꾸시오.
   (1) $(1001111.011)_2$ (2) $(0.345)_6$ (3) $(50)_7$ (4) $(103.56)_4$
8. 다음 2진수의 1의 보수와 2의 보수를 구하시오.
   (1) 0110111
   (2) 10011011
   (3) 10100.111
   (4) 011100.001
9. 다음 10진수의 9의 보수와 10의 보수를 구하시오.
   (1) 23
   (2) 378
   (3) 23.67
   (4) 10.45
10. 다음 연산을 1의 보수에 의한 방법과 2의 보수에 의한 방법으로 각각 계산하고 그 결과가 일치하는지 점검하시오.
   (1) 11010 - 1101
   (2) 10000 - 1101
   (3) 11011 - 11110

(4) 00001 - 10001

11. 다음 연산을 9의 보수에 의한 방법과 10의 보수에 의한 방법으로 각각 계산하여 그 결과를 비교해보시오.

(1) 320 - 234

(2) 234 - 320

(3) 12034 - 2098

(4) 2098 - 12304

# 3. 코드

※ 학습목표
10진수, 알파벳 정보 등을 나타내는데 사용되는 2진 코드(Binary Code)를 설명하고, 오류 검출 및 정정을 위한 각종 코드 등을 세부적으로 학습한다.

■ 세부목표
(1) 10진수를 각종 2진 코드로 표현하는 기법
(2) 알파벳 정보를 ASCII또는 EBCDIC 코드로 부호화하는 기법
(3) 기타 자료의 표현 방법
(4) 홀/짝수 패리티 오류 검출 기법
(5) 해밍 코드를 이용한 오류 정정 기법
(6) 그레이 코드와 2진 코드 상호 변환 기법

## 3.1. 개요

정보의 부호화는 기호(Symbol)들을 사용하여 문자(Character)를 나타내는 하나의 수단으로 생각할 수 있다. 여기서 문자는 숫자적인 것(Numeric)과 알파벳(Alphabetic)인 것을 포함한다. 부호화는 보안적인 측면에서 지금까지 주로 사용되어왔으며 컴퓨터의 측면에서는 단지 1과 0으로 된 2진 기호를 사용하여 문자를 표현하게 되는 데 이를 부호화(Encoding)라 한다.

다시 말하면 10진수를 2진화하는 경우 이것을 부호화라 할 수 있고, 역으로 2진화된 것을 다시 원래의 10진수로 역변환 하는 것을 복호화(Decoding)라 부를 수 있다. 여기서는 이러한 부호화를 위한 약속된 부호(Code)들을 세부적으로 알아보기로 한다.

## 3.2. BCD 코드(8421 코드)

BCD(Binary Coded Decimal) 코드는 10진 digit 0에서 9까지의 수를 2진수 체계를 사용하여 나타낸 것을 말한다. 다시 말하면 BCD 부호화된 수는 1과 0으로만 구성되는 2진수라 볼 수 있다. 일반적으로 BCD 코드는 8421 코드를 말한다. 다음에 몇 가지 예를 들어본다.

표 3-1. 10진수와 BCD 예

| 10진수 | BCD |
|---|---|
| 28 | 0010 1000<br>(2) (8) |
| 732 | 0111 0011 0010<br>(7) (3) (2) |

각 10진수의 한자리는 4비트의 2진 부호화된 수로 표현한다. 물론 이와 같은 4비트 각각은 가중치(weighted value)가 있어서 왼쪽부터 차례로 생각하면 $2^3$ $2^2$ $2^1$ $2^0$이 되기 때문에 결과적으로 가중치는 차례로 8421이 된다. 그래서 8421 코드를 가중치가 있는 코드라 부르기도 한다. 주의해야 할 것은 이와 같은 8421 코드는 반드시 2진수와 같은 것은 아니란 점이다. 이에 대한 예를 하나 들어보기로 한다.

$(3)_{10} \rightarrow (0011)_2 \rightarrow (0011)_{BCD}$ ⇒ 2진 표현과 BCD 표현이 같다.
$(10)_{10} \rightarrow (1010)_2 \rightarrow (0001\ 0000)_{BCD}$ ⇒ 2진 표현과 BCD 표현이 다르다.
$(16)_{10} \rightarrow (10000)_2 \rightarrow (0001\ 0110)_{BCD}$ ⇒ 2진 표현과 BCD 표현이 다르다.

그래서 다음과 같이 정리할 수 있다.

『 BCD와 2진수 표현은 10진수를 생각하여 0에서 9까지는 같지만 그 이상이 되면 완전히 달라진다. 』

※ 참고 3-1. 가중치 코드와 비가중치 코드

■ 가중치코드 : 코드화한 2진 표현의 각 자리수가 의미가 있는 특정 값에 대응되는 코드로서 8421, 2421, 5421, 7421 코드 등이 여기에 속한다.
■ 비가중치 코드 : 코드화한 2진 표현의 각 자리수가 의미가 있는 특정 값에 대응되지 않는 코드로서 3초과 코드(자기보수 코드), 2-out-of 5 코드 등이 여기에 속한다.

참고로 몇 가지 10진수와 이에 대응되는 BCD코드 및 그에 따른 2진수 표현을 표로 나타내어 보면 [표 3-2]와 같다.

표 3-2. 10진수, BCD, 2진수 표현 방식 비교

| 10진수 | BCD코드 | 2진수표현 |
|---|---|---|
| 0 | 0000 | 0000 |
| 1 | 0001 | 0001 |
| 2 | 0010 | 0010 |
| 3 | 0011 | 0011 |
| 4 | 0100 | 0100 |
| 5 | 0101 | 0101 |
| 6 | 0110 | 0110 |
| 7 | 0111 | 0111 |
| 8 | 1000 | 1000 |
| 9 | 1001 | 1001 |
| 10 | 0001 0000 | 1010 |
| 11 | 0001 0001 | 1011 |
| 12 | 0001 0010 | 1100 |
| 13 | 0001 0011 | 1101 |
| 14 | 0001 0100 | 1110 |
| 15 | 0001 0101 | 1111 |
| 16 | 0001 0110 | 0001 0000 |
| 17 | 0001 0111 | 0001 0001 |
| … | … | … |
| 141 | 0001 0100 0001 | 1000 1101 |

한편 연산 과정에서 이 코드의 단점을 볼 수 있는데 이에 대한 예를 보이면 다음과 같다.

| 10진 연산 | 2진 연산 | BCD | |
|---|---|---|---|
| 8 | 1000 | 1000 | |
| + 7 | + 0111 | + 0111 | |
| 15 | 1111 | 1111 | → BCD에 맞지 않음 |

10진수 15는 BCD로 표현하면 0001 0101이 되는 문제점이 있기 때문에 BCD를 사용한 연산 동작에는 캐리(carry)를 올리는 특수한 형태의 가산기가 필요하며 이것은 BCD 가산기에서 자세히 다루어 보도록 하자.

## 3.3. 3초과 코드

3초과 코드는 표와 같이 BCD 코드를 수정한 것으로 [표 3-3]을 자세히 살펴보면 어떻게 3초과 코드가 구성되는지 쉽게 알 수 있을 것이다. 즉, 3초과 코드는 이름 자체에서 알 수 있듯 BCD 코드에 3을 더한 것임을 알 수 있다.

표 3-3. BCD 코드와 3초과 코드의 관계

| 10진수 | BCD 코드 | 3초과 코드 |
|---|---|---|
| 0 | 0000 | 0000 + 0011 = 0011 |
| 1 | 0001 | 0001 + 0011 = 0100 |
| 2 | 0010 | 0010 + 0011 = 0101 |
| 3 | 0011 | 0011 + 0011 = 0110 |
| 4 | 0100 | 0100 + 0011 = 0111 |
| 5 | 0101 | 0101 + 0011 = 1000 |
| 6 | 0110 | 0110 + 0011 = 1001 |
| 7 | 0111 | 0111 + 0011 = 1010 |
| 8 | 1000 | 1000 + 0011 = 1011 |
| 9 | 1001 | 1001 + 0011 = 1100 |

3초과 코드는 각 비트의 위치가 가중치를 갖지 않는 비가중치(non-weighted) 코드이다. 또한 이 코드는 BCD의 산술 연산의 문제점을 개선한 것이다. 이에 대한 예를 들어 보기로 하자.

| 10진 연산 | 3초과 코드 연산 | |
|---|---|---|
| 3 | 0100 | 1 0010 |
| + 9 | + 1100 | + 0011 0011 |
| 12 | 1 0010 | 0100 0101 |

결과를 읽으면 0100 0101 → $(12)_{\text{3초과 코드}}$ 가 되어 산술 연산 동작이 BCD보다 다소 개선됨을 알 수 있다.

## 3.4. 2421 코드

2421 코드는 가중치가 있는 코드로서 자기보수 코드(Self-complementing Code)의 특성을 가진다. 자기보수 코드란 10진 digit를 나타내는 코드 그룹 내에서 1과 0이 맞바꾸어지면 9에서 해당 10진 digit를 뺀 코드 그룹이 바로 얻어질 수 있는 특성을 가지는 코드이다. 2421 코드는 각 자리의 가중치가 2, 4, 2, 1인 코드로서 10진 digit를 가중치를 이용하여 만든 코드이다. [표 3-4]는 10진, BCD 코드, 2421 코드, 2421 코드의 1의 보수를 비교한 것이다.

표 3-4. 10진, BCD, 2421, 2421의 1의 보수

| 10진 | BCD | 2421 | 2421의 1의 보수 |
|---|---|---|---|
| 0 | 0000 | 0000 | 1111 |
| 1 | 0001 | 0001 | 1110 |
| 2 | 0010 | 0010 | 1101 |
| 3 | 0011 | 0011 | 1100 |
| 4 | 0100 | 0100 | 1011 |
| 5 | 0101 | 1011 | 0100 |
| 6 | 0110 | 1100 | 0011 |
| 7 | 0111 | 1101 | 0010 |
| 8 | 1000 | 1110 | 0001 |
| 9 | 1001 | 1111 | 0000 |

2421 코드 외에도 앞에서 살펴본 3초과 코드 역시 자기보수 코드이다. 3초과 코드를 살펴보자.

$(2)_{10} \rightarrow (0\ 1\ 0\ 1)_{3초과\ 코드} \leftrightarrow (9)_{10} - (2)_{10} = (7)_{10} \rightarrow (1010)_{3초과\ 코드}$

↓↓↓↓ 반전

1 0 1 0

# 3.5. 5비트 코드

## 3.5.1. 2 out of 5 코드

2 out of 5 코드는 비가중치 코드로서 각 코드에는 단지 1이 2개만 나타나는 재미있는 코드이다. 이것이 바로 오류 검출을 보다 쉽게 하는 장점이 된다. 응용 분야는 전화 및 통신용으로 주로 사용하고 있다. [표 3-5]는 10진, 51111 코드를 비교한 것이다.

표 3-5. 10진, 2 out of 5 코드

| 10진 | 2 out of 5 |
|---|---|
| 0 | 00000 |
| 1 | 00101 |
| 2 | 00110 |
| 3 | 01001 |
| 4 | 01010 |
| 5 | 01100 |
| 6 | 10001 |
| 7 | 10010 |
| 8 | 10100 |
| 9 | 11000 |

### 3.5.2. 51111 코드

이 코드는 가중치가 있는 가중치 코드로서 자기보수 코드이기도 하다. 51111 코드는 10진수 0부터 4까지는 오른쪽에서 왼쪽으로 1이 확산하는 패턴을 가지며, 10진수 5부터 9까지는 왼쪽에서 오른쪽으로 1이 확산하는 패턴을 가진다. 51111 코드는 확산 패턴이 단조롭기 때문에 전자회로 동작에 쉽게 적용할 수 있는 코드라 할 수 있다. [표 3-6]는 10진, 51111 코드를 비교한 것이다.

표 3-6. 10진, 51111 코드

| 10진 | 51111 |
|---|---|
| 0 | 00000 |
| 1 | 00001 |
| 2 | 00011 |
| 3 | 00111 |
| 4 | 01111 |
| 5 | 10000 |
| 6 | 11000 |
| 7 | 11100 |
| 8 | 11110 |
| 9 | 11111 |

### 3.5.3. Shift counter 코드 (Johnson 코드)

Shift counter 코드는 비가중치 코드로서 51111 코드와 마찬가지로 연속적인 패턴이 나타나는 특징 때문에 전자회로 동작에 잘 적용되는 코드이다. Shift counter 코드는 10진수 1에서 5까지는 1이 왼쪽에서 오른쪽으로 확산되어가고 6에서 9까지는 0이 왼쪽에서 오른쪽으로 확산되어가는 특징을 갖고 있다. [표 3-7]는 10진, 51111 코드를 비교한 것이다.

표 3-7. 10진, Shift counter 코드

| 10진 | Shift counter |
|---|---|
| 0 | 00000 |
| 1 | 00001 |
| 2 | 00011 |
| 3 | 00111 |
| 4 | 01111 |
| 5 | 11111 |
| 6 | 11110 |
| 7 | 11100 |
| 8 | 11000 |
| 9 | 10000 |

## 3.6. 5비트 이상 코드

오류를 보다 쉽게 검출하기 위하여 5비트 이상으로 만들어진 코드로는 7비트 2-5진 코드(biquinary code)와 10비트 링 카운터 코드(ring counter code)가 있다.

### 3.6.1.1. 2-5진 코드

2-5진 코드는 가중치가 있는 가중치 코드로서 각 비트의 가중치는 50 43210과 같이 되며 이 때문에 50 43210 코드라고도 부른다. 각 코드 그룹에는 1이 되는 비트가 항상 2개가 되는 특징이 있기 때문에 오류 검출용으로 널리 사용된다. 또한 1이 되는 2개의 비트는 각각 50에 속하는 왼쪽 부분에 1개, 43210이 되는 오른쪽 부분에 1개씩 존재한다. [표 3-8]은 10진, 2-5진 코드를 비교한 것이다.

표 3-8. 10진, 2-5진 코드

| 10진 | 2-5진 코드 | |
|---|---|---|
| | 50 | 43210 |
| 0 | 01 | 00001 |
| 1 | 01 | 00010 |
| 2 | 01 | 00100 |
| 3 | 01 | 01000 |
| 4 | 01 | 10000 |
| 5 | 10 | 00001 |
| 6 | 10 | 00010 |
| 7 | 10 | 00100 |
| 8 | 10 | 01000 |
| 9 | 10 | 10000 |

### 3.6.1.2. 링 카운터 코드

이 코드는 전자회로 동작상 인식하기가 매우 용이하고 아울러 코드화된 부호를 디코드하기가 매우 용이하다는 장점이 있다. 앞의 [표 3-6]에서 볼 수 있는 것처럼 10개의 비트로 된 각 코드 그룹에는 단지 1개의 1이 되는 비트가 존재하며 10진 값은 단지 오른쪽에서 하나씩 왼쪽으로 가면서 카운터 함으로서 간단히 얻을 수 있다는 것을 알 수 있다. [표 3-9]는 10진, 링 카운터 코드를 비교한 것이다.

표 3-9. 10진, 링 카운터 코드

| 10진 | 링 카운터 코드 |
|---|---|
| 0 | 0000000001 |
| 1 | 0000000010 |
| 2 | 0000000100 |
| 3 | 0000001000 |
| 4 | 0000010000 |
| 5 | 0000100000 |
| 6 | 0001000000 |
| 7 | 0010000000 |
| 8 | 0100000000 |
| 9 | 1000000000 |

## 3.7. 그레이 코드

그레이(Gray) 코드는 아날로그 정보를 디지털 정보로 변환하는데 널리 사용되는 코드이다. 가중치가 없는 코드로서 인접한 각 코드 간에는 한 개의 비트만 변화가 있게 된다. 즉, 이 코드는 산술연산에는 적합하지 않으나 1개의 비트만 변경하면 새로운 코드가 되는 특징이 있기 때문에 입력 코드로 사용할 경우 오차가 적어 데이터의 전송, 아날로그에서 디지털 변환(A/D conversion)등의 목적으로 많이 사용되고 있다. [표 3-10]에 0에서 10까지의 2진수와 대응되는 그레이 코드를 비교하여 나타내고 있다.

표 3-10. 0에서 10까지의 2진수와 그레이코드 대응 관계

| 10진수 | 2진수 | 그레이 코드 |
| --- | --- | --- |
| 0 | 0000 | 0000 |
| 1 | 0001 | 0001 |
| 2 | 0010 | 0011 |
| 3 | 0011 | 0010 |
| 4 | 0100 | 0110 |
| 5 | 0101 | 0111 |
| 6 | 0110 | 0101 |
| 7 | 0111 | 0100 |
| 8 | 1000 | 1100 |
| 9 | 1001 | 1101 |
| 10 | 1010 | 1111 |

### 3.7.1. 2진수의 그레이 코드로 변환 방법

2진수의 MSB(가장 왼쪽)에서부터 시작하여, 이 비트는 그대로 그레이 코드 비트가 된다. 그 다음 오른쪽 비트는 MSB와 비교하여

① 비트가 같으면 그레이 코드에 0을 기록하고
② 비트가 다르면 그레이 코드에 1을 기록한다.

위의 과정을 LSB까지 계속 반복한다.

그러면 간단한 예를 가지고 이를 설명해보자.

예제 3-2

2진수 11001을 그레이 코드로 변환하라.

(풀이)
2진수 11001을 그레이 코드로 변환하면 그레이코드 10101로 변환이 된다.

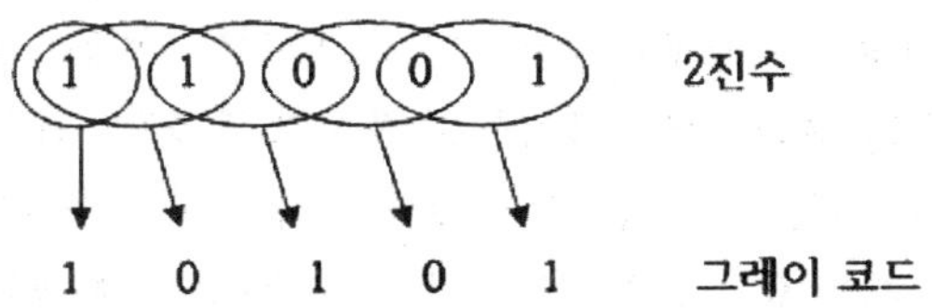


그림 3-1. 2진수 11001의 그레이 코드 변환

그레이 코드의 제일 왼쪽부터 어떻게 해당 값들이 만들어지는지 설명해보도록 하겠다. 왼쪽 제일 처음 값인 1은 2진수의 최 좌측 값인 1이 그대로 온 것이고, 그 다음 0은 2진수의 바로 오른쪽의 값인 1을 비교하여 두개의 비트 값들이 서로 같으므로 0이 온 것이다. 그레이 코드의 제일 왼쪽에서 3번째 비트 값인 1은 어떻게 만들어 진 것인가 하면 2진수의 제일 왼쪽에서 2번째 값인 1과 3번째 값인 0을 비교한 결과 서로 다르므로 1을 기록함으로서 만들어 낸 것이다.

### 3.7.2. 그레이 코드에서 2진수로 변환 방법

그레이 코드를 2진수로 변환하는 방법은 다음과 같다.

① 그레이 코드의 최상의 비트(Most Significant Bit, MSB)에서부터 시작하여 최초의 1까지는 2진수와 해당 그레이 코드 값은 같다.

② 그 다음 그레이 코드 비트가 1이면 대응하는 2진수 비트의 바로 왼쪽 비트를 반전시키고, 0이면 대응하는 2진수 비트의 바로 왼쪽 비트와 동일한 비트를 표시한다.

**예제 3-3**

그레이 코드 11011을 2진수로 바꾸어라.

(풀이)

MSB부터 시작하여 처음으로 1이 나타날 때까지 즉 (1)1011 이 되는 1은 같다. 여기서 노파심에서 분명하게 이야기한다. MSB에서 처음으로 1이 나타날 때까지는 동일하다는 점이다. 무조건 그레이코드의 MSB와 2진 코드의 MSB가 같다는 뜻이 아님에 유의하여야 한다. 따라서 이 경우는 MSB자체가 1이므로 처음으로 1이 나타날 때까지 관찰할 것도 없이 1은 그대로 오고, 1다음을 보면 역시 1이 나타나므로 이것에 대응하는 2진수의 해당 비트의 바로 왼쪽 비트 값은 1이므로 이를 반전시킨다. 즉, 0을 기록한다.

지금까지 구한 2진수는 10이다. 다음에는 그레이코드 값이 0이므로 이것에 해당하는 2진수의 해당 비트 바로 왼쪽 값은 0이다. 따라서 0을 그대로 기록한다. 다음에는 그레이 코드 값이 1이 되므로 2진수 왼쪽 비트 값인 0을 반전시키면 1이 기록되고, 마지막으로 오는 그레이 코드 값은 역시 1이므로 2진수의 왼쪽 비트 값인 1을 반전시키면 0이 구해진다. 따라서 지금까지의 결과를 차례로 쓰면 10010이 된다. 즉, 변환한 2진수는 10010이다.

| 1 | 1 | 0 | 1 | 1 |
|---|---|---|---|---|
| ↓ | ↓ | ↓ | ↓ | ↓ |
| 내려감 | 1이므로 | 0이므로 | 1이므로 | 1이므로 |
| 1 | 0 | 0 | 1 | 0 |
| | 반전(1→0) | 불변 | 반전(0→1) | 반전(1→0) |

그림 3-2. 그레이 코드를 2진수로 변환예제 설명

## 3.8. 오류 검출 및 정정 코드

지금까지 매우 다양한 코드를 공부하였는데 실제로 특정 문자나 숫자를 표현하는데 코드가 사용되는 것이지만 이외에도 데이터의 송수신에서 오류는 필히 발생하게 되며, 컴퓨터의 경우도 예외는 아니어서 컴퓨터내부의 각 장치에서 데이터가 송수신될 때 오류를 무시하기 어렵다. 이와 같은 필연적으로 발생하는 오류에 대비하여 송신측에서 전송된 정보를 수신하는 수신측에서는 먼저 수신 정보에 오류가 포함되었는가를 검사하고, 만일 오류가 포함되었다면 전송된 원래 데이터로 정정할 수 있는 체계를 갖추고 있어야 하며, 이를 위한 제반 과정을 오류 제어(Error Control)라고 한다.

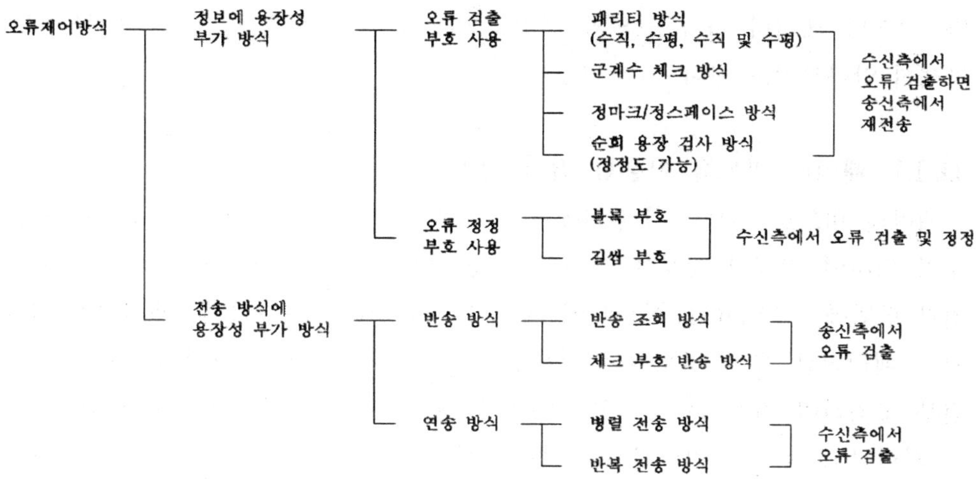


그림 3-3. 오류제어 방식의 분류

오류제어를 위한 일반적인 방식은 [그림 3-3]에 나타낸 것과 같이 크게 2가지 형태로 분류되며 오류 제어를 위한 제어 정보를 원래의 정보에 부가하여 정보에 용장성(Redundancy)을 주는 방식과 전송 방식에 부가적 동작을 행하도록 하여 전송 방식에 용장성을 주는 방식으로 나뉜다. 여기서, 용장성이란 정보 전송이라는 규정된 기능 수행 외에 여분의 수단(정보 전송이란 측면에서 보면 없어도 되는 잉여 수단이지만 오류 제어를 위하여 필요한 수단)을 부가하는 것을 의미한다. 오류제어를 위해서 매우 다양한 코드가 사용되고 있다. 그러나 원래의 정보에 오류 검출 및 정정용으로 부가의 비트를 더 첨가하여야하기 때문에 주고받을 데이터양이 늘어나게 되므로 적절한 조정(Trade-off)을 취하여야 한다.

오류 검출 및 정정용으로 널리 사용되는 코드는 패리티 부호, 해밍부호, 순회용장 부호(CRC), 길쌈부호 등 매우 다양한 부호가 사용되고 있다. 컴퓨터 내부의 경우에는 주로 용장성이 작은 패리티 부호가 널리 사용되고 있다. 이들 부호를 세부적으로 알아보기로 한다.

### 3.8.1. 오류 검출 코드

오류를 검출만 할 수 있는 코드를 오류 검출 코드라 부르며 대표적인 코드에는 패리티 검사 코드, 군카운터 검사 코드 등이 사용된다. 여기서 각 코드의 특성을 자세히 다루는 것은 본서의 범위를 벗어나므로 정보통신 관련서에 맡기기로 하겠다. 그러나 패리티 검사 코드와 해밍코드는 가장 기본적인 것이므로 이것에 대해 자세히 알아보기로 한다.

#### 3.8.1.1. 패리티 비트를 이용한 검사 방식

패리티 비트란 정보의 송수신에서 오류가 발생하였는지 여부를 수신측에서 알아보기 위하여 원래의 정보에 부가하는 잉여 비트를 말하며 패리티 비트(parity bit) 첨가 방법에는 기수(Odd Number) 패리티와 우수(Even Number) 패리티가 있다. 즉, 기수 패리티란 송신 정보에 해당하는 비트 그룹과 부가하게 되는 패리티 비트를 전부 고려하여 전체적으로 1의 개수가 홀수가 되도록 패리티 비트를 첨가하는 것을 의미하고, 우수 패리티란 1의 개수가 짝수가 되도록 패리티 비트를 첨가하는 것을 의미한다. 이렇게 패리티 비트를 이용하여 오류를 검사하는 방식을 패리티 검사 방식이라 하며 오류 발생확률이 낮은 경우에 간단히 사용할 수 있는 방식이다.

패리티 첨가 방식이 언뜻 이해가 되지 않을 것 같은데 이해를 돕기 위하여 앞에서 배운 BCD(8421) 코드에 각각 기수/우수 패리티 1비트를 첨가하여 새로운 코드를 만들어내는 방식을 설명해보도록 하자.

표 3-11. 패리티 비트가 있는 8421 BCD 코드

| 10진수 | BCD 코드 | 기수 패리티를 가진 BCD | 우수 패리티를 가진 BCD |
|---|---|---|---|
| 0 | 0000 | 0000 1 또는 00001 | 0000 0 또는 00000 |
| 1 | 0001 | 0001 0 또는 00010 | 0001 1 또는 00011 |
| 2 | 0010 | 0010 0 또는 00100 | 0010 1 또는 00101 |
| 3 | 0011 | 0011 1 또는 00111 | 0011 0 또는 00110 |
| 4 | 0100 | 0100 0 또는 01000 | 0100 1 또는 01001 |
| 5 | 0101 | 0101 1 또는 01011 | 0101 0 또는 01010 |
| 6 | 0110 | 0110 1 또는 01101 | 0110 0 또는 01100 |
| 7 | 0111 | 0111 0 또는 01110 | 0111 1 또는 01111 |
| 8 | 1000 | 1000 0 또는 10000 | 1000 1 또는 10001 |
| 9 | 1001 | 1001 1 또는 10011 | 1001 0 또는 10010 |

## 3.8.2. 오류 검출 및 정정 가능 방식

비트 패리티를 사용하면 단 1개의 오류 즉, 단일 비트 오류가 발생하였을 때만 오류 검출이 가능하지만 두 개 이상의 짝수개의 오류가 발생한 경우에는 오류가 발생하였지만 오류가 없는 경우로 되어버린다.

한편, 비트 패리티를 사용하면 오류의 발생여부는 검사할 수 있으나 어느 곳에서 오류가 발생하였는지 검사는 불가능하다. 따라서 발생한 오류를 정정도 할 수 있도록 여러 코드가 고안되었으며 이들 중 패리티 검사 방식을 응용한 패리티 워드를 이용한 검사 방식과 해밍 코드를 이용한 방식을 세부적으로 살펴본다.

### 3.8.2.1. 패리티 워드를 이용한 검사 방식

[그림 3-4]에서 나타난 것과 같이 각 데이터 워드의 마지막 비트는 패리티 비트를 첨가하고 수직 방향으로 한 번 더 패리티를 첨가할 수 있는데 이것을 패리티 워드라고 한다.

만약 1개의 비트의 착오가 발생하였을 때는 비트 패리티와 워드 패리티를 검사함으로써 오류 위치가 검출되므로 결국 오류의 정정이 가능하여진다.

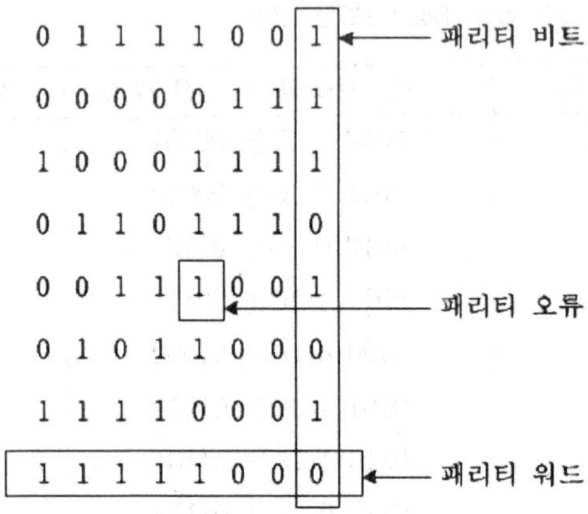


그림 3-4. 패리티 워드를 이용한 오류검출 및 정정(기수패리티)

[그림 3-6]에서 보는 것처럼 왼쪽에서 5번째 열 5번째 행에 오류가 발견되었으므로 1로 표시된 부분이 오류이다. 따라서 1은 0으로 바뀌어져야 한다. 결국 오류를 검출할 수 있을 뿐 아니라 오류도 정정될 수 있음을 알 수 있다.

### 3.8.2.2. 해밍 코드를 이용한 오류 정정 방식

단일 오류를 검출할 뿐 아니라 정정도 바로 가능한 코드로 해밍 코드가 있다. 이 코드를 설명하기 전에 먼저 숙지하여야 할 몇 가지 용어를 설명한다.

그러면 이제 해밍 코드를 구성하는 방법을 알아보기로 한다. 예로서 우리가 앞에서 배운 BCD(8421) 코드에 해밍 비트를 첨가하여 해밍 부호를 만드는 방법을 알아보자.

먼저 BCD(8421) 코드의 경우 데이터 정보 비트가 4비트이므로 해밍비트 개수를 구하는 공식에 대입시켜보면 $2^p \geq p + 4 + 1$ 이 되어 $2^p \geq p + 5$를 만족하는 최적의 p값은 3임을 알 수 있다. 또한 해밍비트가 들어가는 각각의 자릿수는 $2^0$, $2^1$, $2^2$에서 차례로 1, 2, 4번째 자리가 된다. 따라서 해밍 부호를 구성하여 보면 다음과 같다. 1, 2, 4행에는 패리티 비트이고 3, 5, 6, 7행에는 정보를 나타내는 비트가 위치한다.

패리티 검사 비트 $P_1$은 1, 3, 5 및 7행 즉, BCD - 841에 대하여 우수 검사(Even Parity Check)를 수행하며, $P_2$는 2, 3, 6 및 7행 즉, BCD-821에 대하여 우수 검사를 수행하고, $P_4$는 4, 5, 6 및 7행 즉, BCD-421에 대한 우수 검사를 수행한다. 이 예에서는 우수 패리티 검사를 가정하였으나 기수 패리티를 적용할 수도 있다.

※ 참고 3-2. 해밍 코드와 관련된 용어 정리

■ Hamming code(해밍 부호) : 1950년에 R.W. Hamming이 고안한 부호로서 1비트의 오류를 검출, 정정할 수 있는 오류 정정 부호의 일종을 말한다. 일반적으로 하나의 문자를 구성하는 데이터 비트의 수를 d, 검사 비트의 수를 p으로 한다면 d와 p의 관계는 다음의 식으로 나타내어진다.

$$2^p \geq d + p + 1$$

■ Hamming distance(해밍 거리) : 비트 수가 같은 2개의 부호를 각 비트 자리마다 대응시켜 비교하였을 때 일치하지 않는 것의 개수를 말한다. 예를 들어 부호 1000과 부호 1100의 해밍 거리는 1이다.

■ Hamming weight(해밍 가중치) : 부호에 포함되는 각 비트의 0이 아닌 것의 개수를 말한다.

표 3-12. BCD에 해밍 비트를 첨가하여 해밍 코드를 만든 예(우수 패리티 사용)

| 10진수 | 비트<br>번호 | $P_1$<br>1 | $P_2$<br>2 | 8<br>3 | $P_4$<br>4 | 4<br>5 | 2<br>6 | 1<br>7 |
|---|---|---|---|---|---|---|---|---|
| 0 | | 0 | 0 | 0 | 0 | 0 | 0 | 0 |
| 1 | | 1 | 1 | 0 | 1 | 0 | 0 | 1 |
| 2 | | 0 | 1 | 0 | 1 | 0 | 1 | 0 |
| 3 | | 1 | 0 | 0 | 0 | 0 | 1 | 1 |
| 4 | | 1 | 0 | 0 | 1 | 1 | 0 | 0 |
| 5 | | 0 | 1 | 0 | 0 | 1 | 0 | 1 |
| 6 | | 1 | 1 | 0 | 0 | 1 | 1 | 0 |
| 7 | | 0 | 0 | 0 | 1 | 1 | 1 | 1 |
| 8 | | 1 | 1 | 1 | 0 | 0 | 0 | 0 |
| 9 | | 0 | 0 | 1 | 1 | 0 | 0 | 1 |

그러면 이제 실제로 해밍 코드를 이용하여 오류를 어떻게 검출하고 정정할 수 있는지 예를 가지고 알아보자.

**예제 3-1**

해밍 부호 0100011를 수신하였다. 오류를 정정하라.

(풀이)

| 7 | 6 | 5 | 4 | 3 | 2 | 1 | |
|---|---|---|---|---|---|---|---|
| 0 | 1 | 0 | 0 | 0 | 1 | 1 | |
| | | | × | | × | × | ← 해밍 비트 위치 |
| | | | 0 | | 1 | 1 | ← 대응된 P1, P2, P4 값 |
| | 1 | | | | | | ← 해밍 비트 위치를 제외한 1의 위치 즉, 6번째 |

여기서, 6은 2진수로 $(110)_2$ 이므로 오류 발생위치를 구하기 위하여 대응된 $P_1$, $P_2$, $P_4$ 값과 exclusive OR연산을 시키면 즉,

$$
\begin{array}{r}
(110)_2 \\
\text{exclusive OR } (011)_2 \\
\hline
(101)_2
\end{array}
$$

→ 10진수로는 5 (이것을 신드롬(syndrome)이라고도 부른다.)

따라서 신드롬 101은 10진수로 5이므로 5번째 비트에서 오류가 발생하였다는 것을 곧 바로 알 수 있고, 오류를 정정하기 위해서 5번째 위치를 반전시키면 (즉, 1→0, 0→1) 교정된 부호를 얻을 수 있다. 이 예에서 교정된 코드는 0110011이다. 만일 신드롬이 0이 되면 오류가 없는 것이다.

# 3.9. 문자 자료의 표현

## 3.9.1. 영문자 코드

지금까지 살펴본 10진 digit 0부터 9까지를 나타내는 2진 코드 외에 문자 자료를 나타내기 위한 방법으로서 알파벳 문자(Alphabetic Character)와 숫자 문자(Numeric Character)들을 나타내는 데 사용하는 많은 2진 코드가 존재한다.

이러한 코드를 영숫자 코드(Alphanumeric code)라고 부른다. 이와 같은 코드의 대표적 예는 단연 입/출력 장치의 표준 코드로 앞에서 공부하였던 BCD(Binary Coded Decimal )코드를 응용한 6비트 BCD코드, ASCII(American Standard Code for Information Interchange)와 EBCDIC(Extended Binary Coded Decimal Interchange Code)가 널리 사용되고 있다. 이 절에서는 이들 코드를 세부적으로 살펴보기로 한다.

### 3.9.1.1. 6비트 BCD 코드

6비트 BCD코드는 앞에서 공부한 digit 비트 개념의 BCD 코드 앞에 숫자나 문자를 구분하기 위한 2비트의 존 비트(Zone Bit)를 첨가하여 알파벳 문자와 숫자 문자들을 나타낸다. 형식은 다음과 같다. 여기에 물론 오류 검출을 위해(오류검출에 대해서는 뒤에서 자세히 배운다.) 패리티 비트를 둘 수 도 있으나 지금은 이를 고려하지 않기로 하자.

참고로 예를 몇 개 들어보면, A일 경우는 110001, 숫자 1일 경우는 000010, S일 경우는 010010이 된다.

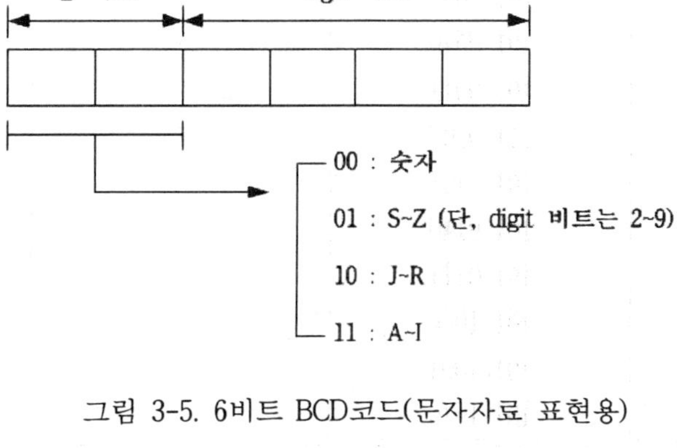


그림 3-5. 6비트 BCD코드(문자자료 표현용)

### 3.9.1.2. ASCII 코드

ASCII 코드는 가장 널리 사용되는 표준 입출력 코드이다. 이 코드는 정보를 나타내는 7개의 비트와 8번째의 1개의 패리티 비트로써 구성되며 영문자의 대·소문자, 숫자, 특수 기호(*, +, = 등) 및 30여 개의 제어 신호(데이터 송신의 시작 및 종료, 캐리지 리턴(Carriage Return)을 나타낸다. 이 코드는 데이터 통신에서도 널리 사용된 중요한 코드이다.

표 3-13. ASCII 코드

| 문자 | 2진 코드 | 문자 | 2진 코드 |
|---|---|---|---|
| A | 100 0001 | 0 | 011 0000 |
| B | 100 0010 | 1 | 011 0001 |
| C | 100 0011 | 2 | 011 0010 |
| D | 100 0100 | 3 | 011 0011 |
| E | 100 0101 | 4 | 011 0100 |
| F | 100 0110 | 5 | 011 0101 |
| G | 100 0111 | 6 | 011 0110 |
| H | 100 1000 | 7 | 011 0111 |
| I | 100 1001 | 8 | 011 1000 |
| J | 100 1010 | 9 | 011 1001 |
| K | 100 1011 | | |
| L | 100 1100 | blank | 010 0000 |
| M | 100 1101 | . | 010 1110 |
| N | 100 1110 | ( | 010 1000 |
| O | 100 1111 | + | 010 1011 |
| P | 101 0000 | $ | 010 0100 |
| Q | 101 0001 | * | 010 1010 |
| R | 101 0010 | ) | 010 1001 |
| S | 101 0011 | - | 010 1101 |
| T | 101 0100 | / | 010 1101 |
| U | 101 0101 | , | 010 1100 |
| V | 101 0110 | = | 010 1101 |
| W | 101 0111 | | |
| X | 101 1000 | | |
| Y | 101 1001 | | |
| Z | 101 1010 | | |

### 3.9.1.3. EBCDIC 코드

영문자 데이터를 나타내기 위하여 사용되는 또 다른 코드로 8개의 비트로 나타내는 EBCDIC가 있다. 이 코드는 상이한 영문자에 대한 코드 그룹화에서 ASCII 코드와는 차이가 있다. 그 형식을 보면 다음과 같이 6비트 BCD코드의 단점인 특수문자나 소문자 등의 부가 표현을 위해 존 비트를 2비트에서 4비트로 확장시킨 것이다.

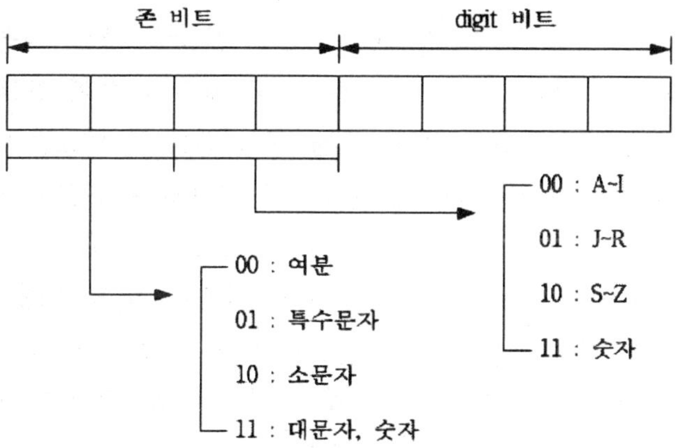


그림 3-6. EBCDIC 코드

## 3.9.2. 한글 코드

컴퓨터에서 한글코드는 앞에서 설명한 ASCII코드나 EBCDIC코드에 중복되지 않는 코드에 한글의 자음과 모음을 지정하여 사용한다. 한글코드는 1987년에 우리나라 공업진흥청에서 2바이트 완성형을 표준안으로 발표하였으며 1992년에는 조합형이 채택되어 함께 사용되고 있으나 명확히 컴퓨터에서 한글을 표현하는 통일된 규칙은 없는 상태이다.

### 3.9.2.1. 완성형 한글코드

가장 많이 사용하는 한글을 발췌하여 한글 음절마다 2 바이트의 2 진수를 1 대 1로 대응하여 표현하는 방법이다. 예를 들면, “가“라는 글자는 10110000 10100001, “각“이라는 글자는 10110000 10100010과 같은 식으로 미리 코드를 글자별로 정한 것이다.

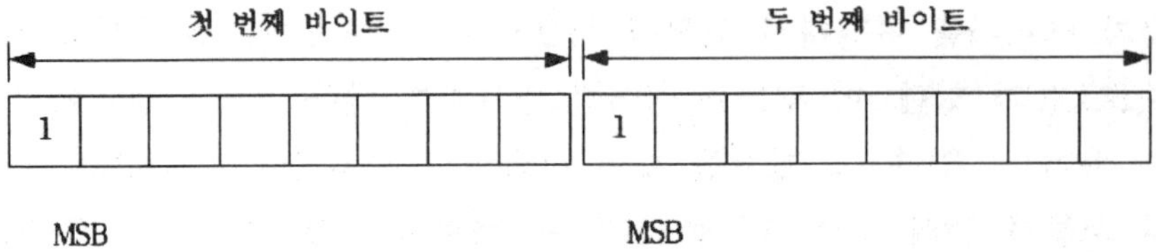


그림 3-7. 완성형 한글 코드 체계

초성, 중성, 종성의 3성의 조합으로 구성된 한글은 자주 사용되지 않는 글자가 거의 70% 가 되고 이러한 점을 이용하여 나온 것이 완성형 한글이다. 완성형 한글 코드의 장점이자 표준안으로 채택된 가장 큰 이유는 ISO-2022의 규약에 가장 적합하기 때문이었으며 정보교환이나 통신용으로 적합하나 한글의 가장 큰 특징인 초성, 중성, 종성으로 나누지 않고 글자 단위로 처리하기 때문에 경우에 따라서는 사용이 불가능한 글자들도 있으며, 현재 한글 2,350자, 한자 4,888자, 각종 학술기호, 외국문자 등을 영역별로 나누어 사용할 수 있다. 영문 ASCII코드와의 중복을 배제하기 위하여 코드의 첫 번째와 두 번째 바이트의 최상위비트(Most Significant Bit, MSB)가 모두 1로 구성되므로 MSB를 0으로 만들면 ASCII 코드의 영문자는 7비트 코드이므로 서로 중복되지 않아 처리가 편리하다.

### 3.9.2.2. 조합형 한글코드

연속된 2개의 바이트를 MSB로부터 5비트씩 묶어 각각 초성, 중성, 종성을 표시하는 원리로, 첫 번째 바이트의 MSB에는 1을 설정하여 ASCII 코드와의 중복성을 배제하여 한글 코드임을 나타낸다. 그러나 두 번째 바이트의 경우는 이에 대한 개념이 없기 때문에 ASCII 코드와 중복되는 경우도 발생할 수 있다. 따라서 첫 번째 바이트의 MSB가 1이면 두 번째 바이트도 무조건 한글의 두 번째 바이트로 처리해 주어야 ASCII 코드와의 중복을 배제할 수 있다. 조합형 코드의 경우에는 ISO-2022 등의 국제 규격과 완전한 호환이 될 수 없으며 각종 메타 문자와 충돌하는 문제점들이 있으나 한글이 가지는 특성을 모두 살리는 동시에 컴퓨터의 논리성에도 부합되는 코드체계라 할 수 있다.

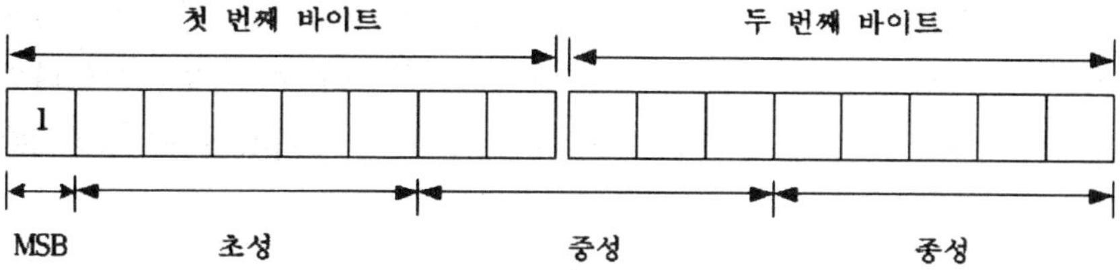


그림 3-8. 조합형 한글 코드 체계

#### 3.9.2.3. 유니코드

유니코드(ISO-10646코드라고도 함)는 컴퓨터에서 다중언어를 동시에 지원할 수 있도록 설계된 문자 코드의 표준으로 16비트(2바이트) 고정 길이로 문자를 표현하며, 형태 또는 사용방법이 같은 문자 체계는 통합코드화하고 언어의 용도 또는 글꼴과 무관하게 배열하는 특징이 있다.

현재 유니코드 표준은 24개 언어를 지원하기 위해 34,168개의 개별 코드문자를 담고 있는데 이 문자들은 세계 주요 언어로 작성된 문자들을 모두 충족시키기에 충분하며 최근 인터넷의 신기술의 일종인 XML, Java같은 새로운 언어들은 유니코드 문자 체계를 사용하고 있다.

#### 3.9.2.4. 확장형 한글코드(KSC-5700)

이것은 16비트체계로 완성형 2350자를 11172자로 조합형 94자를 240자로 빠진 글자들을 다른 블록에 할당하여 확장시킨 한글코드체계로서 기존의 완성형 한글의 문제점을 극복한 ISO 10646 유니코드와 내용상 일치하는 코드이다.

## 3.10. 기타 자료의 표현

### 3.10.1. 화상 자료의 표현

우리가 보는 컴퓨터의 모니터의 화면은 점들의 집합으로 되어있다. 이러한 각각의 점을 픽셀이라 한다. 픽셀은 이미지의 해상도를 결정한다. 즉, 이미지를 표현하는데 사용된 이미지를 구성하는 픽셀의 수를 이미지 해상도라 한다. 다시 말한다면 이미지의 해상도가 높으면 높을수록 이미지의 미세한 부분까지 표현이 가능하다. 그러나 해상도가 높을수록(픽셀의 수가 많을수록) 이미지의 용량은 증가한다. 이미지 해상도의 단위는 인치당 픽셀 수로 ppi(pixel per inch)이다. 이러한 픽셀단위로 저장되는 유형을 비트맵 방식 또는 레스터 이미지라 말한다. 예를 들어, 이미지의 해상도가 3ppi이고 모니터 화면이 800x600개의 픽셀로 이루어져있다면 하나의 이미지를 나타내는 모니터의 화면은 몇 비트로 이루어지겠는가? 답은 800×600×3이 되겠다.

### 3.10.2. 음성 자료의 표현

소리는 대기 중에서 미소한 기압 변동을 일으켜 음성이든 음악이든 연속적인 크기의 진동으로 인간의 귀에 전달되는 신호라 할 수 있다. 컴퓨터에 의한(또는 컴퓨터에 저장하기 위한) 음성자료의 표현은 우선 마이크로 음성을 입력한 다음 디지털로 변환되어 저장되고, 저장된 디지털 음성은 프로세서를 통해 우리가 원하는 형태의 음성으로 변화되어 스피커와 같은 출력장치를 통해 출력된다. 출력장치의 경우 스피커뿐만 아니라 카세트테이프 레코더와 같은 아날로그 저장매체를 사용할 수 있다.

### 3.10.3. 자료의 저장

화상이든 음성이든 작업이 이루어진 자료는 파일로 구성되어 저장되어 진다. 이렇게 컴퓨터에 저장되는 파일은 2진 부호에 의거하여 글자(text), 그림, 실행 파일 등이 될 수 있다. 이와 같은 파일의 성격은 구분자(확장자)에 의해 쉽게 사용자로 하여금 구분이 가능하도록 하고 있다. 여기서 확장자란 "파일이름.확장자" 와 같이 "." 뒤에 붙는 형식을 말한다.

표 3-14. 파일 확장자의 종류(알파벳 순)

| 확장자 | 설명 |
|---|---|
| ARJ | 압축파일 |
| ASP | 마이크로소프트의 웹 서버에서 사용되는 Active Server Page 파일이다. |
| ASV | 워드프로세서 "한글" 에서 일정 시간마다 자동으로 저장하는 파일로, 불의의 사태로 문서를 저장하지 못했을 때도 일정 부분을 복구 할 수 있도록 도와준다. |
| AU | 선 마이크로시스템즈사에서 만든 사운드 포맷으로 웨이브 파일과 비슷하다. |
| AVI | 마이크로소프트사에서 만든 동영상 포맷 |
| BAK | 백업파일 |

| | |
|---|---|
| BAT | 배치파일 확장자로 배치란 여러 개의 명령을 순서적으로 적어놓은 파일을 말하고 이 파일을 실행하면 명령이 한꺼번에 처리됨. |
| BIN | Binary의 의미로 기계어로 만들어진 이진 파일 |
| BMP | 윈도우 98과 OS/2에서 기본적으로 지원하는 그래픽 파일이다. 압축이 전혀 되지 않아 파일 크기가 크다는 단점이 있다. 인터넷에서는 사용하지 않는다. |
| CLASS | 홈페이지에서 사용되는 자바 애플릿관련 파일 |
| COM | 64KB로 제한된 적은 용량의 도스용 프로그램의 실행파일에 사용되는 확장자 |
| DLL | exe 파일을 실행을 보조하는 Dynamic Link Library 파일 |
| DOC | MS사의 워드와 윈도우의 워드패드에서 사용하는 워드프로세서 파일 확장자 |
| EXE | COM 과는 달리 큰 용량으로 구성 가능한 대부분의 Windows프로그램의 실행파일 확장자 |
| FLA | 플래시 무비 파일 |
| GIF | 미국의 PC통신 업체인 컴퓨서브(CompuServe)사가 개발한 그래픽 포맷으로 Graphic Interchange Format의 준말이다. 256컬러만 지원된다. |
| HTML, HTM | 홈페이지를 만드는데 사용되는 Hyper Text Markup Language파일 |
| HWP | 워드프로세서 흔글 파일 |
| JPG | Joint Photographic Expert Group에서 개발한 압축 포맷으로 압축률이 뛰어나 정교한 사진 등을 인터넷에서 나타낼 때 거의 표준 포맷으로 사용된다. |
| MID | 악기의 종류, 음정, 박자 등의 정보만 갖추고 있으며 컴퓨터에서 음악을 들려주는 포맷으로 WAV파일에 비해 용량이 작다. |
| MOV | 애플컴퓨터사에서 만든 QuickTime 무비를 위한 동영상 포맷 |
| MPG, MPEG | Motion Pictures Expert Group에서 만든 국제 표준의 동영상 포맷으로 압축률이 높다는 장점이 있다. |
| MP3 | 동영상 규격인 MPEG에서 사운드 부분만을 구현한 것으로, 뛰어난 압축률을 나타내는 오디오 데이터 압축 파일 |
| PCX | 비트맵 이미지를 처리하기 위해 널리 사용하는 그래픽 형식이나 인터넷에서는 사용할 수 없다. |
| PNG | Portable Network Graphics의 약자로 인터넷을 위한 최신 그래픽 파일 형식 |
| RA, RAM | 인터넷에서 음성 전송용 플러그인으로 사용되는 리얼오디오의 파일 포맷이다. RA는 실제 소리를 담고 있지만, RAM은 소리를 담고 있는 파일의 위치를 저장한 파일이다. 따라서 RAM은 크기가 매우 작다. 이 두 포맷은 웨이브 포맷을 사용하며 인터넷에서 실시간으로 음성을 전송하는데 주로 사용된다. |
| SWF | 플래시 플레이어 무비 파일 |
| TIF | JPG에 비해 화질이 떨어지지도 않고, 모든 색상을 표현할 수 있으며, 압축률 |

| | |
|---|---|
| | 도 어느 정도 뛰어난 포맷으로 컴퓨터 출판을 위한 이미지 형식으로 많이 사용된다. |
| TTF | True Type Font의 약자로 윈도우에서 가장 많이 사용하는 글꼴로 벡터 방식으로 글자를 크게 확대해도 깨끗한 글꼴을 볼 수 있다. |
| TXT | 텍스트 파일 형식 |
| UUE | 2진(binary) 형식으로 된 파일을 인터넷을 통해 전송하기 위해 ASCII 파일로 바꾸어주는 uuencode에서 만들어진 파일 |
| VIV | VIVO active player에서 사용하는 인터넷으로 보는 동영상 파일의 확장자 |
| WAV | IBM과 MS가 만든 음향 파일 형식으로 소리 파형을 그대로 사용하므로 음질이 다소 떨어지고 용량도 큰 편이다. |
| WRL | 인터넷에서 3차원 가상현실을 구현하기 위한 프로그래밍 언어인 VRML (Virtual Reality Modeling Language)로 작성된 파일 형식 |
| ZIP | 파일 압축 형식으로 일반적으로 가장 널리 사용된다. |

# 3장 연습 문제

1. 다음의 10진수를 BCD 코드로 바꾸시오.

(1) 24 (2) 36 (3) 23 (4) 12 (5) 90 (6) 131

2. 다음의 10진수를 3초과 코드로 변환하시오.

(1) 3 (2) 8 (3) 11 (4) 13 (5) 211 (6) 1234

3. 10진수 234를 (1)2421 코드 (1) 2 out of 5 코드 (2) 51111 코드로 각각 변환하시오.

4. 다음의 코드를 각각 10진수로 바꾸시오.

(1) 5421 코드 : 1011 1100 0100

(2) 2421 코드 : 0100 1101 1110

(3) 7421 코드 : 1010 0001 0110

5. 다음의 10진수를 각각 biquinary 코드로 바꾸시오.

(1) 13 (2) 78 (3) 39

6. 다음의 3초과 코드를 2진수로 바꾸시오.

(1) 1001 (2) 01000110 (3) 0111

7. 다음 3초과 코드의 가산 과정과 해답을 명시하시오.

(1) 0011 + 0100 (2) 1001 + 0110 (3) 01010101 + 10011100

8. BCD 코드에 대한 0에서 9까지 표현을 해밍 부호로 바꾸시오.

9. 다음의 2진수는 그레이 부호로 그레이 부호는 2진수로 각각 변환하시오.

(1) 2진수: 0110

(2) 2진수: 1000

(3) 2진수: 10000

(4) 2진수: 000001

(5) 그레이 코드: 1010

(6) 그레이 코드: 110110101

(7) 그레이 코드: 1110

(8) 그레이 코드: 1011010111001

10. 해밍 부호 1100010을 수신했다. 오류가 있으면 검출하고 정정하시오.

11. 해밍 부호 0001101을 수신했다. 오류가 있으면 검출하고 정정하시오.

12. BCD(8421) 코드에 대해 워드 패리티를 첨가시켜 보시오.

13. 다음과 같은 우수 패리티를 가진 해밍 부호에서 몇 번째 비트에 오류가 있는

지 판정하고 정정하시오.

| 비트 번호 | 1 | 2 | 3 | 4 | 5 | 6 | 7 |
|---|---|---|---|---|---|---|---|
| 수신 부호 | 1 | 0 | 1 | 0 | 0 | 1 | 0 |

# 4. 디지털 논리와 불 대수

※ 학습목표

불 대수의 원리와 기본 정리, 기본 디지털 논리를 학습한다.

■ 세부목표

(1) 논리 동작 이해

(2) 불 대수 이해

(3) SOP(Sum Of Product)와 POS(Product Of Sum) 표현 기법

(4) 주어진 논리 회로에 대해 논리식으로 표현하는 방법

(5) 주어진 논리식에서 논리 회로를 작도하는 방법

(6) 논리식의 조작 방법

(7) 기본 논리 회로 설계 기법

## 4.1. 디지털 논리 동작

### 4.1.1. 버퍼 동작

버퍼(buffer)는 입력 신호를 변화 없이 출력하는 논리 회로이다. 입력에 2진수 1이 인가되었을 때 출력은 1로, 0이 인가되었을 때 출력은 0이 된다. 회로의 신호가 약하여 원래의 신호로 복원하거나 데이터 전송을 위해 연결된 회로 사이에 전류, 전압 등의 구동 레벨을 맞추기 위해 사용한다. 버퍼 동작의 게이트 레벨 표현은 [그림 4-1]과 같다.

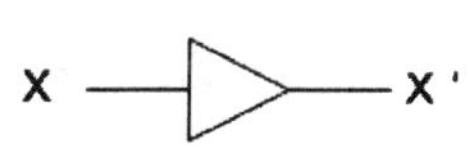


그림 4-1. 버퍼 회로의 게이트 레벨 표현

버퍼 회로의 입출력 관계(진리표)는 [표 4-1]과 같다.

표 4-1. NOT회로의 입출력 관계(진리표)

| X(입력) | X′ (출력) |
|---|---|
| 0 (low) | 0 (low) |
| 1 (high) | 1 (high) |

## 4.1.2. 역 동작(인버터)

논리적 역 동작(Logical Inverse)은 2진수 1은 0으로 0은 1로 바꾸는 동작으로서 변수 X가 있을 때 이의 논리적 역 동작은 X′로 나타내고 이것은 X 값의 역 동작을 의미한다. 이것의 전자회로적 의미는 다음과 같다.

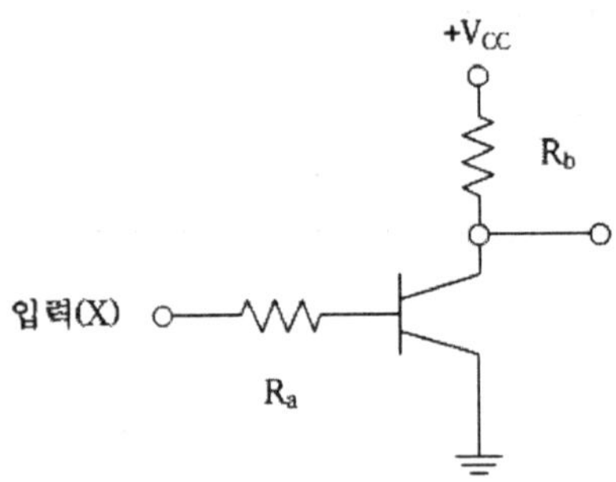


| X | 트랜지스터 상태 | X ' |
|---|---|---|
| low | opened 스위치 | high |
| high | closed 스위치 | low |

그림 4-2. 트랜지스터 NOT 회로 (Resister-Transistor Logic)

입력 X에 +Vcc의 high 전압이 인가되면 트랜지스터의 베이스 전류는 증가하여 콜렉터 전류를 포화상태로 증가시켜 결국 콜렉터 전위를 0[V]로 감소시키게 되고, 역으로 입력 X의 전압이 0[V]로서 low가 되면 콜렉터 전위가 +Vcc(5V)가 되어 high가 되어 Inverse 동작이 이루어진다. 이와 같은 회로를 NOT 회로라 하는데 NOT 동작을 원하는 회로를 이와 같이 트랜지스터 레벨(RTL, DTL, TTL, FET 등)에서 표현하는 대신 프로그래밍이나 소프트웨어 공학의 추상화 전략을 적용시켜 간단히 하나의 기호(Symbol)로 대치하여 간단화 할 수 있는데 이와 같은 레벨을 게이트 레벨이라 한다. 즉, 게이트 레벨로 추상화하면 NOT 회로는 [그림 4-3]와 같이 간단화

된다.

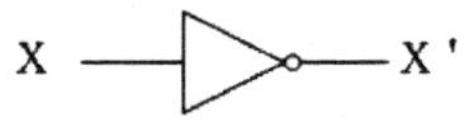


그림 4-3. NOT 회로의 게이트 레벨 표현

표 4-2. NOT 회로의 입출력 관계(진리표)

| X(입력) | X′ (출력) |
|---|---|
| 0 (low) | 1 (high) |
| 1 (high) | 0 (low) |

[표 4-2]와 같이 입력 X가 가질 수 있는 모든 2진 값에 대한 출력 값을 대응 표로 나타내어 회로의 동작을 일목요연하게 나타낼 수 있는데 이와 같은 표를 진리표라 한다. 그리고 여기에서 한 가지 언급하고 싶은 것은 단순히 이와 같이 진리표로 나타냈지만 실제 회로 설계의 관점에서는 지연(Delay) 문제를 고려하여야 하며 일반적으로 수 ns의 지연이 발생한다는 점을 인식할 필요가 있다. 즉, 다음과 같은 파형으로 생각할 수 있다.

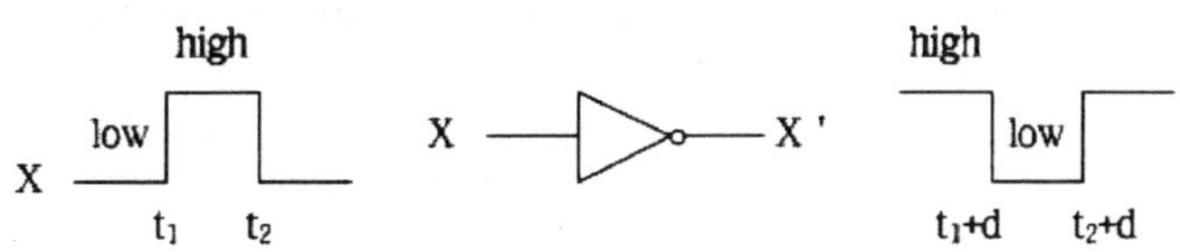


그림 4-4. NOT 회로의 파형 응답(d는 지연을 의미)

## 4.1.3. AND 동작

모든 입력이 high일 때만 출력이 high가 되는 동작을 말하며 이것에 대응되는 기본 논리 게이트는 AND 게이트라 부른다. 2입력 AND 게이트의 경우 입력이 각각 $X_1$, $X_2$일 때 출력은 $X_1 \cdot X_2$와 같이 되는데 이에 대응하는 반도체 소자에 의한 트랜지스터 레벨 회로 중 DTL(Diode Transistor Logic) 회로는 다음과 같다.

[그림 4-5(A)]에서 $X_1$, $X_2$는 입력으로 이것이 다같이 high일 때는 다이오드 $D_1$, $D_2$가 모두 차단되어서 출력은 +Vcc(high)가 된다(이와 같이 다이오드 등의 반도체

스위치를 사용한 회로를 무접점논리 회로라 한다). 반대로 $X_1$, $X_2$ 둘 중 하나라도 low이면 $D_1$, $D_2$ 둘 중 하나가 도통 상태에 놓이게 되어 출력은 low가 된다. 물론 이 경우에도 게이트의 지연이 존재한다. 한편, [그림 4-4(B)]와 같이 스위치로 구성된 전기회로(유접점 논리 회로라고도 함)도 마찬가지로 AND 동작을 한다.

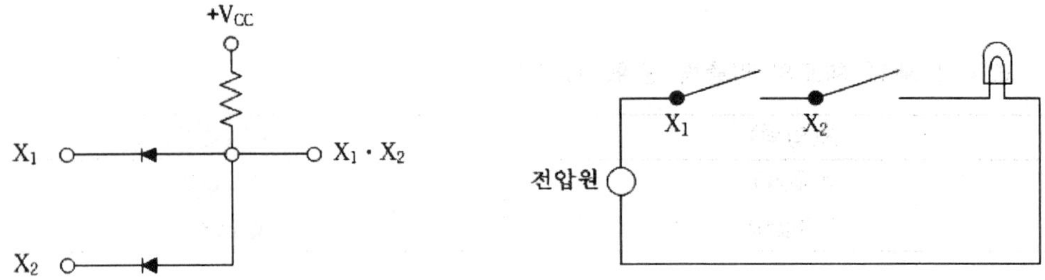


(A) AND 논리 DTL 회로 (B) AND 동작 스위치 구성

그림 4-5. AND 논리의 전자회로 및 전기회로(스위치) 표현

※ 참고 4-1. 다이오드(Diode)와 DTL동작

다이오드는 전류를 한쪽 방향으로만 흐르게 하고 반대쪽 방향으로는 흐르지 않게 하는 정류특성을 가지는 반도체부품의 일종이다. 게르마늄이나 실리콘 물질로 다이오드를 만든다. 다이오드의 동작을 간단히 이해하기 위하여 그림을 생각해보자.

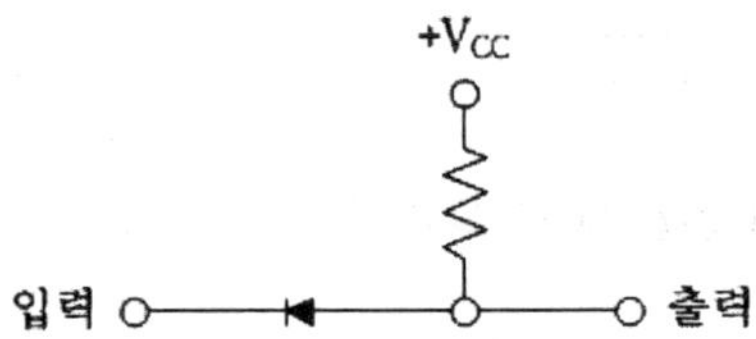


그림 4-6. 다이오드 응용 회로

[그림 4-6]에서 저항이 있는 부분은 출력회로부분이다. 그것은 반도체소자로 구성된 논리 회로는 큰 전력을 인출할 수 없고, 직접 부하를 구동할 수 없기 때문에 논리출력을 증폭시켜주는 부분이 필요하다. 이제 먼저 입력이 0[V]로 low 상태라 하자. 그러면 Vcc에 의해 순(順)방향 전압이 가해지는 것이 된다. 따라서 다이오드는 스위치가 ON되는 상태(단락이라고 표현한다)가 되어 출력전압은 0[V]가 나온다. 이번에는 입력이 5[V]로

high라 하자. 입력이 5[V]를 유지하는 기간의 출력은 어떻게 되겠는가? 이때는 Vcc=5[V]이므로 입력에 5[V]가 가해지면 다이오드는 역방향이 된다. 결국 다이오드는 OFF상태가 되어 입력단자와 J지점은 단절상태가 되어 출력단자에는 Vcc=5[V]가 나타나게 된다. 따라서 [그림 4-5]는 이러한 다이오드를 2개 접속하고 각각에 입력을 가하는 것으로 보면 된다.

2입력 AND 논리 게이트의 진리표는 다음과 같이 된다.

표 4-3. 2입력 AND 게이트의 진리표

| $X_1$(입력 1) | $X_2$(입력 2) | 출력($X_1 \cdot X_2$) |
|---|---|---|
| 0 | 0 | 0 |
| 0 | 1 | 0 |
| 1 | 0 | 0 |
| 1 | 1 | 1 |

게이트 레벨에서는 AND 게이트를 [그림 4-7]과 같이 표기한다.

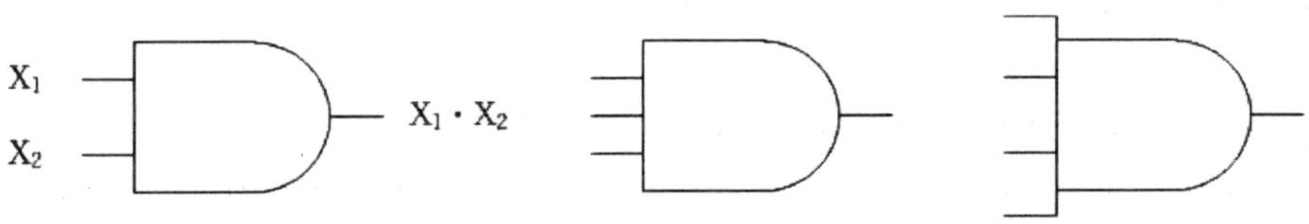


(A) 2입력 AND 게이트 (B) 3입력 AND 게이트 (C) 4입력 AND 게이트

그림 4-7. AND 동작의 게이트 레벨 표현

### 4.1.4. OR 동작

OR 동작은 2입력 OR 게이트를 가정하면 입력 $X_1$, $X_2$중 하나라도 high이면 그 출력이 high이 되는 동작을 말한다. 이에 대한 전자회로의 트랜지스터 레벨 표현 및 스위치 구성 의미와 대응되는 게이트 레벨 표현은 [그림 4-8]과 같이 된다.

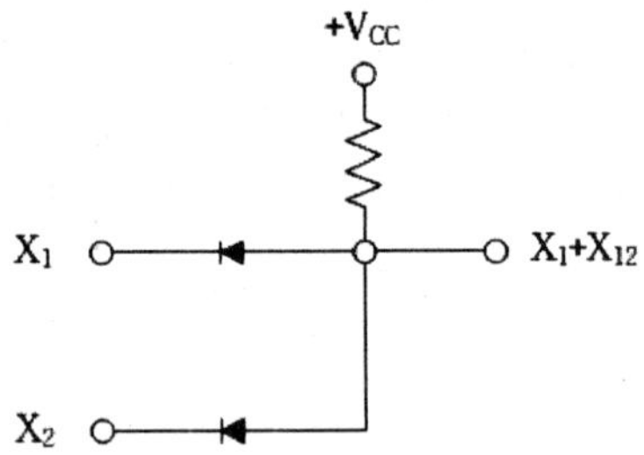


(A) OR 논리 DTL 회로

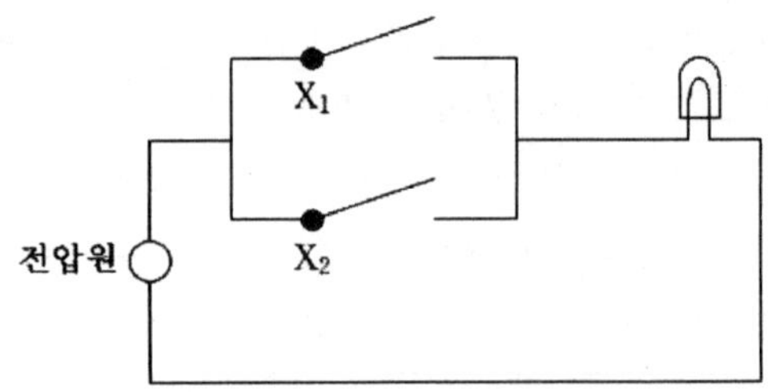


(B) OR 동작 스위치 구성

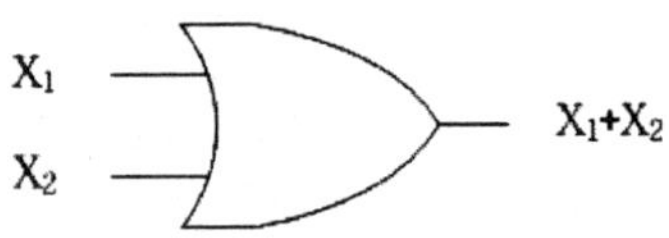


(C) 2입력 OR 게이트

그림 4-8. OR동작의 여러 형태 표현

[그림 4-8(A)]의 DTL회로에서 다이오드의 방향이 AND DTL회로와 반대방향으로 되어있고, Vcc가 제거되어 있음에 유의하기 바란다. 언뜻 잘 이해가 가지 않을 것이다. 다음의 참고 설명을 참조하여 다시 확인하기 바란다.

※ 참고 4-2. OR 동작 설명을 위한 다이오드 해석

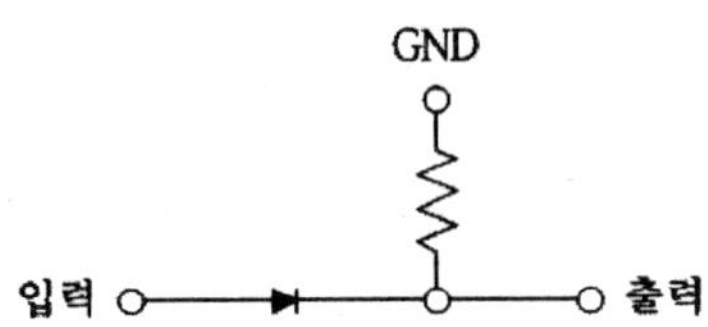


그림 4-9. OR 동작을 위한 다이오드 응용 회로

이제 먼저 입력이 0[V]로 low 상태라 하자. 그러면 회로에는 전류가 흐르지 않는 상태가 되어 출력은 GND가 그대로 이어져 0[V]가 출력되고, 입력이 5[V]로 high라 하자. 그러면 다이오드는 순방향으로 스위치 ON상태가 되어 전류가 저항 쪽으로 흐르게 되고 이때 입력전압 5[V]가 출력 측에 그대로 나타나서 5[V]가 된다. 이 다이오드를 2개 접속하면 [그림 4-7(A)]를 얻는다. 이때는 입력단자 $X_1$에 low의 전압이 가해지면 다이오드

$D_1$은 역방향, 스위치 OFF상태로 출력은 0[V]가 되고, $X_2$에 이번에는 high의 전압이 가해지면 다이오드 $D_2$는 스위치 ON상태로 출력에 5[V]가 나타난다. 즉, 입력 단자 $X_1$이나 $X_2$중 하나라도 high 상태이면 출력은 high가 되는 OR동작을 한다. 따라서 파형 차트(이렇게 입력 파형과 출력 파형을 나타내면 회로의 동작 상태이해가 도식화되어 이해하기 편하며 이를 타임차트라고 한다.)

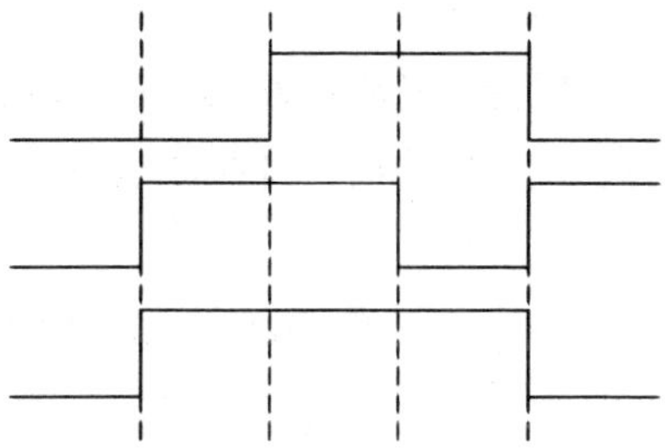

그림 4-10. OR 동작 타임차트

2입력 OR 게이트의 진리표는 [표 4-4]와 같다.

표 4-4. 2입력 OR 게이트의 진리표

| $X_1$(입력 1) | $X_2$(입력 2) | $X_1+X_2$(출력) |
|---|---|---|
| 0 | 0 | 0 |
| 0 | 1 | 1 |
| 1 | 0 | 1 |
| 1 | 1 | 1 |

## 4.1.5. 배타적 OR(Exclusive OR) 동작과 배타적 NOR 동작

배타적 OR 동작은 2개의 입력 X1, X2를 가정할 때 입력 값이 서로 다르면 1이 출력되고 같으면 0이 출력되는 동작으로 이와 같은 동작 특성 때문에 불일치 판정 회로라고도 한다. 배타적 OR 동작에 반하여 입력이 전부 같을 때만 출력이 1이 되는 동작을 배타적 NOR 동작이라고 하며 일명 일치(Equivalence) 회로라고도 부른다. 배타적 OR 동작과 배타적 NOR 동작의 진리표는 다음과 같이 된다.

표 4-5. 2입력 배타적 OR 및 배타적 NOR 동작 진리표

| $X_1$(입력 1) | $X_2$(입력 2) | 배타적 OR = ($X_1 \oplus X_2$) | 배타적 NOR = $X_1 \odot X_2$ |
|---|---|---|---|
| 0 | 0 | 0 | 1 |
| 0 | 1 | 1 | 0 |
| 1 | 0 | 1 | 0 |
| 1 | 1 | 0 | 1 |

참고로 배타적 OR의 논리식을 구해보면 [표 4-5]의 진리표에서 출력이 1이 되는 항만 모으고 이를 논리합으로 처리하면 되므로 $X_1'X_2 + X_1X_2'$와 같이 된다.

표 4-6. 이해를 위해 다시 작성한 2입력 배타적 OR 진리표

| $X_1$ | $X_2$ | 배타적 OR 출력 |
|---|---|---|
| 0 | 0 | 0 |
| 0(0이므로 $X_1'$로 표기) | 1(1이므로 $X_2$로 표기) | 1 |
| 1(1이므로 $X_1$로 표기) | 0(0이므로 $X_2'$로 표기) | 1 |
| 1 | 1 | 0 |

표 4-7. [표 4-7]의 재수정

| $X_1$ | $X_2$ | 배타적 OR 출력 |
|---|---|---|
| 0 | 0 | 0 |
| 0(0이므로 $X_1'$로 표기) | 1(1이므로 $X_2$로 표기) | $1=X_1'X_2$ |
| 1(1이므로 $X_1$로 표기) | 0(0이므로 $X_2'$로 표기) | $1=X_1X_2'$ |
| 1 | 1 | 0 |

진리표에서 출력이 1이 되는 임의의 하나의 수평 줄에서 입력끼리는 당연히 AND 조건이 될 것이고(입력의 조건이 딱 그렇게 되어야만 출력이 1 이거나 0이 된다는 의미이므로 AND 조건) 다행인지 불행인지 출력이 1이 되는 경우가 우리의 예처럼 2개 이상이 되면 각 수평 줄을 묶어 줄 때는 당연히 OR 조건이어야 한다. 그것은 출력이 1이 되는 경우가 $X_1'X_2$, $X_1X_2'$ 두 가지 경우가 있기 때문이다.

| 입력 | 출력 | 출력2개묶기 | 최종출력표현식 |
|---|---|---|---|
| $X_1'X_2 \rightarrow$ AND | $1 = X_1'X_2$ | OR | $X_1'X_2 + X_1X_2'$ |
| $X_1X_2' \rightarrow$ AND | $1 = X_1X_2'$ | | |

그림 4-11. 진리표로부터 논리표현식 유도하는 방법

결국 이와 같은 논리식 표현을 게이트 레벨의 논리도로 기본 게이트인 AND, OR, Inverter회로를 이용하여 나타내면 [그림 4-12]과 같다.

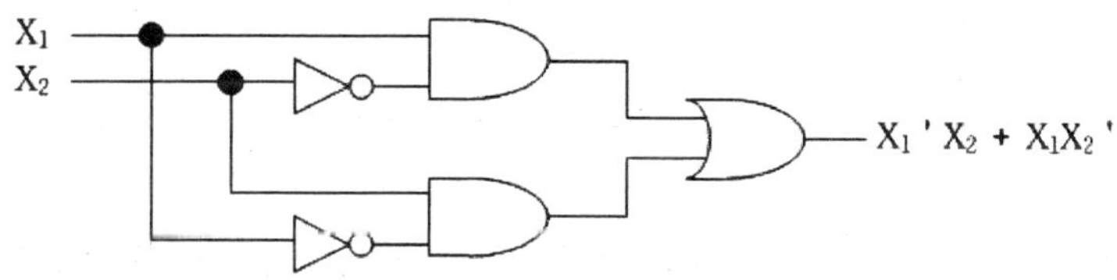


그림 4-12. 배타적 OR의 논리 회로도

배타적 OR 및 NOR 회로는 간단히 추상화 전략을 이용하여 하나의 심벌로 대치하여 표현하기도 하는데 다음과 같은 심벌을 사용하여 나타낸다.

(A) 2입력 배타적 OR 게이트　　(B) 2입력 배타적 NOR 게이트

그림 4-13. 2입력 배타적 OR 및 NOR 게이트

3입력 배타적 OR 및 NOR게이트의 경우에는 주의를 요하는데 게이트 하나에 입력 3개를 연결하는 것은 좋은 표현이 아니다. 배타적 OR의 경우를 예로 들면 2단의 게이트를 써서 ((X1⊕X2)⊕X3)와 같이 설계한다. 그 이유를 설명하기 위하여 다음의 3입력 배타적 OR의 진리표를 먼저 보기로 한다. 3개의 입력 중 1이 홀수개가 있으면 출력은 1이 되고 그 외는 0이 된다.

표 4-8. 3입력 배타적 OR 회로의 진리표

| 입력 | | | 출력 |
|---|---|---|---|
| $X_1$ | $X_2$ | $X_3$ | $OUT(X_1 \oplus X_2 \oplus X_3)$ |
| 0 | 0 | 0 | 0 |
| 0 | 0 | 1 | 1 |
| 0 | 1 | 0 | 1 |
| 0 | 1 | 1 | 0 |
| 1 | 0 | 0 | 1 |
| 1 | 0 | 1 | 0 |
| 1 | 1 | 0 | 0 |
| 1 | 1 | 1 | 1 |

[표 4-7]에서 알 수 있는 것처럼 입력 변수가 3개일 때 홀수개의 1입력이 되는 경우 출력이 1로 되기 때문에 단순히 하나의 게이트에 입력 선을 3개로 처리하는 것은 바람직하지 않다. 따라서 다음과 같이 게이트 레벨 표현을 한다.

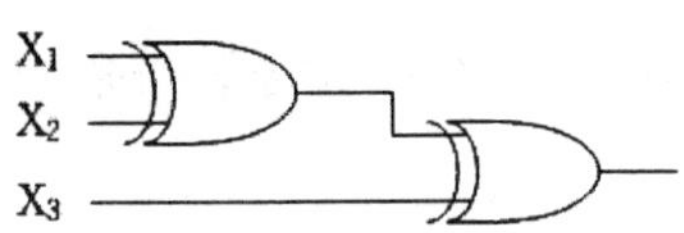


그림 4-14. 3입력 배타적 OR 게이트도

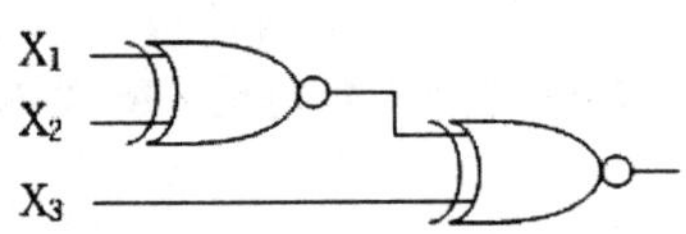


그림 4-15. 3입력 배타적 NOR 게이트도

## 4.1.6. NAND 동작과 NOR 동작

AND 게이트와 OR 게이트 출력 단에 인버터를 채용한 게이트로 표현되는 동작이 각 각 NAND 동작과 NOR 동작이다. 다시 말하면 AND-INVERTER=NAND, OR-INVERTER=NOR 게이트가 되며 이 2가지 게이트가 실제로 논리 회로 설계 시에 가장 많이 사용되고 있는 기본 게이트이다. 이것의 게이트 표현 그림은 AND게이트와 OR게이트에 동그라미를 첨부하여 간략화 하여 표현한다. 즉, [그림 4-15]와 같이 된다.

(A) NAND 게이트 (B) NOR 게이트

그림 4-16. NAND 게이트와 NOR게이트

[그림 4-17]은 기본 논리 게이트와 진리표를 정리한 그림이다.

| 입력 | | 출력 |
|---|---|---|
| A | B | F |
| 0 | 0 | 0 |
| 0 | 1 | 0 |
| 1 | 0 | 0 |
| 1 | 1 | 1 |

(A) AND 게이트

| 입력 | | 출력 |
|---|---|---|
| A | B | F |
| 0 | 0 | 1 |
| 0 | 1 | 1 |
| 1 | 0 | 1 |
| 1 | 1 | 0 |

(B) NAND 게이트

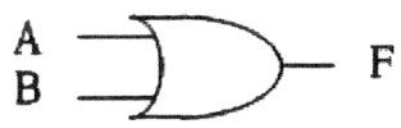


| 입력 | | 출력 |
|---|---|---|
| A | B | F |
| 0 | 0 | 0 |
| 0 | 1 | 1 |
| 1 | 0 | 1 |
| 1 | 1 | 1 |

(C) OR 게이트

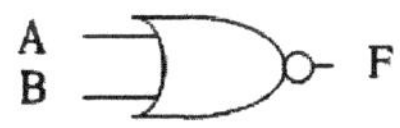


| 입력 | | 출력 |
|---|---|---|
| A | B | F |
| 0 | 0 | 1 |
| 0 | 1 | 0 |
| 1 | 0 | 0 |
| 1 | 1 | 0 |

(D) NOR 게이트

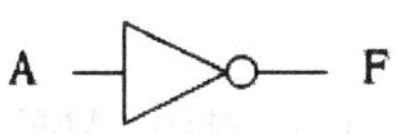


| 입력 | 출력 |
|---|---|
| A | F |
| 0 | 1 |
| 1 | 0 |

(E) NOT 게이트

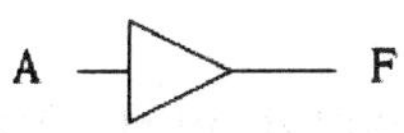


| 입력 | 출력 |
|---|---|
| A | F |
| 0 | 0 |
| 1 | 1 |

(F) Buffer 게이트

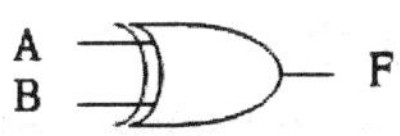


| 입력 | | 출력 |
|---|---|---|
| A | B | F |
| 0 | 0 | 0 |
| 0 | 1 | 1 |
| 1 | 0 | 1 |
| 1 | 1 | 0 |

(G) XOR 게이트

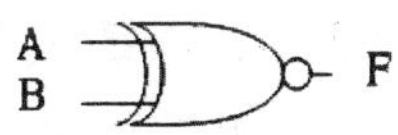


| 입력 | | 출력 |
|---|---|---|
| A | B | F |
| 0 | 0 | 1 |
| 0 | 1 | 0 |
| 1 | 0 | 0 |
| 1 | 1 | 1 |

(H) XNOR 게이트

그림 4-17. 기본 논리게이트와 진리표

## 4.2. 불 대수의 기초

불 대수(Boolean Algebra)는 논리학의 기초적인 수학적 기법으로서 1847년 영국의 수학자인 George Bool이 연역적 논리 문제를 해결하기 위해 수학적 기법과 기본 원리를 사용하여 고안한 데서 유래한다. 그 이후에 1938년까지는 주로 수학적 응용에 활용되어오다가 Claude Shannon이 이른바 스위칭 이론을 제안하여 전화망 해석 등에 처음 적용하여 사용되면서 컴퓨터 분야의 발전과 함께 디지털 전자공학의 여러 분야에서 널리 사용되고 있다.

### 4.2.1. 용어 정의

#### 4.2.1.1. 논리 변수

논리 관계를 나타내기 위하여 논리의 대상을 나타내는 변수를 말한다. 예를 들면 기본 AND, OR 등의 동작에서 앞에서 우리가 아무런 설명 없이 사용한 $X_1$, $X_2$등을 논리 변수 또는 불 변수라고 부른다. 디지털 시스템에서는 당연하게도 논리 변수가 취할 수 있는 값은 0과 1이다. 즉, 논리적인 값(참 또는 거짓)중 한가지의 값만 가지는 변수를 논리 변수라 한다.

#### 4.2.1.2. 기본 논리 동작

불 변수간의 기본 논리 동작은 이미 우리가 앞서 살펴본 바와 같이 AND, OR, NOT 등의 기본 동작이 있다.

표 4-9. 불 변수간의 기본 논리 동작

| 기본 논리 동작 | 연산자 기호 |
|---|---|
| 논리곱(AND) | • 또는 ∧ 또는 ∩ |
| 논리합(OR) | + 또는 ∨ 또는 ∪ |
| 부정(NOT) | A 또는 -A 또는 A′ |

#### 4.2.1.3. 논리 함수, 논리식, 불 함수, 불식

논리 변수들과 논리 기호들로 나타내어진 논리 관계를 표현한 식을 논리 함수,

논리식, 또는 불 함수, 불식이라 부른다.

예를 들어 $f(X_1, X_2) = X_1 + X_2 + X_1 \bullet X_2$ 는 f라는 논리식을 표현하는 데 =기호를 써서 =를 중심으로 오른쪽 항과 같이 표현되는 등가를 나타내는 기호라는 것을 의미한다. 즉, f는 논리 변수 $X_1$과 $X_2$의 논리합(+)의 결과와 $X_1$과 $X_2$의 논리곱(•)의 결과의 논리합(+)을 표현하고 있는데, 논리곱의 기호인 •는 생략 가능하다.

#### 4.2.1.4. 진리표

논리 함수를 나타내는 방법에는 논리식에 의한 표현 외에 각 논리 변수가 취할 수 있는 논리 값을 열거하고 그때의 전체 함수의 값을 표 형태로 나타내는 방식이 있다. 이와 같은 표를 진리표(Truth Table) 또는 진리표라 부른다. 각 논리 변수의 모든 조합은 변수의 전체 개수가 n일 때 $2^n$ 개이다. 따라서 앞에서 소개한 3입력 배타적 OR동작에 대한 진리표의 경우 입력 변수의 개수가 3이므로 $2^3$=8개의 조합이 만들어진다. 이해를 돕기 위해 3입력 배타적 OR게이트의 진리표를 의미를 부가하여 다시 나타내면 다음과 같다.

표 4-10. 진리표의 입력조합의 해석

| 의미 | 입력 | | | 출력 |
|---|---|---|---|---|
| 입력변수 | $X_1$ | $X_2$ | $X_3$ | $OUT(X_1 \oplus X_2 \oplus X_3)$ |
| 자릿수 | $2^2$ | $2^1$ | $2^0$ | |
| 10진수 0의 2진법(000) | 0 | 0 | 0 | 0 |
| 10진수 1의 2진법(001) | 0 | 0 | 1 | 1 |
| 10진수 2의 2진법(010) | 0 | 1 | 0 | 1 |
| 10진수 3의 2진법(011) | 0 | 1 | 1 | 0 |
| 10진수 4의 2진법(100) | 1 | 0 | 0 | 1 |
| 10진수 5의 2진법(101) | 1 | 0 | 1 | 0 |
| 10진수 6의 2진법(110) | 1 | 1 | 0 | 0 |
| 10진수 7의 2진법(111) | 1 | 1 | 1 | 1 |

#### 4.2.1.5. 벤 다이어그램

논리식을 2차원적으로 눈에 쉽게 들어오도록 그림을 그려 표현할 수도 있겠는데

이 경우에 사용되는 그림을 벤 다이어그램(Venn diagram)이라 한다. 예를 들어 $X_1 \cdot X_2$라는 논리식은 벤 다이어그램으로는 [그림 4-18(A)]와 같이 표현된다. 이 그림에서 빗금 친 영역이 바로 $X_1$과 $X_2$가 교차하는 영역으로서 이것이 $X_1 \cdot X_2$를 나타내는 영역이 된다.

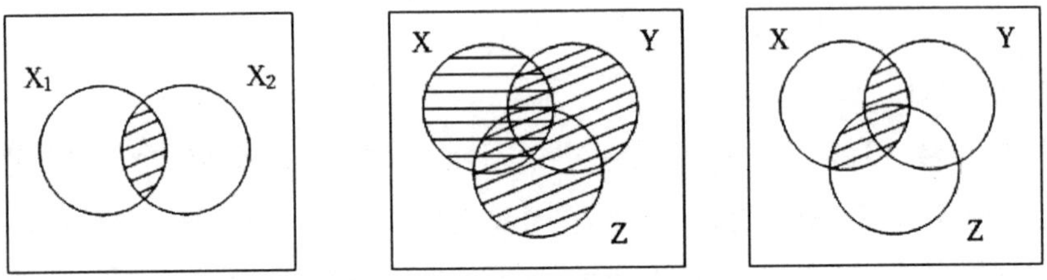


(A) $X_1 \cdot X_2$ (B) X(Y+Z) (C) XY+XZ

그림 4-18. 벤 다이어그램의 몇 가지 예

## 4.2.2. 불 대수의 기본 공리와 정리

### 4.2.2.1. 불 대수의 기본 공리

1과 0 두 가지만 존재할 때 1이 아니면 당연히 0이다. 이와 같이 증명할 필요가 없는 기본적인 식을 공리(Postulates)라고 한다. 이제 기본 논리적 동작으로서 당연히 그렇게 되는 일련의 공리를 요약해본다. 이것은 당연히 이렇게 되는 것으로서 매우 간단하다. 이러한 공리들을 이용하여 불 대수에 대한 기본 정리들이 유도된다.

표 4-11. 불 대수의 기본 공리

| | | |
|---|---|---|
| 공리 1 | A ≠ 0 이면 A = 1<br>A = 1이면 A′ = 0 | A ≠ 1 이면 A = 0<br>A = 0이면 A′ = 1 |
| 공리 2 | 0 • 0 = 0 | 0 + 0 = 0 |
| 공리 3 | 1 • 1 = 1 | 1 + 1 = 1 |
| 공리 4 | 0 • 1 = 0 | 0 + 1 = 1 |
| 공리 5 | 1′ = 0 | 0′ = 1 |

### 4.2.2.2. 불 대수의 기본 정리

불 대수의 기본 정리는 특정 조건에서의 결과가 이미 정해진 것을 말한다.

표 4-12. 불 대수의 기본 정리

| 정리 1 | $A + 0 = A$ | $A \cdot 0 = 0$ |
|---|---|---|
| 정리 2 | $A + A' = 1$ | $A \cdot A' = 0$ |
| 정리 3 | $A + A = A$ | $A \cdot A = A$ |
| 정리 4 | $A + 1 = 1$ | $A \cdot 1 = A$ |

### 4.2.2.3. 불 대수의 법칙

불 대수의 기본 정리를 이용하여 [표 4-13]과 같은 법칙을 구할 수 있다.

표 4-13. 불 대수의 법칙

| 교환 법칙 | $A + B = B + A$<br>$A \cdot B = B \cdot A$ |
|---|---|
| 결합 법칙 | $(A + B) + C = A + (B + C)$<br>$(A \cdot B) \cdot C = A \cdot (B \cdot C)$ |
| 분배 법칙 | $A + (B \cdot C) = (A + B) \cdot (A + C)$<br>$A \cdot (B + C) = A \cdot B + A \cdot C$ |
| 항등 법칙 | $A + A = A$<br>$A \cdot A = A$ |
| 부정 법칙 | $(A')' = A$<br>$((A')')' = A'$ |
| 흡수 법칙 | $A + A \cdot B = A$<br>$A \cdot (A + B) = A$ |
| 기타 | $0 + A = A$<br>$1 \cdot A = A$<br>$1 + A = 1$<br>$0 \cdot A = 0$ |

| | |
|---|---|
| | A′ + A = 1<br>A′ • A = 0<br>A + A′ • B = A + B<br>A • (A′ + B) = A • B<br>(A + B) • (A + B′) = A<br>A • B + A • B′ = A<br>(A + B) • (A′ + C) • (B + C) = (A + B) • (A′ + C)<br>A • B + A′ • C + B • C = A • B + A′ • C |

#### 4.2.2.4. 드모르간의 법칙

드모르간(De Morgan)의 법칙은 두 개 이상의 변수가 함께 부정으로 묶여 있을 때 이들을 개별적으로 분리하는 경우와 이것과 반대되는 경우에 대한 법칙이다.

① 드모르간 제 1법칙 : (A + B)′ = A′ • B′
② 드모르간 제 2법칙 : (A • B)′ = A′ + B′

위의 불 대수의 정리를 살펴보면 각 정리는 어느 논리 관계의 0을 1, 1을 0, +를 •, •을 +로 치환할 수 있는 논리 관계를 나타내는 쌍으로 묶여질 수 있다는 것을 알 수 있는데, 이와 같은 특성을 쌍대성(duality) 또는 이중성이라고 한다. 다음과 같이 논리곱, 논리합, 부정에 대하여 쌍대성이 각각 존재한다.

표 4-14. 논리적, 논리합, 부정에 대한 쌍대성

| 논리곱(AND) | 논리합(OR) | 부정(NOT) |
|---|---|---|
| 0 • 0 = 0<br>0 • 1 = 1 • 0 = 0<br>1 • 1 = 1 | 1 + 1 = 1<br>1 + 0 = 0 + 1 = 1<br>0 + 0 = 0 | 1 = 0<br>1 = 0 |

예제 4-1

A + A = A를 증명하시오.

(풀이)

$A + A = (A + A) \cdot 1 = (A + A) \cdot (A + \overline{A}) = A + (A \cdot \overline{A}) = A + 0 = A$

진리표를 작성해보아도 마찬가지의 결과를 확인할 수 있다.

| A | A | A + A |
|---|---|---|
| 0 | 0 | 0 |
| 1 | 1 | 1 |

예제 4-2

A + 1 = 1을 증명하시오.

(풀이)

$A + 1 = (A + 1) \cdot 1 = (A + 1) \cdot (A + \overline{A}) = A + (1 \cdot \overline{A}) = A + \overline{A} = 1$

진리표를 작성해보아도 마찬가지의 결과를 확인할 수 있다.

| A | 1 | A + 1 |
|---|---|---|
| 0 | 1 | 1 |
| 1 | 1 | 1 |

### 예제 4-3

A + A • B = A를 증명하시오.

(풀이)

$A + A \cdot B = A \cdot 1 + A \cdot B = A \cdot (1 + B) = A \cdot 1 = A$

진리표를 작성해보아도 마찬가지의 결과를 확인할 수 있다.

| A | 1 | A • B | A + A • B |
|---|---|---|---|
| 0 | 0 | 0 | 0 |
| 0 | 1 | 0 | 0 |
| 1 | 0 | 0 | 1 |
| 1 | 1 | 1 | 1 |

### 예제 4-4

$A + (\overline{A} + B) = 1$을 증명하시오.

(풀이)

$A + (A + B)$

$= 1 \cdot (A + (\overline{A} + B)) = (A + \overline{A}) \cdot (A + (\overline{A} + B)) = A + \overline{A} \cdot (\overline{A} + B)$

$= A + \overline{A} = 1$

진리표를 작성해보아도 마찬가지의 결과를 확인할 수 있다.

| A | B | A | A + B | A + (A + B) |
|---|---|---|---|---|
| 0 | 0 | 1 | 1 | 1 |
| 0 | 1 | 1 | 1 | 1 |
| 1 | 0 | 0 | 0 | 1 |
| 1 | 1 | 0 | 1 | 1 |

| 예제 4-5 |
|---|
| $A + \overline{A} \cdot B = A + B$를 증명하시오.<br><br>(풀이)<br>$A + \overline{A} \cdot B = (A + \overline{A}) \cdot (A + B) = 1 \cdot (A + B) = A + B$ |

# 4.3. 표준형

## 4.3.1. 최소항 정형

앞에서 설명한 진리표로부터 불식을 바로 유도한 경우 이러한 수식을 최소항 정(Minterm) 정형 또는 SSOP(Standard Sum Of Product)라 부른다.

예를 들어 [표 4-15]와 같은 진리표가 주어졌을 때 SSOP를 구하면 F가 1이 되는 항을 차례로 모으면 되므로 다음과 같다.

$$F = A'BC' + A'BC + AB'C$$

논리식 표현에서는 SSOP의 해당 최소항 번호를 Σ기호를 써서 표현하기도 한다. 예를 들면 [표 4-14]의 진리표에 해당하는 출력은 다음과 같이 표현할 수 있다.

$$F(A, B, C) = \Sigma(m_2, m_3, m_5) = \Sigma(2, 3, 5)$$

반면에 SPOS의 해당번호는 Π 기호를 써서 표현하기도 한다.

표 4-15. 진리표의 한 예와 최소항과 최소항 번호의 개념

| 최소항 번호 | 입력 | | | 최소항의 불식 | 출력 |
|---|---|---|---|---|---|
| | A | B | C | | F |
| $m_0$ | 0 | 0 | 0 | A′B′C′ | 0 |
| $m_1$ | 0 | 0 | 1 | A′B′C | 0 |
| $m_2$ | 0 | 1 | 0 | A′BC′ | 1 |
| $m_3$ | 0 | 1 | 1 | A′BC | 1 |
| $m_4$ | 1 | 0 | 0 | AB′C′ | 0 |
| $m_5$ | 1 | 0 | 1 | AB′C | 1 |
| $m_6$ | 1 | 1 | 0 | ABC′ | 0 |
| $m_7$ | 1 | 1 | 1 | ABC | 0 |

한편, 약간 응용된 개념으로 진리표가 아닌 불식으로부터 최소항 정형을 유도할 수도 있는데 다음과 같이 구할 수 있다.

※ 참고 4-3. 불식으로부터 최소항 정형을 유도하는 방법

단계 1. 분배 법칙을 이용하거나 적당한 변환을 취하여 수식이 곱의 합(SOP)으로만 이루어지도록 한다.
단계 2. A + A′=1의 정리를 적용하여 나타날 수 있는 모든 변수가 나타나도록 한다.
단계 3. 배분 법칙을 적용하여 적당한 변환을 하여 SSOP형으로 만든다.

**예제 4-6**

A + A′(C + BC′)를 SSOP형으로 변환하라.

(풀이)

분배 법칙 적용 : A + A′C + A′BC′

A + A′ = 1을 이용 : A(B + B′)(C + C′) + A′(B + B′)C + A′BC′

분배 법칙 적용 : (AB + AB′)(C + C′) + (A′B + A′B′)C + A′BC′

분배 법칙 재적용 : ABC + ABC′ + AB′C + AB′C′ + A′BC + A′B′C + A′BC′

SSOP형은 ABC + ABC′ + AB′C + AB′C′ + A′BC + A′B′C + A′BC′ 이다.

## 4.3.2. 최대항 정형

최대항 정형은 maxterm 정형 또는 SPOS(Standard Product Of Sum)라고 부르며 다음과 같이 진리표를 사용하고 간단한 부수적 고려를 추가하면 구할 수 있다. 최소항 정형과 같이 진리표로 부터 바로 구해지지 않음에 유의하여야 한다.

즉, 다음과 같은 진리표를 예를 들면,

표 4-16. 진리표 예시

| 입력(ABC) | 출력(F) |
|---|---|
| 0 0 0 | 0 |
| 0 0 1 | 0 |
| 0 1 0 | 1 |
| 0 1 1 | 1 |
| 1 0 0 | 0 |
| 1 0 1 | 1 |
| 1 1 0 | 0 |
| 1 1 1 | 0 |

앞에서 구한바와 같이 SSOP형은 F가 1이 되는 경우에 관심을 가져서 A′BC′ + A′BC + AB′C=1 이 되지만 SPOS에서는 F가 0이 되는 경우에 주목한다. 다시 말하면 다음과 같이 된다.

$$A'B'C' + A'B'C + AB'C' + ABC' + ABC = 0$$

이제 이 식에서 양변을 각각 부정을 시키면

$$(A'B'C' + A'B'C + AB'C' + ABC' + ABC)' = 1$$

이 되고 이 결과를 앞에서 배운 드모르간의 법칙을 적용시켜 정리하여 왼쪽 변만 따로 모으면

$$(A + B + C)(A + B + C')(A' + B + C)(A' + B' + C)(A' + B' + C')$$

가 되며 이것이 바로 우리가 구하고자하는 SPOS형이 된다. 진리표가 아닌 불식에서 최대항 정형을 구하는 방법은 다음과 같이 $AA'=0$과 분배 법칙 $A + BC = (A + B)(A + C)$를 적용하여 구한다.

**예제 4-7**

$A'B + B'C$를 최대항 정형으로 나타내어라.

(풀이)

분배 법칙 적용 : $A'B + B'C = (A'B + B')(A'B + C)$

분배 법칙 적용 : $(A' + B')(B + B')(A' + C)(B + C)$

$A + A' = 1$ 이용하여 합의 곱으로 수식을 변형 : $(A' + B')1(A' + C)(B + C)$

$AA' = 0$ 이용 : $(A' + B' + CC')(A' + BB' + C)(AA' + B + C)$

분배 법칙과 중복되는 항을 제거 : $(A' + B' + C)(A' + B' + C')$

# 4.4. 논리 다이어그램

논리 다이어그램은 앞에서 배운 AND, OR, INVERTER, NAND, NOR 등의 기본 게이트로서 논리식을 그래픽으로 나타내는 것이 되며 여기에는 입/출력 관계와 해당 신호 이름 등이 기입되어 설계 전반에 참조된다.

**예제 4-8**

논리식 F = AC + B 에 해당하는 논리 다이어그램을 작도하시오.

(풀이)

우선 논리식에서 출력은 F, 입력은 A, B, C의 3가지 변수로 되어있으므로 입력은 3개이다. 또한 논리연산자를 보면 A와 C를 논리곱을 수행하는 연산이 하나있고, 다음으로 그 결과에다가 B를 논리합(+)시키는 연산이 있기 때문에 2개의 논리게이트가 필요하다. 따라서 다음과 같이 작도 할 수 있다.

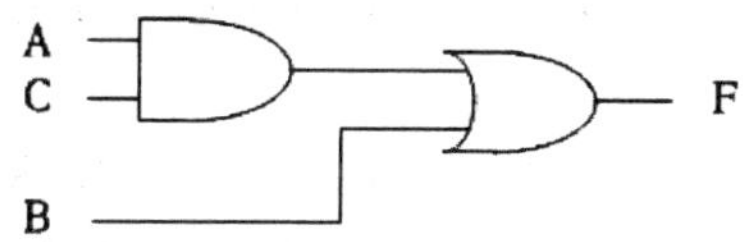


그림 4-19. 예제에 대한 논리 다이어그램

**예제 4-9**

논리식 F = A′B + C′D′를 논리 다이어그램으로 작도하시오.

(풀이)

우선 논리식을 보면 출력은 하나로서 F이며, 입력은 A, B, C, D로서 4개이며 논리동작은 A에 대한 inverting 동작, C에 대한 inverting 동작, D에 대한 inverting 동작이 있고, 2개의 논리곱 동작, 하나의 논리합 동작으로 이루어지므로 필요한 기본 게이트는 모두 5개가 됨을 알 수 있다. 이것을 그대로 논리 다이어그램으로 옮겨보면 그림과 같다.

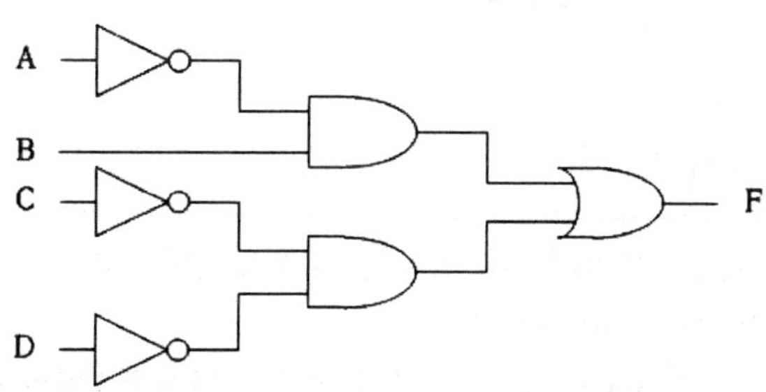


그림 4-20. 대응되는 논리 다이어그램

위의 예제에서 매우 흥미 있는 한 부분을 발견할 수 있는데 그것은 2입력 AND 게이트에서 입력 2개가 전부 inverting 되어 들어가는 경우에 다른 논리 게이트로 대체될 수 있음을 보여준다. 즉, 다음과 같이 생각해보자.

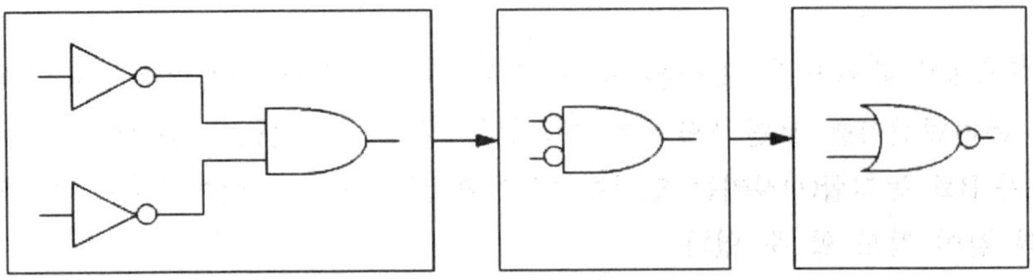

그림 4-21. 등가의 게이트 설명 (1)

그림 4-21과 유사하게 2입력 OR 게이트의 입력이 모두 인버팅되는 경우에는 다음과 같이 생각할 수 있기 때문에 간단히 NAND 게이트로 대체된다.

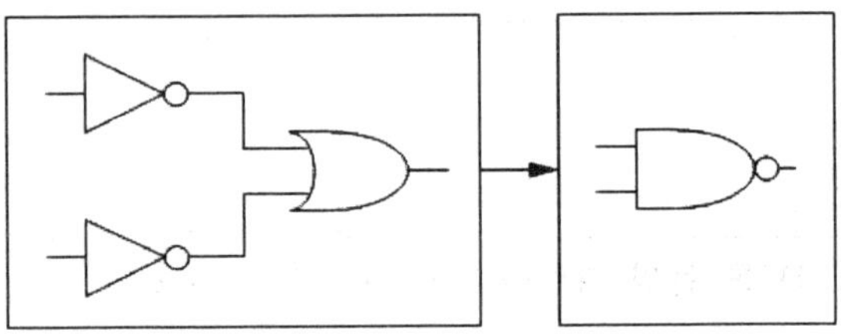

그림 4-22. 등가의 게이트 설명 (2)

이상의 등가의 게이트에 대한 예제 두 가지는 결국 드모르간의 법칙을 그대로 나타내는 것이며 역설적으로 드모르간의 법칙이 등가의 게이트 성질에 밀접한 관계를 가지고 있는 것을 알 수 있다. 또한 NAND 게이트 하나만으로 적절히 응용하면 인버터, AND, OR, NOR 동작을 다 소화할 수 있기 때문에 NAND 게이트는 널리 사용된다.

※ 참고 4-4. 등가의 게이트 성질

| |
|---|
| ■ 등가 성질 1 : 2입력 NOR 게이트는 입력이 전부 인버팅된 2입력 AND게이트와 등가<br>→ 드모르간의 제 1법칙 : (A+B)′=A′•B′<br>■ 등가 성질 2 : 2입력 NAND게이트는 입력이 전부 인터팅된 2입력 OR게이트와 등가<br>→ 드모르간의 제 2법칙 : (A•B)′=A′+B′ |

# 4.5. NAND 또는 NOR 게이트를 이용한 논리 회로 설계

4.4절 마지막 부분에서 설명한 바와 같이 논리 회로를 설계할 때 꼭 하나의 표현만 존재하는 것이 아니라 등가의 성질을 잘 적용하면 여러 표현으로 변환이 가능하다. 여기서 우리가 다루어 보려고 하는 것은 논리식이 주어지면 이것을 단지 NAND 게이트 또는 NOR 게이트로만 설계할 수도 있음을 공부하려고 한다. 이 개념은 실제 논리 설계된 회로가 IC화되는 경우 적용될 수 있는 주요한 개념이다.

NAND와 NOR 만으로 회로를 구성하는 경우에는 2레벨과 멀티레벨로 두 가지로 나누어 설계할 수 있는데 2레벨이란 게이트가 하나 오고 그 출력이 다음 게이트의 입력으로 들어가서 이 게이트의 출력이 전체 회로의 출력이 되는 경우를 말하고 멀티레벨이란 구성되는 게이트 단이 3개 이상으로 구현되는 경우를 말한다.

## 4.5.1. 2레벨 NAND 또는 NOR 게이트를 이용한 논리 회로 설계

2레벨로 논리 회로를 NAND 또는 NOR 게이트만으로 설계하려하면 다음의 순서에 입각하여 논리 회로도를 작성한다.

※ 참고 4-5. 2레벨 NAND-NAND, NOR-NOR 논리 회로 설계

단계 1. 진리표 등을 통해 논리 동작을 정의하고, 이로부터 NAND-NAND 회로로 설계하는 경우에는 Sum of Product 형으로 논리식을 표현하고, NOR-NOR로 설계하는 경우에는 Product of Sum형으로 논리식을 표현한다.
단계 2. 논리식이 Sum of Product형으로 된 경우에는 AND-OR 구성이 되므로 AND 게이트를 NAND 게이트로 전부 대체하고, 마지막 OR 게이트도 NAND 게이트로 대체하면 된다. 왜냐하면 AND-OR 구성은 NAND-INVERTER-OR와 같고 INVERTER-OR는 NAND와 같기 때문이다.

예제 4-10

다음과 같은 진리표에 따라 동작하는 디지털 시스템을 NAND-NAND로 설계하라.

| A | B | C | F |
|---|---|---|---|
| 0 | 0 | 0 | 0 |
| 0 | 0 | 1 | 1 |
| 0 | 1 | 0 | 1 |
| 0 | 1 | 1 | 0 |
| 1 | 0 | 0 | 1 |
| 1 | 0 | 1 | 0 |
| 1 | 1 | 0 | 0 |
| 1 | 1 | 1 | 1 |

(풀이)

예제에 주어진 진리표에 따라 동작하는 디지털 시스템을 전가산기라 부르며 이 예에서는 문제를 간소화시키기 위해 캐리(carry)에 대한 동작은 제외시키고 있다. 출력에 대한 Sum of Product 형은 앞서 공부한 바와 같이 출력이 1이 되는 최소항들을 모으면 된다. 즉, F = A′B′C + A′BC′ + AB′C′ + ABC 와 같다. 이 논리식에 대한 논리 다이어그램을 그려 보면 다음과 같이 된다. 이 문제에서는 진리표로부터 바로 논리식을 구하므로 Sum of Product형이 바로 구해지므로 가법형으로 논리식을 변형할 필요가 없다.

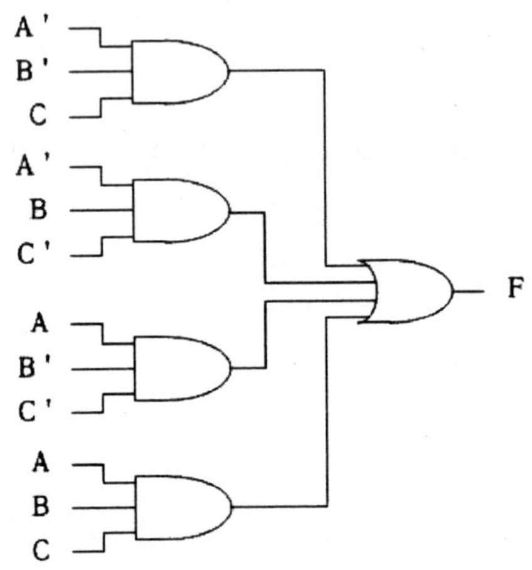


그림 4-23. 예제 디지털 시스템의 가법형 논리식의 논리 다이어그램

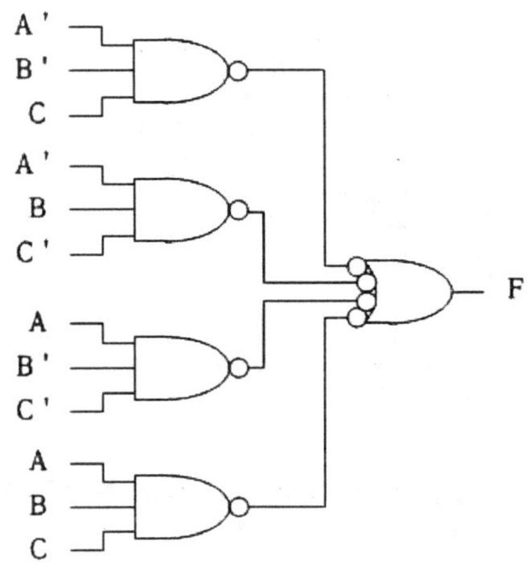


그림 4-24. 그림 4-22의 등가의 논리 다이어그램

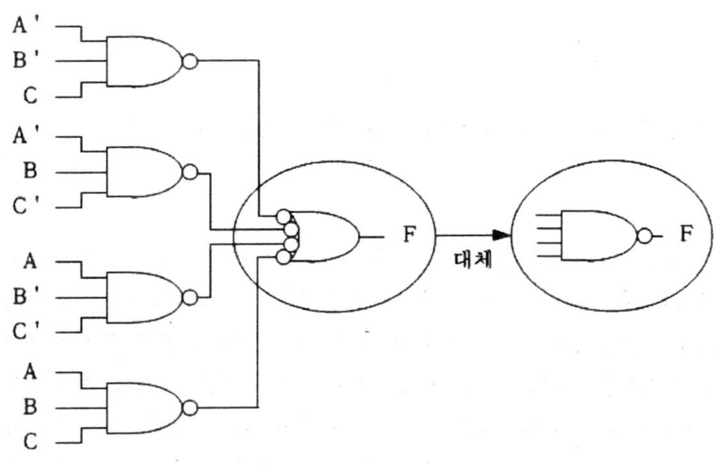


그림 4-25. 등가 게이트의 대체

이상의 단계를 거쳐 완성된 최종 논리 다이어그램은 [그림 4-26]과 같다.

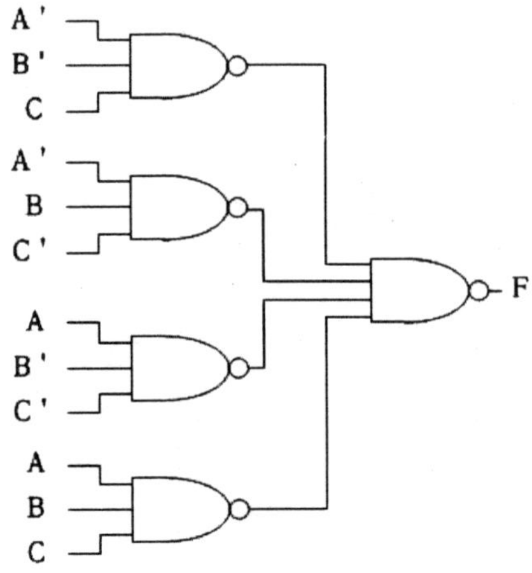


그림 4-26. 완성된 NAND-NAND 회로

예제 4-11

이번에는 앞에서 든 예를 NOR-NOR로 구현하는 방법을 알아보자.

(풀이)
이 경우에는 우선 논리식을 Product of Sum으로 바꾸어야 한다. 진리표로부터 Product of Sum형의 논리식을 유도하려면 출력 F가 0이 되는 최소항을 일단 모은다. 즉, F = 0 = A′B′C′ + A′BC + AB′C + ABC′ 와 같이 된다. 이 식의 양변을 부정을 시키면 1 = (A′B′C′ + A′BC + AB′C + ABC′)′ 가 되고 우변에 드모르간 법칙을 적용하면 우변은 (A + B + C)(A + B′ + C′)(A′ + B + C′)(A′ + B′ + C)와 같이 된다. 좌변이 1이므로 이 논리식을 그대로 논리다이어그램으로 옮겨도 똑같은 동작을 수행하는 디지털 시스템이 된다. 이 논리식에 대한 논리 다이어그램과 등가의 게이트로 대체하는 과정과 완성된 논리 회로 다이어그램은 다음과 같다.

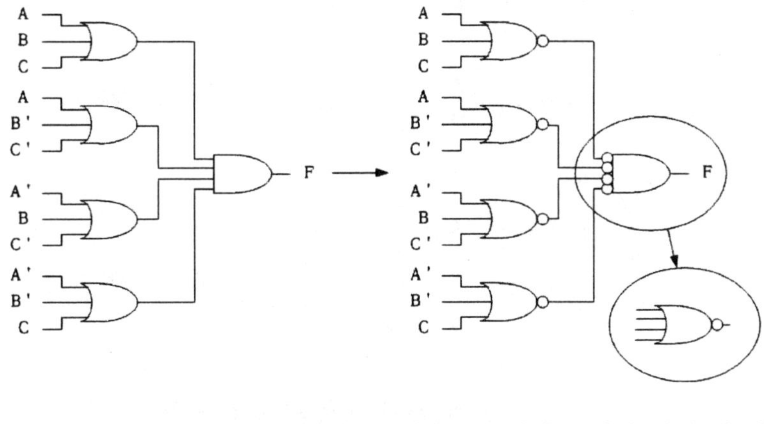


그림 4-27. 예제에 대한 논리다이어그램과 등가게이트 대체 과정 및 완성된 논리다이어그램

## 4.5.2. 멀티레벨 논리 회로 설계

멀티레벨 논리 회로는 다단 논리 회로라고도 하며 NAND 또는 NOR 게이트만으로 구성된 회로를 말한다. 다단 논리 회로를 설계하기 위해서는 간단히 생각하여 다음과 같은 규칙을 적용시켜 대응되는 게이트로 대체 시켜나가고, 중복되는 게이트들을 소거시켜나가는 방법으로 설계할 수 있다.

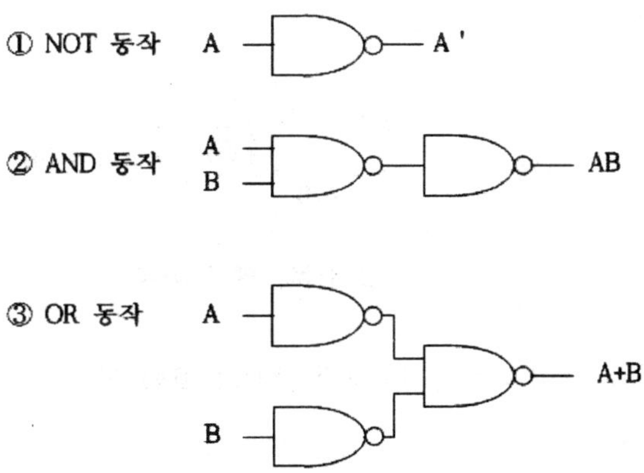


그림 4-28. 다단 NAND 회로 설계 규칙

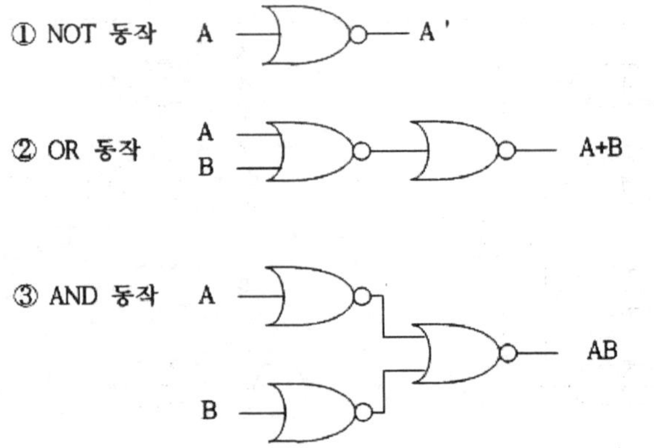


그림 4-29. 다단 NOR 회로 설계 규칙

그러면 멀티-레벨 NAND 논리 회로를 설계하는 예를 들어보기로 한다.

### 예제 4-12

다음의 논리 회로를 다단 NAND논리 회로로 설계하시오.

F = (A + B′)(CD + E)

(풀이)

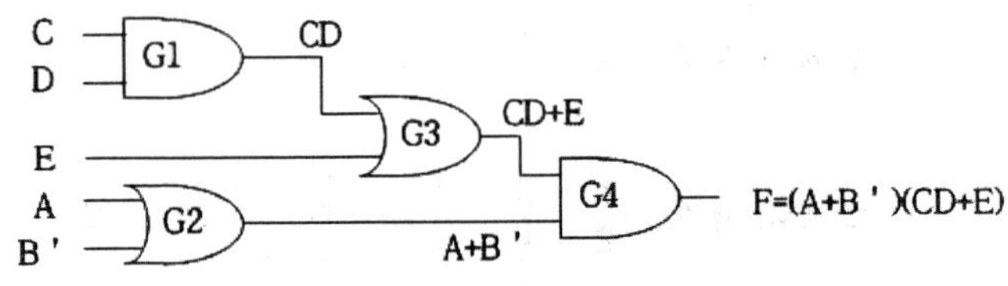


그림 4-30. 예제 회로

그림 4-30 회로에 매핑 규칙을 적용하여보면 그림과 같이 된다.

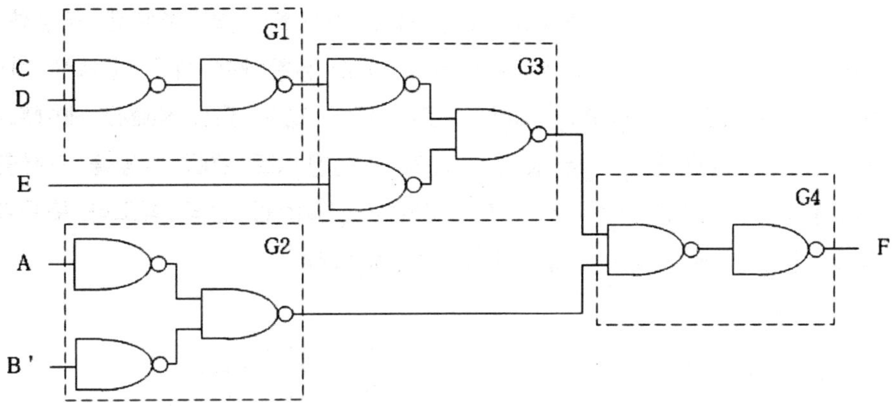


그림 4-31. 매핑 규칙 적용후의 논리 다이어그램

이제 중복되는 항을 찾아서 제거시키는 과정과 제거 후의 최종 논리 다이어그램은 다음과 같이 된다.

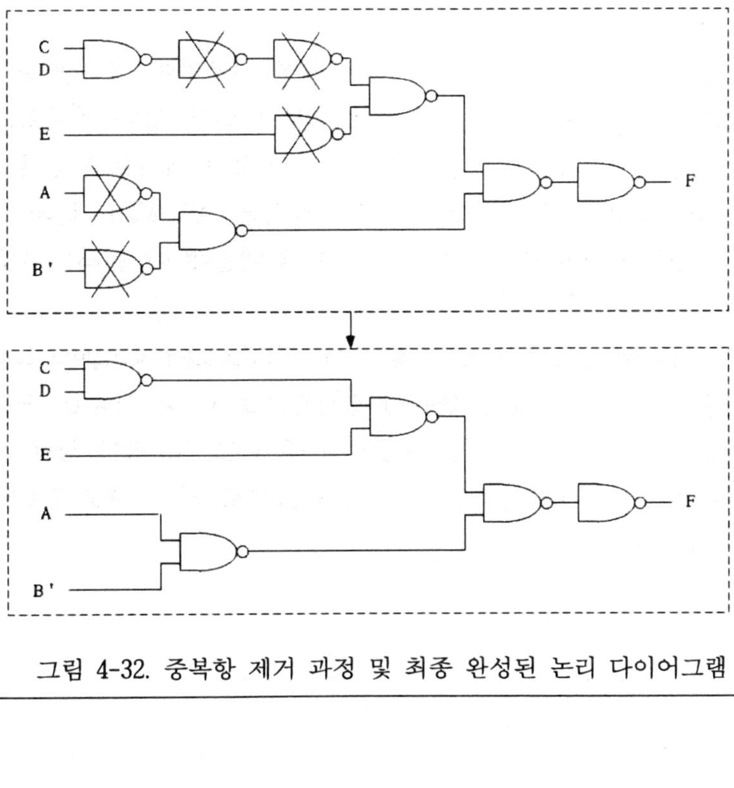


그림 4-32. 중복항 제거 과정 및 최종 완성된 논리 다이어그램

# 4.6. 와이어드 논리 회로 설계

앞에서 언급한 바와 같이 NAND 또는 NOR 만으로 논리 회로를 구성하는 것은 IC화 할 경우 또는 IC 부품을 이용한 논리 회로 실현에서 매우 중요한 개념이 된다. 어떤 경우 예를 들면 오픈 콜렉터 TTL IC의 경우 TTL NAND 게이트가 서로 연결되면 즉, 추가적인 게이트 없이 단순히 결선만으로 AND 기능을 수행할 수 있는데 이런 논리 회로를 결선 논리 또는 와이어드(Wired) 논리 회로라 부른다.

그림을 통해 이러한 와이어드 논리를 설명해보자.

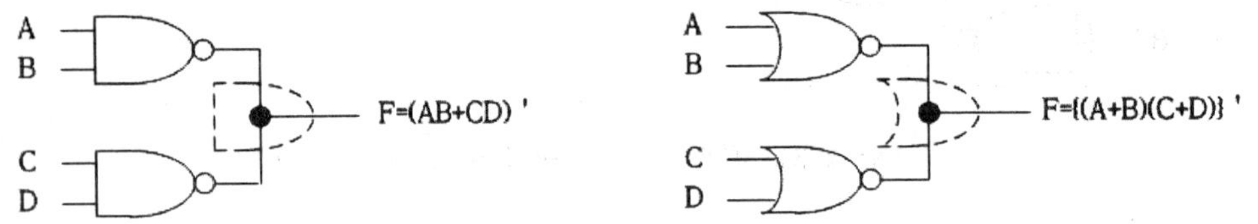


(A) 오픈 콜렉터 TTL NAND 게이트를 이용한 와이어드 AND 논리(AND-OR-INVERT)

(B) ECL NOR 게이트를 이용한 와이어드 OR 논리(OR-AND-INVERT)

그림 4-33. 추가의 게이트 없이 AND, OR 기능을 수행하는 와이어드 논리 회로 예

[그림 4-33(A)]의 경우 2개의 NAND 게이트를 사용하여 그 출력을 단순히 결선함으로서 AND 기능을 대신하고 있다. 그림에서 나타난 AND 게이트는 실제로는 존재하지 않는 것이며 AND 기능을 부각시키기 위하여 게이트와 선들을 투명하게 그려서 이를 나타내고 있다. 즉, (A)그림에서 출력은 (AB)′(CD)′가 되므로 드모르간의 법칙에 의거 (AB + CD)′로 재 표현할 수 있기 때문에 이 논리를 AND-OR-INVERT 논리라고도 부른다.

[그림 4-33(B)]의 경우에는 IC 계열 중에 ECL(Emitter Coupled Logic)의 NOR 게이트를 사용하고 그 출력들을 단순히 결선함으로서 OR 기능을 수행할 수 있다는 것을 보이고 있다. 즉, 출력이 (A + B)′ + (C + D)′로 되어 앞에서와 마찬가지로 드모르간의 법칙을 적용하면 [(A + B)(C + D)]′로 되기 때문에 OR-AND-INVERT 논리라고도 부른다.

# 4장 연습 문제

1. 다음 논리식이 성립함을 불 대수식을 이용하여 확인하고 성립하지 않으면 불 성립이라 기록하시오.

(1) $A'B + AB' = (AB+A'B')'$

(2) $(A+B+C)' = A'B'C'$

(3) $A'+B'+C' = (ABC)(A'B'C')$

(4) $A + A'B = A + B$

(5) $A\oplus 1 = A'$

(6) $(A\oplus B)' = A\odot B$

(7) $A\oplus B\oplus C = A\odot B\odot C$

(8) $A\oplus B\oplus C\oplus D = (A\odot B\odot C\odot D)'$

(9) $(A\oplus B\oplus C)' = A\odot B\odot C = A\odot B\oplus C$

(10) $A(B + C') = ABC + ABC'$

2. 1번 문제를 진리표를 이용하여 확인하시오.

3. 다음 논리식을 불 대수를 이용하여 간소화 하시오.

(1) $F = (A+ A'B)(A+B')$

(2) $F = ABC + AB'C + A'C$

(3) $F = AB + BC$

(4) $F = (A' + AB)(A'B)$

(5) $F = A'(BC + AB + BA')$

4. 3번 문제에 따라 간소화된 논리식을 논리 회로로 구현 하시오.

5. 다음 논리 다이어그램의 논리식을 구하시오.

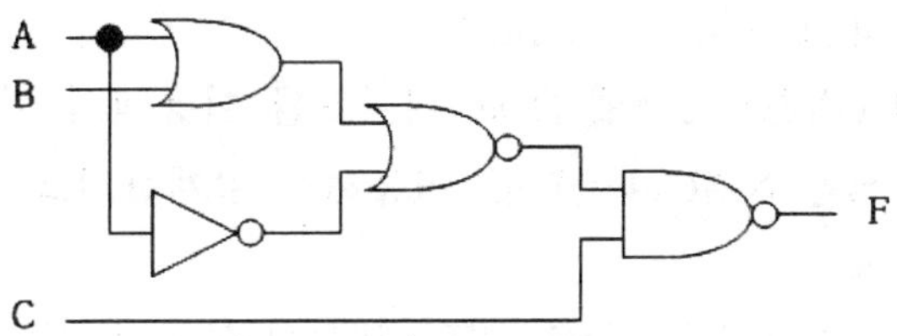


6. 다이오드의 특성 중 순방향, 역방향에 대해 설명하고 2입력 기본 DTL AND 동작 회로와 OR 동작 회로를 그리고 그 동작원리를 설명하시오.

7. 다음 논리식 표현에 대한 논리 회로를 설계하시오.

(1) $F(A, B, C) = \Sigma(0, 2, 4, 7)$

(2) F(A, B, C) = Σ(1, 2, 3, 4)

(3) F(A, B, C, D) = Σ(1, 3, 4, 9, 12 ,13, 14)

(4) F(A, B, C, D) = Σ(1, 3, 5, 7, 9, 11, 13, 15)

8. 다음 진리표의 출력 F에 대한 SPOS 및 SSOP를 각각 구하시오.

| A | B | C | F |
|---|---|---|---|
| 0 | 0 | 0 | 1 |
| 0 | 0 | 1 | 1 |
| 0 | 1 | 0 | 1 |
| 0 | 1 | 1 | 1 |
| 1 | 0 | 0 | 0 |
| 1 | 0 | 1 | 0 |
| 1 | 1 | 0 | 1 |
| 1 | 1 | 1 | 0 |

9. 위 문제 8번에 대한 출력 F를 벤다이어그램을 사용하여 간소화하고, 이에 대한 논리 다이어그램을 그리시오.

10. 위 문제 8번의 진리표에 따라 동작하는 논리 회로를 2레벨 NAND 게이트를 이용해서 설계하시오.

11. 위 문제 8번의 진리표에 따라 동작하는 논리 회로를 2레벨 NOR 게이트를 이용해서 설계하시오.

12. 다음의 논리식을 2레벨 NAND 게이트를 이용해서 설계하시오.

(1) F = A′B′C′D + AB′C′D′ + AB′C′D

(2) F = A′B + ABCD + AB′C′ + ABC

13. 문제 12번의 (1)(2)를 2레벨 NOR 게이트를 이용해서 설계하시오.

14. 다음의 논리식을 NOR 게이트를 이용해서 설계하시오.

F(A,B,C) = Π(0.8)

15. 논리식 F = (A+B)(C′+DE)를 멀티레벨 NAND 게이트를 이용해서 설계하고, 논리 다이어그램을 그리시오.

16. 문제 15번에 대해 이번에는 멀티레벨 NOR 게이트를 이용해서 설계하시오.

17. 문제 5번의 논리 회로를 NAND 게이트를 이용해서 설계하시오.

18. 문제 5번의 논리 회로를 NOR 게이트를 이용해서 설계하시오.

19. 다음의 논리식을 NAND 게이트를 이용해서 설계하시오.

F(W, X, Y) = Σ(0, 2, 7)

20. 다음의 와이어드 논리의 논리식을 구하시오.

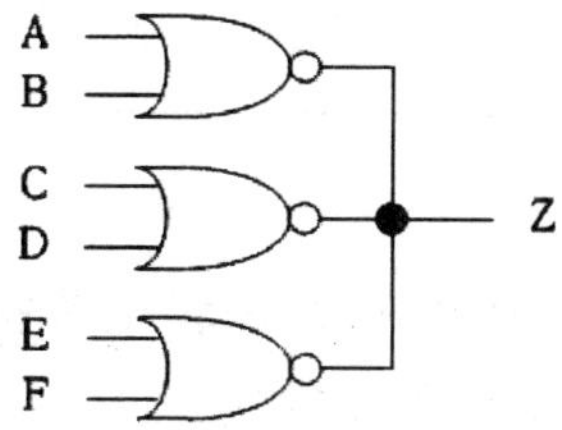

# 5. 논리 간소화

※ 학습목표
불식 또는 진리표로 부터 디지털 시스템을 설계함에 있어 최소의 게이트로 설계하기 위한 논리 간소화방법을 학습한다.

■ 세부목표
(1) 논리식 간소화의 필요성을 인식
(2) 카르노 맵을 이용한 간소화 방법 학습
(3) 콰인-매클러스키의 방법에 의한 논리 간소화

## 5.1. 논리 간소화의 개념 및 필요성

앞에서 공부한 바와 같이 진리표로 부터 입력 변수의 수에 관계없이 출력변수에 대해 1이 되는 경우에 관심을 갖고 수평선끼리는 AND로 처리하고, 위아래로 묶을 때는 OR로 처리하여 적당히 정리하면 해당 논리 회로 동작을 보장하는 논리 표현식을 얻게 된다. 그런데 얻어진 논리 표현식 자체에 약간의 기교를 가하면 보다 더 간략화된 형으로 바꿀 수 있다. 이것은 매우 중요한 문제라 볼 수 있겠는데, 그 이유는 논리 회로를 설계하는 입장에서는 전체적으로 사용되는 기본 소자(게이트)의 개수를 되도록 줄이는 것이 향후 실제 VLSI로의 구현을 생각한다고 하면 생산단가에 실제적 영향을 줄 수 있기 때문에 과거부터 논리 설계자들에게는 매우 중요한 문제로 인식되어왔다.

더욱이 최근의 논리 설계 단계에서는 컴퓨터를 이용한 CAD(Computer Aided Design) 도구를 필수적으로 사용하기 때문에 숙련된 논리 설계자가 완성한 논리 회로도와 비교하면 군더더기가 매우 많이 포함되어 보다 간소화될 수 있는 여지가 매우 많다. 그래서 논리 최소화를 수행하는 컴퓨터 프로그램 등을 이용하여 최적화 작업을 거치는 것이 통상적이다.

본 절에서는 얻어진 논리 표현식을 간소화하는 전통적인 방법들을 소개하는데 여기서 소개하는 방법을 사용하여 논리 회로를 설계하는 설계자는 실제 아무도 없을 것이다. 그러나 그 기본 맥락은 일치하므로 기본 개념의 숙지라는 측면에서 착실히 공부해두기 바란다.

논리 표현식은 불 대수를 사용해서 수식의 조작으로 간단화 할 수 있으나 여러 규칙들을 복합적으로 단계별로 적용시켜야 하므로 매우 성가실 뿐 아니라 정형화된 단계를 만들기가 곤란한 단점이 있다. 다음과 같은 논리식이 있을 때 이 논리식을 간소화 해보기로 하자.

**예제 5-1**

F= AB + BC + A′C를 간소화하라.

(풀이)

F = AB + BC(A + A′) + A′C → A + A′ = 1을 이용

= AB + ABC + A′BC + A′C → 분배 법칙이용

= AB(1 + C) + A′C(1 + B) → 공통항끼리 묶음

= AB + A′C → (1 + C) = 1, (1 + B) = 1을 이용

어떤가? 간소화되기는 하지만 어쩐지 복잡하고 조직적이지 못한 느낌이다. 그리고 이 예는 독자들의 이해를 위해 다소 쉬운 예제를 들었지만, 실제로 불 대수만으로 논리식을 간소화하기는 상당히 어렵다.

※ 참고 5-1. 불 대수에 의한 논리간소화의 문제점

논리 표현식은 불 대수를 사용해서 수식의 조작으로 간단화 할 수 있으나 여러 규칙들을 복합적으로 단계별로 적용시켜야 하므로 매우 성가실 뿐 아니라 정형화된 단계를 만들기가 곤란한 단점이 있다.

맵(map) 방법은 불 함수를 곧 바로 간소화 할 수 있으므로 널리 사용된다. 맵 방법은 진리표를 2차원적으로 수정한 것이라 할 수도 있으며 그림을 이용한다는 차원에서는 4장에서 공부한 벤(Venn) 다이어그램의 수정형으로 볼 수도 있겠다. 이 방법은 처음에 Veitch에 의해 도입되었고 Karnaugh가 이를 수정한 것이다. 통상 카

르노 맵이라 부르나 베이치 다이어그램이라고도 하며 개념상 동일하다. 여기서는 카르노 맵을 이용한 논리식 간소화방법을 살펴보자.

## 5.2. 카르노 맵을 이용한 논리식 간소화

카르노 맵을 이용한 논리식 간소화(Logic Minimization) 절차는 다음과 같다.

① 1이 되는 최소항을 최소기준 구역으로 설정

② 인접 구역으로 확산시켜 가며 가능한 한 크게 묶되 2, 4, 8개씩 즉 2의 승수로 묶는다. 여기서 인접구역이란 최소항의 표현식에서 하나의 변수(하나의 비트)만 다른 것을 말한다.

③ 묶은 각 그룹은 대수 항을 표시하고 이들의 논리합(OR)을 취하면 된다.

### 5.2.1. 카르노 맵의 형식

맵은 여러 개의 사각형의 구역으로 이루어지고 각 사각형의 구역은 각각의 최소항(minterm)을 표시하게 그려진다. 함수가 1이 될 때 즉 논리 표현식의 출력이 1이 될 때 해당 최소항의 구역에 1을 넣고 출력이 0이 될 때에는 해당 최소항의 구역에 0을 넣거나 아무것도 넣지 않는다. 보통 0을 넣지 않고 공백으로 둔다.

[그림 5-1]은 2개, 3개 및 4개의 변수를 갖는 함수의 맵을 표시한 것이다. 여기서 구역 안의 숫자는 진리표의 위에서부터 몇 번째의 최소항 인가를 보이는 숫자(minterm 번호) 0, 1, 2, ...를 넣는다. 컴퓨터에서는 처음에 0번째, 다음 1번째 등 0부터 시작됨을 유의하기 바란다.

[그림 5-1(B)]에서 BC가 11, 10일 때는 B는 모든 경우에 1이 되므로 11, 10은 B를 의미하게 된다. 다른 경우도 동일하게 생각하면 된다. 특히 맵의 중요한 특성 중에 하나로 맵에서 인접한 최소항 끼리는 단지 하나의 비트만 차이가 나는 특성(그레이 코드의 특성)을 가짐에 유의하자. 예를 들어 3변수 카르노 맵의 최소항 1(실제로는 $m_1$)과 3($m_3$)은 인접하고 있으며 $m_1$은 (001 → A′B′C)이고, $m_3$는 (011 → A′BC)로 하나의 비트 또는 하나의 변수만 차이가 남을 알 수 있다. 왜 그럴까? 이렇게 되어야만 A + A′ = 1, B + B′ = 1, C + C′ = 1, ... 등의 항을 묶어 간소화 할 수 있기 때문이다.

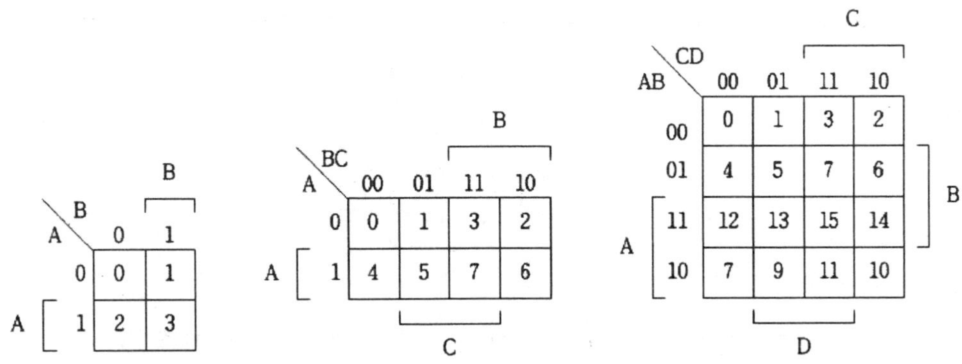

(A) 2변수 맵　　(B) 3변수 맵　　(C) 4변수 맵

그림 5-1. 2개, 3개 및 4개의 입력 변수를 갖는 함수에 대한 맵

### 5.2.2. 맵을 이용한 간소화

진리표에 의해 표시되는 불 함수는 그 함수의 값이 1이 되는 최소항을 해당되는 구역에 1로써 집어넣는다.

인접 구역의 1을 가능한 한 크게 묶는데, 단 2, 4, 8개씩 즉 2의 승수로 묶는다. 묶어낸 각 그룹은 대수항을 표시하고 이들의 논리합(OR)을 취하면 된다. 그러면 예를 들어보기로 하자.

**예제 5-2**

불 함수 F(A, B, C) = Σ(3, 4, 6, 7)를 간단히 하여라.

(풀이)

이 함수는 3개의 입력 변수 A, B, C를 갖고 있고, 출력이 1이 되는 최소항 번호는 3, 4, 6, 7이다. 4장에서 잠깐 언급한 바와 같이 논리식 표현에서는 이와 같이 SSOP의 해당 최소항 번호를 Σ 기호를 써서 표현하기도 한다. 반면에 SPOS의 해당번호는 Π 기호를 써서 표현하기도 한다. 이를 카르노 맵으로 표시하면 그림 5-2와 같이 된다.

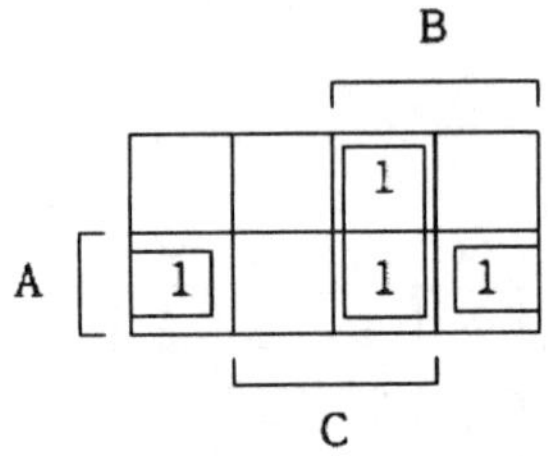


그림 5-2. F(A, B, C) = $\Sigma(3, 4, 6, 7)$ = BC + AC′에 대한 맵

여기서 중간의 묶음($m_3$과 $m_7$)은 B와 C가 중첩되므로 한 그룹은 BC이고, 양쪽 옆의 묶음($m_4$와 $m_6$)은 A이면서 동시에 C′(C의 보수)에 해당되므로 다른 한 그룹은 AC′가 되며, 이를 OR하여 얻은 BC + AC′가 간소화된 논리 표현식이 된다. 특히, $m_6$가 $m_7$을 묶어 3개의 묶음 그룹으로 볼 수도 있겠으나 [그림 5-2]에 나타낸 바와 같이 2개의 그룹으로 묶어지지 않고 남아있는 최소항이 없으므로 충분하므로 오히려 중복되어 간소화된 표현식의 항으로 AB 항이 하나 더 느는 셈이 되어 고려하지 말아야 한다. 사실 독자들의 이해를 위해 이런 표현을 하였으나 엄밀히 말해 다음과 같이 묶음 그룹이 교차될 때 처리방법이 있다.

지금 앞에서 언급한 바와 같이 F(A, B, C) = $\Sigma(3, 4, 6, 7)$ = BC + AC′에 대한 맵을 처음에 작성할 때 아무 생각 없이 제1묶음($m_3$과 $m_7$), 제2묶음($m_4$와 $m_6$), 제3묶음($m_6$과 $m_7$)을 가정하였다 하자.

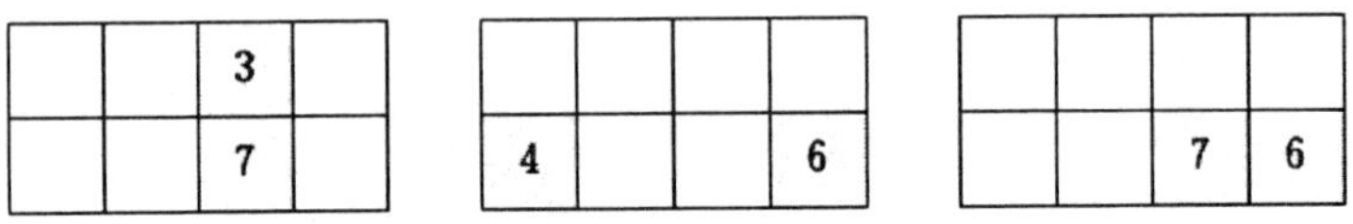


제 1묶음 제 2묶음 제 3묶음

그림 5-3. 가능한 묶음

이 결과로 보면 간소화된 표현은 묶음 수가 3이므로 항이 3개가 되어 제1묶음의 경우 BC, 제2묶음의 경우 AC′, 마지막으로 제3묶음의 경우 AB가 된다. 이렇게 초기에 인접한 최소항을 최대한 크게 묶은 것을 주항(Prime Implicant)이라 하며 지금 순간에는 주항은 3개이다. 그런데, 문제는 우리가 답을 이미 알고 있는 바와 같이 2개면 충분한데 지금과 같이 3개를 사용하면 간소화에 위배될 것이 뻔하다. 그러면 어떻게 하여야 하는가? 지금, 각 최소항을 이 시점에서 한번 살펴보자. 최소항은 이 경우 $m_3$(A′BC), $m_4$(AB′C′) 그리고

$m_6$(AB′C), $m_7$(ABC) 이렇게 4개가 있다.

지금 최소항 $m_3$은 제1묶음(주항)인 BC에 의해서만 표현이 되고 $m_4$도 제2묶음(주항)인 AC′에 의해서만 표현된다. 이렇게 특정 주항에 의해서만 표현 가능하고 다른 주항에 의해서는 표현이 불가능한 최소항을 포함하는 주항(BC와 AC′)을 필수 주항(Essential Prime Implicant)이라 하고 이것은 논리간소화 표현식에 반드시 포함되어야 한다. 그러나 $m_6$과 $m_7$은 그렇지가 않다. 이것은 제2묶음과 제3묶음($m_6$의 경우), 제1묶음과 제3묶음($m_7$의 경우)에 의해 동시에 표현될 수 있다. 따라서 $m_6$과 $m_7$을 포함하는 제3묶음인 AB는 필수 주항은 아니며 경우에 따라 논리간소화 표현식에 반드시 포함되지 않아도 무방하다. 그런데 이미 필수 주항(BC와 AC′)로 묶으면 혼자 묶여지지 않고 남는 최소항은 하나도 존재하지 않으므로 제3번째 묶음(주항)인 AB는 여기서 버리는 것이다.

또한 처음에 주항 3개를 만들 때, 인접한 항끼리 묶는다는 취지에 이 예와 같이 제2묶음인 $m_4$와 $m_6$을 인접하지 않고 떨어져있는 것으로 보면 곤란하다. 다음 [그림5-4]를 잘 보기 바란다. [그림 5-4]는 [그림 5-2]의 하단 왼쪽 귀퉁이($m_4$ → AB′C′)와 하단 오른쪽 귀퉁이($m_6$ → ABC′)를 표시한 것이다. 이때, 인접의 개념은 앞에서 언급한 바와 같이 최소항끼리 1개의 비트만 다르면 인접으로 간주할 수 있다. 따라서 이 경우 $m_4$와 $m_6$은 3변수 중에 B부분만 다르고 나머지는 같다. 따라서 인접한 것이라 볼 수 있다.

따라서 우리는 다음과 같이 생각하면 편리할 것 같다. 즉, 정 가운데 부분의 수직선(점선)을 중심으로 종이처럼 접을 수 있다고 생각할 수 있는데, 그렇다면 $m_4$와 $m_6$이 실제로는 이웃하고 있는 최소항으로 간주하는데 이의가 없을 것이다(가운데 수평선의 경우도 경우에 따라 가능하나 이미 상하부분은 인접되어 있으므로 별 의미가 없다).

그림 5-4. 특수한 인접 최소항 설명

(일관된 설명을 위해 번호 앞의 최소항 의미의 첨자 m은 생략하였음)

따라서 다음과 같이 되어있는 경우도 서로 묶어 줄 수 있음을 기억하기 바란다.

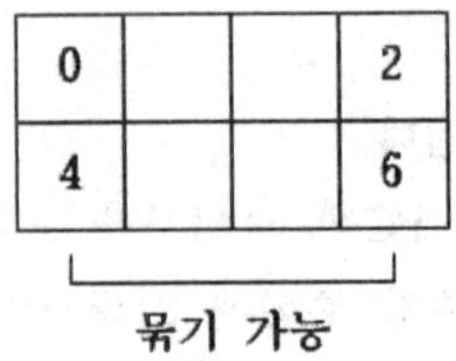


그림 5-5. 또 다른 특수한 인접 최소항 설명

결국, 간소화된 결과는 F = BC + AC′ 가 된다.

그러면 예를 하나 더 들어보기로 하자.

**예제 5-3**

불 함수 F(A, B, C) = Σ(0, 2, 4, 5, 6) 를 간단히 하여라.

(풀이)

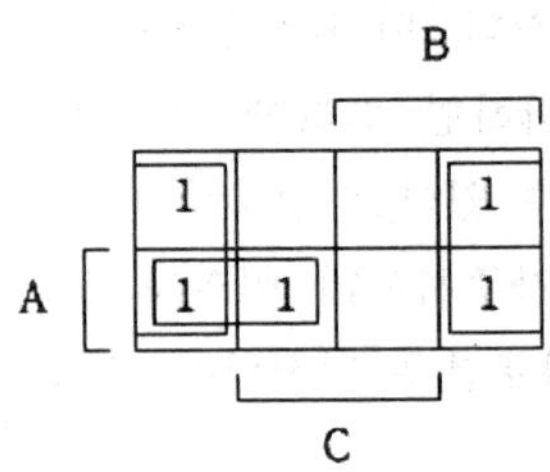


그림 5-6. F(A, B, C) = Σ(0, 2, 4, 5, 6) = C′ + AB′ 에 대한 맵

여기서 양쪽 옆의 4 개의 최소항(0, 4, 2, 6)을 묶은 결과는 C′에 해당되므로 이 항은 C′로써 간소화된다. 또한 밑 부분의 2 개의 1을 묶은 것(4, 5)은 A와 B′에 관계되므로 AB′가 된다.
두 개의 묶음으로써 간소화된 최종결과는 F = C′ + AB′ 와 같다.

**예제 5-4**

불 함수 F(A, B, C, D) = Σ(0, 1, 2, 6, 8, 9, 10) 를 간단히 하여라.

(풀이)
변수는 A, B, C, D이므로 맵의 모양은 그림 5-7처럼 된다. 세 개의 묶음으로 묶여지고, 4개의 모서리(0, 2, 8, 10)를 모은 묶음은 B′D′가 된다.
간소화된 최종결과는 F = B′D′ + B′C′ + A′CD′ 와 같다.

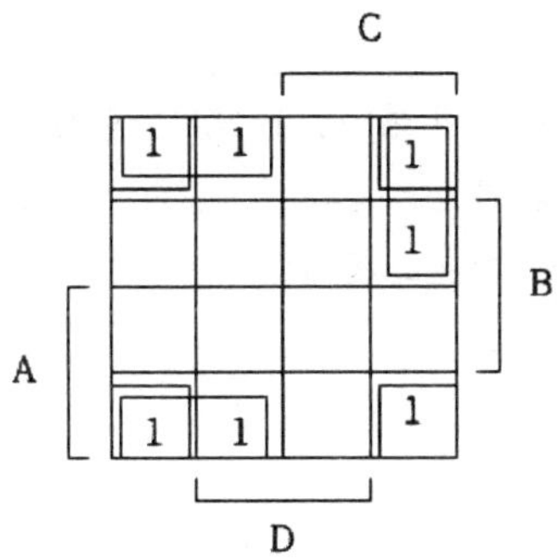


그림 5-7. F(A, B, C, D) = Σ(0, 1, 2, 6, 8, 9, 10) = B′D′ + B′C′ + A′CD′ 에 대한 맵

이 예에서도 마찬가지로 4변수 입력에 대한 카르노 맵에서 구역에 대한 인접개념은 다음과 같이 응용되고 있음을 알아야 한다(가운데 수직 또는 수평선을 중심으로 접을 수 있다고 가정해보면 이해가 쉬울 것이다).

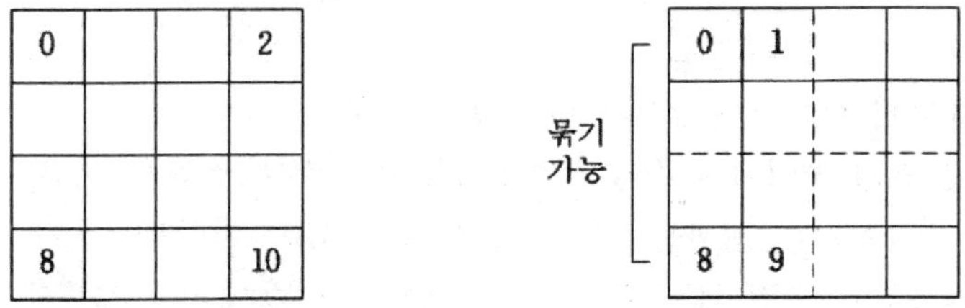


(A) 4개의 최소항
(m0, m2, m8, m10)을 묶음

(B) 묶은 것(0, 1)과
또 다른 묶은 것(8, 9)끼를 묶음
(수평접점을 기준으로 접었을 때 인접)

그림 5-8. 4변수 카르노 맵의 최소항 및 구역 인접의 특수한 예

## 5.2.3. 카르노 맵을 이용한 논리합의 논리적 표현

앞의 예에서 맵으로부터 유도한 불 함수는 논리적의 논리합(Sum of Products)이다. 논리적(Product)은 AND항이고 논리합(Sum)은 OR항이다. 그러나 경우에 따라서는 논리합의 논리적(Product of Sums)을 쓰는 편이 유리할 때가 있다. 이러한 경우에는 함수가 0이 되는 최소항의 구역에 0을 넣고 인접한 0을 크게 묶는다. 이러한 방법으로 얻은 결과는 F′가 되므로 드모르간의 정리에 의하여 F = (F′)′를 얻는다.

**예제 5-5**

불 함수를 F(A, B, C, D) = Σ(0, 1, 2, 5, 8, 9, 10) 이용하여

(1) 논리합의 논리적의 형식으로 간소화하시오.

(2) 논리적의 논리합의 형식으로 간소화하시오.

(풀이)

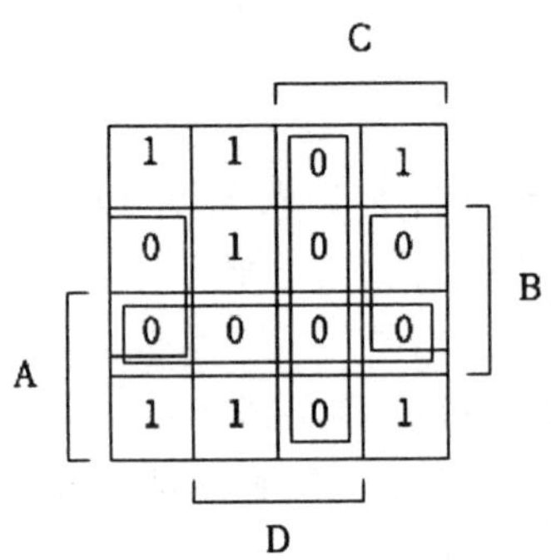


그림 5-9. Σ(0, 1, 2, 5, 8, 9, 10)에 대한 맵

그림 5-9에서 최소항이 1이 아닌 구역에 0을 넣고 있다.
앞의 방식대로 1을 크게 묶어서 간소화시킨 결과는 F = B′D′ + B′C′ + A′C′D 가 되고, 0을 크게 묶어서 간소화시킨 결과는 F′ = AB + CD + BD′ 와 같이 된다. 이 결과에서 양변을 부정을 취해주어도 결과는 변하지 않으므로 De Morgan의 정리에 의해서 F = (A′ + B′)(C′ + D′)(B′ + D) 가 구해진다.

[예제 5-5]에서의 표현식을 회로로써 표현하면 [그림 5-10]과 같이 된다.

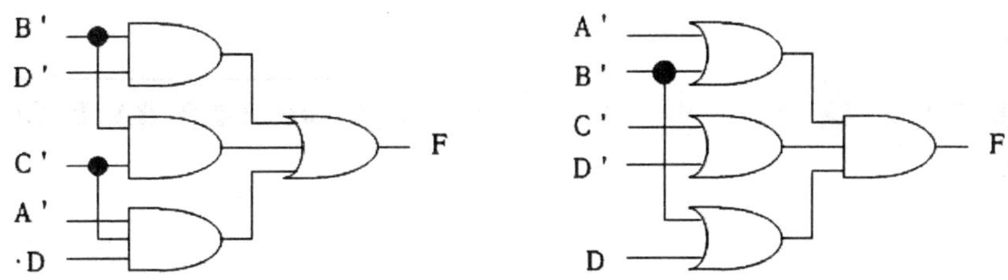


(A) Sum of Product 형
F = B ' D ' + B ' C ' + A ' C ' D

(B) Product of Sum 형
F = (A ' + B ' )(C ' +D ' )(B ' + D)

그림 5-10. 예제 5-5의 함수에 대한 논리도

[그림 5-10(A)]의 AND 게이트를 NAND 게이트로 바꾸고 [그림 5-10(B)]의 OR 게이트를 NOR 게이트로 바꾸면 [그림 5-11]과 같이 된다. 각 선의 양쪽 끝에 작은 원이 있는 것은 보수의 보수이므로 두 개의 작은 원이 없는 것과 마찬가지이다.

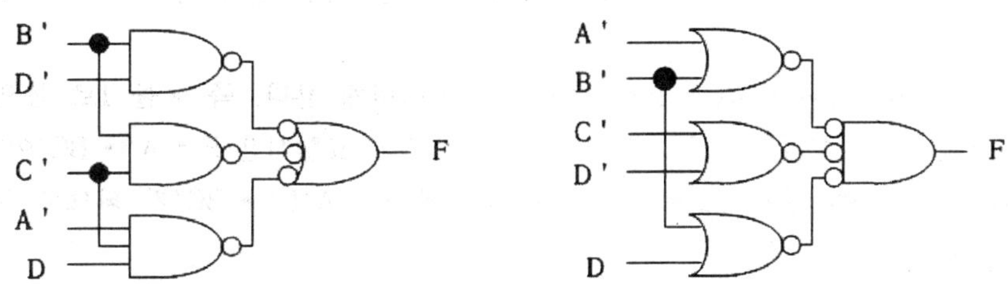


(A) NAND 게이트로 실현

(B) NOR 게이트로 실현

그림 5-11. 예제 5-5의 함수에 대한 또 다른 논리도

## 5.2.4. don't Care 조건

맵의 최소항 구역에는 1이나 0이 들어간다. 최소항이 1이 되거나 0이 되거나에 관계없이 같은 함수의 값을 갖는 경우가 있다. 이러한 don't care를 맵에서는 ×로 집어넣고 간소화시키기 위하여 묶는 데 편리하도록 이를 1로 보거나 0으로 본다. 묶는 데 유리한 방향으로 생각한다.

예제 5-6

불 함수를 F(A, B, C)=Σ(0, 2, 6)를 간소화하여라. don't care 조건은 d(A, B, C) = Σ(1, 3, 5) 이다.

(풀이)
don't care조건 d(A, B, C)=Σ(1, 3, 5) 를 맵으로 표시하면 그림과 같다.

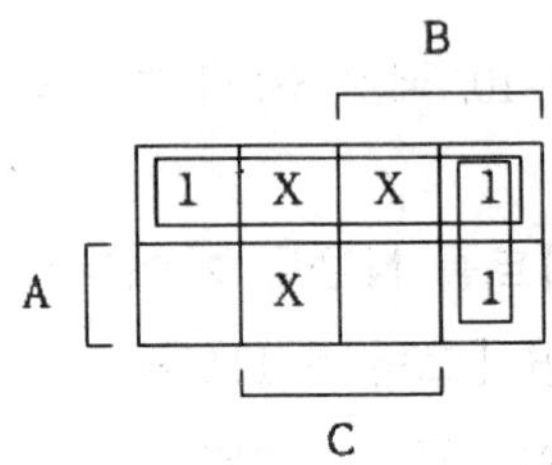


그림 5-12. don't care 조건을 가진 맵의 예

여기서 묶음 안에 들어간 don't care ×를 1로 유리하게 본다. 즉 ×를 1로 봄으로써 4개의 최소항을 크게 묶을 수 있게 된다. 간소화된 결과 표현식은 F = A′ + BC′이다.
만약 don't care ×를 전부 0으로 생각하여 묶으면 F = A′C′ + BC′가 되므로 표현식이 더욱 복잡하게 된다.

## 5.3. 콰인-매클러스키 알고리즘

앞에서 설명한 맵을 이용한 논리식 간소화 방법은 변수가 증가하여 [그림 5-13]과 [그림 5-14]처럼 5개나 6개정도 된다고 가정하면 매우 복잡해진다. 그래서 좀 더 조직적인 접근 방법으로 표를 이용한 방법(Tabulation Method)을 고안하게 되었으며 대표적인 방법이 바로 콰인-매클러스키(Quine-McCluskey) 알고리즘이다.

| AB \ CDE | 000 | 001 | 011 | 010 | 110 | 111 | 101 | 100 |
|---|---|---|---|---|---|---|---|---|
| 00 | 0 | 1 | 3 | 2 | 6 | 7 | 5 | 4 |
| 01 | 8 | 9 | 10 | 11 | 14 | 15 | 13 | 12 |
| 11 | 24 | 25 | 27 | 26 | 30 | 31 | 29 | 28 |
| 10 | 16 | 17 | 19 | 18 | 22 | 23 | 21 | 20 |

그림 5-13. 5변수 카르노 맵

| ABC \ DEF | 000 | 001 | 011 | 010 | 110 | 111 | 101 | 100 |
|---|---|---|---|---|---|---|---|---|
| 000 | 0 | 1 | 3 | 2 | 6 | 7 | 5 | 4 |
| 001 | 8 | 9 | 10 | 11 | 14 | 15 | 13 | 12 |
| 011 | 24 | 25 | 27 | 26 | 30 | 31 | 29 | 28 |
| 010 | 16 | 17 | 19 | 18 | 22 | 23 | 21 | 20 |
| 110 | 48 | 49 | 51 | 50 | 54 | 55 | 53 | 52 |
| 111 | 56 | 57 | 59 | 58 | 62 | 63 | 61 | 60 |
| 101 | 40 | 41 | 43 | 42 | 46 | 47 | 45 | 44 |
| 100 | 32 | 33 | 35 | 34 | 38 | 39 | 37 | 36 |

그림 5-14. 6변수 카르노 맵

콰인-매클러스키 알고리즘은 단계별로 적용시켜 가는 특징과 변수가 증가하더라도 조직적으로 계산이 되기 때문에 컴퓨터를 이용한 논리 설계응용에 적합한 방식 중의 하나이다. 그러나 이 방식도 계산 량이 크게 증가하는 등의 단점이 있기 때문에 보다 적절한 선에서 절충하기 위한 방법들이 계속 연구 개발되고 있다.

※ 참고 5-2. 용어 정리

■ Implicant : 카르노 맵에서 모든 가능한 묶음을 말한다. 즉, 독립적으로 고립되어있는 최소항 1개도 될 수 있고 최소항이 여러 개 묶여진 묶음도 될 수 있다.
■ Prime Implicant(주항(主項)) : PI라고도 하며 가능한 묶음 중 가장 큰 것, 다시 말해 더 이상 다른 최소항과 묶여질 수 없는 것을 말한다.
■ Essential PI(필수 주항) : EPI라고도 하며 카르노 맵에서 어떤 한 항(term)을 기준으로 그것에 이웃하는 모든 term들을 모두 커버(cover)할 수 있는 PI를 의미한다.

콰인-매클러스키의 방법은 먼저 주어진 논리 함수의 주항을 구하고 다음에 이 중에서 함수를 표현하기 위해 필요한 최소수의 주항의 그룹을 2진수의 표를 사용하여 A + A′ = 1이 되는 관계에 의해 구하여 논리 함수를 간단화 하는 방법이다. 그러면 콰인-매클러스키의 방법을 예를 들어 설명해보자. 4변수로 된 예는 콰인-매클러스키의 방법의 유리함이 그다지 나타나지 않기 때문에 5변수를 가지는 논리식에 대한 예를 들어보기로 하자.

예제 5-7

F(A, B, C, D, E) = A′BD′E′+ A′B′CD′ + BC′D′E′+ A′B′CE + ABC′D′+ ABC′E + B′C′D′E′ 인 논리 함수를 콰인-매클러스키 방법으로 간소화하라.

(풀이)
단계 1. 논리식을 표준 가법형으로 변환한다.
먼저 표준 가법형으로 논리식을 바꾼다. 만일 논리식을 진리표를 통해 얻은 경우나 그대로 표준가법형인 경우에는 이 단계를 적용시킬 필요가 없다. 앞서 배운 불 공식을 활용하여 다음과 같이 변형한다.

$$F = A'B'(C + C')D'E' + A'B'CD'(E + E') + (A + A')BC'D'E'$$
$$+ A'B'C(D + D')E + ABC'D'(E + E') + ABC'(D + D')E + (A + A')B'C'D'E'$$

이것을 전개하고 중복되는 항을 제거하면 다음과 같은 표준 가법형으로 바꿀 수 있다.

$$F = A'B'C'D'E' + A'B'CD'E' + A'B'CD'E + A'B'CDE + A'BC'D'E' + AB'C'D'E' + ABC'D'E' + ABC'D'E + ABC'DE$$

$$= \Sigma(00000, 00100, 00101, 00111, 01000, 10000, 11000, 11001, 11011)$$

$$= \Sigma(0, 4, 5, 7, 8, 16, 24, 25, 27)$$

단계 2: 주항(Prime Implicant)을 구한다.

주항을 구하기 위해서 먼저 각 최소항을 1이 나타나는 개수에 따라서 상이한 그룹으로 나누어 표5-1(A)와 같이 해당되는 1의 수가 작은 그룹부터 큰 그룹까지 순서대로 아래로 나열한다. 구별이 쉽도록 해당되는 2진수나 10진수를 그 최소항의 표시로 사용한다. 본 예에서는 5자리의 2진수를 쓰는 것은 성가시기 때문에 대응하는 10진수를 사용하고 있다.

그룹으로 나누고 난 다음에는 인접하는(즉, 1의 개수가 하나만 차이가 나는 것의 조합) 그룹 내의 각항을 비교하여서 새로운 그룹으로 묶고, 1과 0이 충돌하는 해당 비트 위치는 - 표시를 해둔다. 비교가 된 것은 다음에 혼돈을 피하기 위해 5-1(A)와 같이 비고란에 v 표시를 해둔다. 이렇게 해서 구한 새로운 표가 5-1(B)에 나타나 있다. 다음 단계는 5-1(B)에서 구한 방법과 비슷하게 인접한 그룹간의 비교 동작을 수행하되 이번에는 - 표시가 같은 비트위치에 있는 것을 묶고 만약 대응 비트 1과 0이 충돌하는 것이 있으면 5-1(B)를 구할 때와 마찬가지로 - 표시를 역시 한다. 비교 대상이 된 것은 역시 비고란에 ∨ 표시를 해두어서 혼돈을 피한다. 이상의 과정을 마지막 그룹까지 적용하고 더 이상 소거할 항이 없을 경우 이 과정을 종료한다.

이제 주항을 구할 수 있는데 표5-1(A)(B)(C)의 각 비고란에 ∨ 표시가 없는 항이 바로 주항이 된다.

표 5-1. 주항을 구하는 단계 설명 - (A) 주항을 구하는 첫 단계

| | A | B | C | D | E | 비고 |
|---|---|---|---|---|---|---|
| 0 | 0 | 0 | 0 | 0 | 0 | ∨ |
| 4 | 0 | 0 | 1 | 0 | 0 | ∨ |
| 8 | 0 | 1 | 0 | 0 | 0 | |
| 16 | 1 | 0 | 0 | 0 | 0 | |
| 5 | 0 | 0 | 1 | 0 | 1 | ∨ |
| 24 | 1 | 1 | 0 | 0 | 0 | |
| 7 | 0 | 0 | 1 | 1 | 1 | ∨ |
| 25 | 1 | 1 | 0 | 0 | 1 | |
| 27 | 1 | 1 | 0 | 1 | 1 | ∨ |

표 5-2. 주항을 구하는 단계 설명 - (B) 주항을 구하는 두 번째 단계

| | A | B | C | D | E | 비고 |
|---|---|---|---|---|---|---|
| 0, 4 | 0 | 0 | - | 0 | 0 | |
| 0, 8 | 0 | - | 1 | 0 | 0 | ∨ |
| 0, 16 | - | 1 | 0 | 0 | 0 | ∨ |
| 4, 5 | 0 | 0 | 1 | 0 | - | |
| 8, 24 | - | 1 | 0 | 0 | 0 | ∨ |
| 16, 24 | 1 | - | 0 | 0 | 0 | ∨ |
| 5, 7 | 0 | 0 | 1 | 1 | 1 | |
| 24, 25 | 1 | 1 | 0 | - | - | |
| 25, 27 | 1 | 1 | 0 | 1 | 1 | ∨ |

표 5-3. 주항을 구하는 단계 설명 - (C) 주항을 구하는 세 번째 단계

| | A | B | C | D | E | 비고 |
|---|---|---|---|---|---|---|
| 0, 8, 16, 24 | - | - | 0 | 0 | 0 | |

이제 표 5-1로부터 구하는 주항은 A′B′D′E′, A′B′CD′, A′B′CE, ABC′D′, ABC′E, C′D′E′ 가 된다.

단계 3. 주항을 선택한다.

이제 적절한 주항들을 선별하여 논리 간소화를 수행하는데 먼저 다음과 같이 행에 주항을 열거하고, 각 열에 최소항 번호를 기입하여 주항의 선택을 위한 기초 표를 만든다.

표 5-4. 주항의 선택을 위한 선택표 작성(기초 표)

| | 0 | 4 | 5 | 7 | 8 | 16 | 24 | 25 | 27 |
|---|---|---|---|---|---|---|---|---|---|
| A′B′D′E′ | | | | | | | | | |
| A′B′CD′ | | | | | | | | | |
| A′B′CE | | | | | | | | | |
| ABC′D′ | | | | | | | | | |
| ABC′E | | | | | | | | | |
| C′D′E′ | | | | | | | | | |

이와 같이해서 표가 완성되면 다음에 해당 주항이 어느 최소항으로부터 구해졌는지를 표 5-1로부터 역추적 하여 각각 해당되는 최소항과 교차하는 점에 표시를 해둔다. 예를 들면 주항 A′B′D′E′는 최소항 0과 4로부터 왔기 때문에 A′B′D′E′와 0과 4가 만나는 열에 각각 ∨표시를 한다. 이와 같이 모든 주항에 대해 마크를 완료하고 난 후에는 표와 같이 나타난다.

표 5-5. 역추적후의 체크 상태를 보여주는 표

| | 0 | 4 | 5 | 7 | 8 | 16 | 24 | 25 | 27 |
|---|---|---|---|---|---|---|---|---|---|
| A′B′D′E′ | ∨ | ∨ | | | | | | | |
| A′B′CD′ | | ∨ | ∨ | | | | | | |
| A′B′CE | | | ∨ | ∨ | | | | | |
| ABC′D′ | | | | | | | ∨ | ∨ | |
| ABC′E | | | | | | | | ∨ | ∨ |
| C′D′E′ | ∨ | | | | ∨ | ∨ | ∨ | | |

각 최소항에 대응하는 열중에 1개밖에 ∨표를 포함하지 않는 경우는 그 ∨표에 대한 주항은 필수항(essential term)이 되므로 생략할 수 없다. 이런 주항을 찾는 것이 다음 단계가 된다. 이 예에서는 최소항 7에 대응하는 주항인 A′B′CE와 8과 16에 대응하는 C′D′E′주항, 그리고 27에 대응되는 주항 ABC′E가 필수항이 된다. 이제 필수항이 구해졌으면 필수항을 중심으로 각 필수항에 대응하는 최소항들을 체크해나간다. 각 필수항에 대응하지 않고 남게 되는 최소항은 4밖에 없으며 최소항 4와 교차하는 주항은 A′B′D′E′와 A′B′CD′가 되며 이 2개중에 임의로 하나를 취하여 지금까지 구한 필수항에 더해버리면 모든 과정이 끝난다.

따라서 이상의 예에서 간소화된 논리식은

F=A′B′CE + C′D′E′ + ABC′E + A′B′D′E′

또는 F = A′B′CE + C′D′E′ + ABC′E + A′B′CD′가 된다.

# 5장 연습 문제

1. 다음 논리식 표현에 대한 간소화를 카르노 맵을 이용하여 수행하시오.
   (1) F(A, B, C) = Σ(0, 2, 4, 7)
   (2) F(A, B, C) = Σ(1, 2, 3, 4)
   (3) F(A, B, C, D) = Σ(1, 3, 4, 9, 12, 13, 14)
   (4) F(A, B, C, D) = Σ(1, 3, 5 ,7, 9, 11, 13, 15)
2. 카르노 맵을 이용하여 다음의 논리식을 간소화하시오.
   (1) F = ABC + A′B′C′ + A′B′C + AB′C
   (2) F = A′B′C + ABD + ABCD + AB′CD′
   (3) F = ABCD + AB + AC + ABD + A′B′C′D′
3. 다음 논리식의 맵을 그려라
   (1) F = AB + CD
   (2) F = ABC
   (3) F = AB′ + CD′
4. 다음의 논리식을 콰인-매클라스키의 알고리즘으로 간소화하시오.
   (1) F(A, B, C) = Σ(0, 2, 4, 7)
   (2) F(A, B, C) = Σ(1, 2, 3, 4)
   (3) F(A, B, C, D) = Σ(1, 3, 4, 9, 12, 13, 14)
   (4) F(A, B, C, D) = Σ(1, 3, 5, 7, 9, 11, 13, 15)
   (5) F(A, B, C, D, E) = Σ(0, 2, 3, 5, 7, 9, 12, 19, 22, 25, 28, 29, 30)
   (6) F(A, B, C, D, E, F) = Σ(1, 8, 9, 13, 19, 24, 31, 38, 49, 52, 58, 59, 60)
5. 위 문제 4번을 맵을 이용하여 간소화하고 4번의 결과와 비교하시오.
6. 입력이 3개이고 출력이 1개인 디지털 시스템이 있다. 이 디지털 시스템은 3개의 입력 값들 중 1이 다수 일 때 출력이 1이 된다. 즉, 다수결을 가리는 동작을 한다고 한다. 이에 대한 진리표를 작성하고, 카르노 맵을 사용하여 논리 간소화를 수행한 다음, 디지털 회로를 설계하시오.
7. 3개의 입력을 받아 기수 패리티에 대한 패리티 비트를 생성해내는 회로를 논리 간소화를 병행하여 설계하시오.
8. 4개의 입력을 받아 기수 패리티에 대한 패리티 비트를 생성해내는 회로를 논리 간소화를 병행하여 설계하시오.

# 6. 조합 회로 설계

※ 학습목표

조합 회로를 이해하고 다양한 조합 회로를 설계능력을 학습한다.

■ 세부목표

(1) 조합 회로와 순서회로의 차이점

(2) 조합 회로의 설계 절차

(3) 가산기와 감산기 설계

(4) 코드 변환기 설계

(5) 설계된 조합 회로의 해석

(6) 논리식의 조작 방법

## 6.1. 조합 회로의 개념

디지털 회로는 크게 조합 회로와 순서 회로로 구분할 수 있는데 조합 회로(Combinational Circuits)는 이미 우리가 앞장에서 배워온 회로라 생각할 수 있겠다. 다시 말하면 조합 회로란 진리표나 논리식으로부터 바로 표현되어 설계되어 질 수 있는 회로로서 기본 논리 게이트의 조합으로 설계되어 질 수 있다. 이와는 달리 순서 회로(Sequential Circuits)는 시간(Timing)에 대한 개념과 함께 현재, 과거에 따른 회로 개념으로 생각할 수 있다. 즉, 디지털 회로의 출력이 단지 현재의 입력 값에 따르는 조합 회로와는 달리 과거의 입력 값도 출력에 영향을 주는 회로를 말한다.

디지털 회로
- 조합회로 : 입력과 출력을 가진 논리게이트의 집합으로서 출력의 값은 디지털 회로 입력의 0과 1의 조합 함수
- 순차회로 : 게이트뿐만 아니라 플립플롭(flip-flop)과 같은 기억회로를 포함

그림 6-1. 디지털 회로의 분류

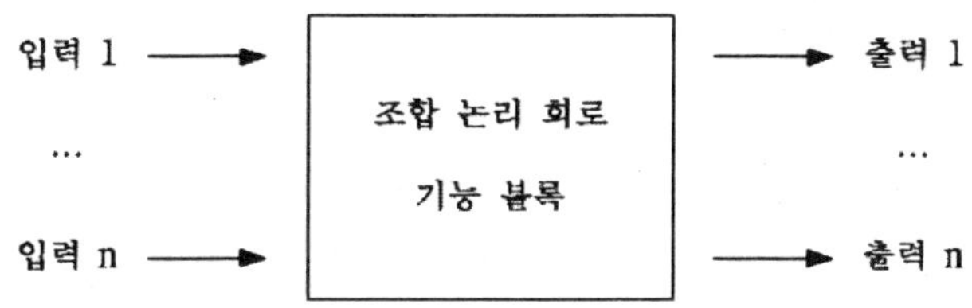


그림 6-2. 조합 회로의 블록도

[그림 6-2]에서 $2^n$개의 가능한 조합이 입력되고 각 입력조합에 대하여 하나의 출력조합이 나오게 된다. 이 조합 회로에서 m개의 불 함수가 표시될 수 있고 각 출력함수는 n개의 입력변수의 항으로 표시된다.

# 6.2. 조합 회로 설계 절차

조합 회로의 설계는 설계 사양으로부터 여러 단계를 거쳐 논리 회로도 완성의 최종 단계로 끝난다. 설계 절차(Design Procedure)는 다음과 같다.

단계 1. 설계를 위한 설계 사양(문제)이 설계자에게 제시된다.
단계 2. 입/출력 개수와 변수를 파악한다.
단계 3. 입력과 출력변수에 문자기호를 붙인다.
단계 4. 입력과 출력 사이의 관계를 정의하는 진리표를 유도한다.
단계 5. 각 출력에 대한 간소화된 불 함수를 얻는다.
단계 6. 논리다이어그램을 그린다.

# 6.3. 가산기와 감산기 설계

## 6.3.1. 반가산기

반가산기(Half-Adder)는 2개의 입력 비트를 서로 산술적으로 더하는 조합 회로이다. 반면에 전가산기(Full-Adder)는 비트 두 개와 밑의 자리로부터 올라오는 캐리(Carry)까지 고려하여 비트 세 개를 가산하는 조합 회로이다. 그러므로 2개의 반가산기로 전가산기가 구성됨을 알 수 있다.

그러면 먼저 반가산기를 설계해보자. 두 개의 비트를 x, y라 할 때 가산을 위한 진리표는 [표 6-1]과 같이 된다.

표 6-1. 반가산기의 진리표

| 입력 | | 출력 | |
|---|---|---|---|
| x | y | C | S |
| 0 | 0 | 0 | 0 |
| 0 | 1 | 0 | 1 |
| 1 | 0 | 0 | 1 |
| 1 | 1 | 1 | 0 |

[표 6-1]에서 C는 캐리이고, S는 합을 말한다. 이 진리표로부터 논리식을 구하면

$$S = x'y + xy' = x \oplus y$$
$$C = xy$$

와 같다. 이 식은 더 이상 간소화할 수 없으므로 곧 바로 논리 다이어그램을 그리면 되는데 이에 대해 다양한 방식으로 상이하게 설계한 논리 회로도는 [그림 6-3]과 같다.

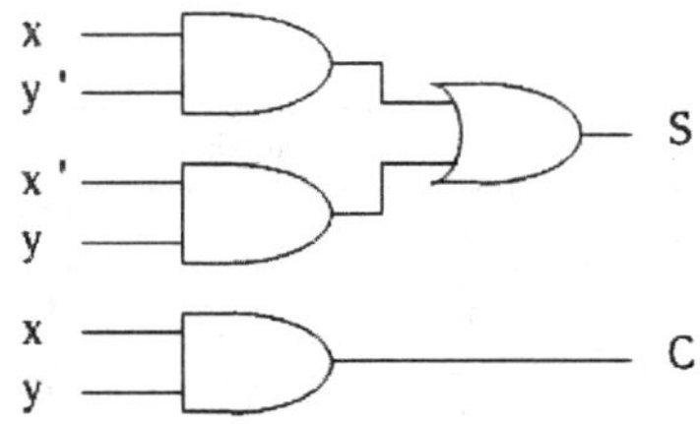


(A) S=xy ' +x ' y, C=xy
SSOP로 설계한 경우

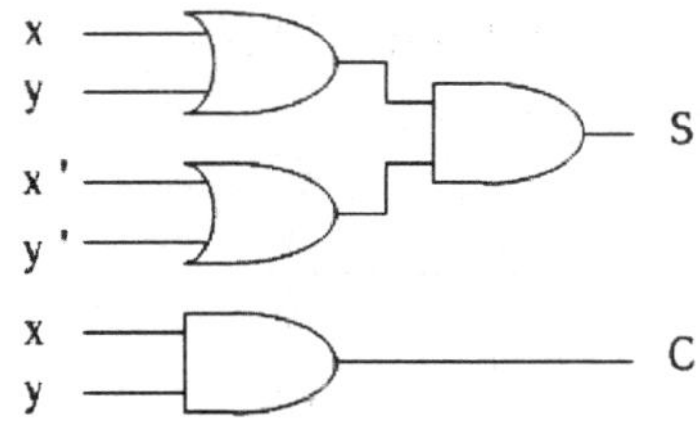


(B) S=(x+y)(x ' +y ' ), C=xy
SPOS로 설계한 경우

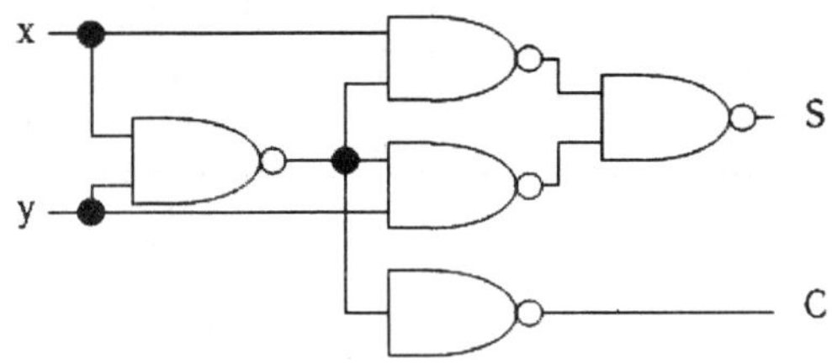


(C) NAND 게이트로 설계한 경우

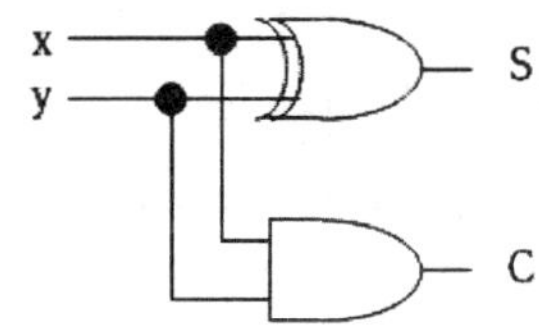


(D) XOR 게이트로 설계한 경우

그림 6-3. 반가산기의 논리 회로도

## 6.3.2. 전가산기

전가산기는 3개의 입력 비트의 합을 구하는 회로로서 진리표는 [표 6-2]와 같이 된다. 여기서 z는 밑의 자리에서 올라오는 캐리이고, 출력 중 C는 다음 자리로 올라가는 캐리이다. 이제 앞장에서 배운 지식으로 출력 S와 C를 논리식으로 표현할 수 있고, 되도록 최소의 게이트로 설계하여야하므로 간소화 방법을 적용하여 논리식을 간소화시킨다. [표 6-2]와 [그림 6-4]는 맵을 적용한 표와 그림이다.

표 6-2. 전가산기의 진리표

| 입력 | | | 출력 | |
|---|---|---|---|---|
| x | y | z | C | S |
| 0 | 0 | 0 | 0 | 0 |
| 0 | 0 | 1 | 0 | 1 |
| 0 | 1 | 0 | 0 | 1 |
| 0 | 1 | 1 | 1 | 0 |
| 1 | 0 | 0 | 0 | 1 |
| 1 | 0 | 1 | 1 | 0 |
| 1 | 1 | 0 | 1 | 0 |
| 1 | 1 | 1 | 1 | 1 |

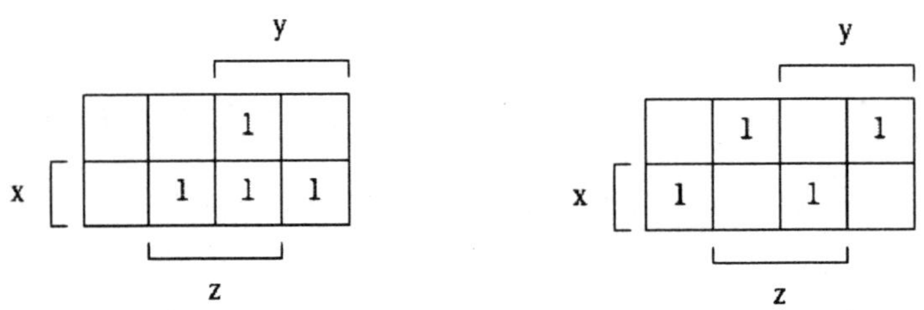


(A) C에 대한 카르노 맵 (A) S에 대한 카르노 맵

그림 6-4. 전가산기의 카르노 맵

이상의 결과로부터 S는

$$
\begin{aligned}
S &= x'y'z + x'yz' + xy'z' + xyz \\
&= z(xy + x'y') + z'(xy' + x'y) \\
&= z(xy' + x'y)' + z'(xy' + x'y) \\
&= z \oplus (x \oplus y)
\end{aligned}
$$

가 되므로 exclusive-OR로 표현할 수 있고, C는 여러 방법으로 묶을 수 있으나 S의 exclusive-OR게이트를 그대로 이용하기 위하여 다음과 같이 생각할 수 있다.

$C = xy + (x'y + xy')z$

그런데 $x'y + xy' = x \oplus y$이므로 전가산기의 출력은

$S = x \oplus y \oplus z$
$C = xy + (x \oplus y)z$

이것을 논리 회로로 표시한 것이 [그림 6-5]이다.

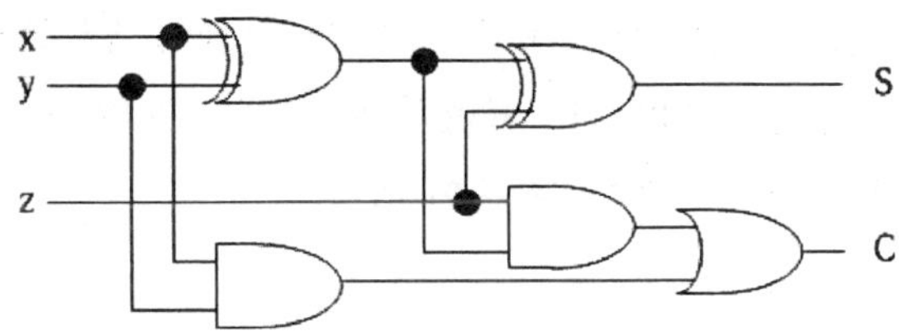


그림 6-5. 전가산기회로

전가산기는 앞에서 배운 반가산기를 이용하여 회로 구성을 할 수 도 있는데 이 경우에는 반가산기 2개를 사용하여 처음에 x와 y의 가산을 하고 이것과 z를 가산하는 형태로 이루어진다.

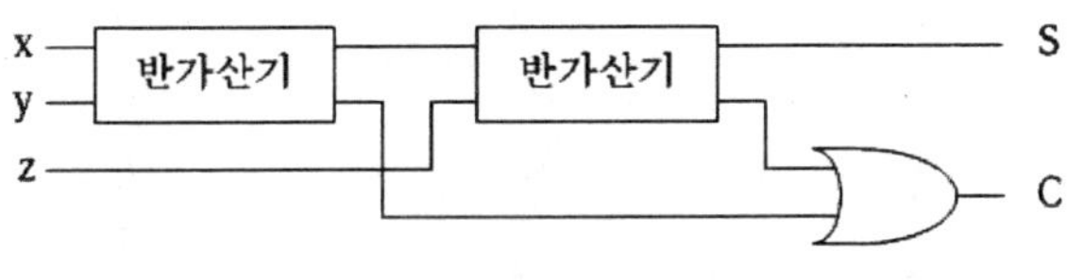


그림 6-6. 반가산기 2개를 사용한 전가산기

### 6.3.3. 전감산기

전감산기(Full-Subtractor)는 3개의 입력비트를 갖고 있다. 그 중 2개는 각각 입력데이터이고, 하나는 밑의 자리에 빌려준 비트이다. 진리표는 [표 6-3]처럼 된다. 여기서 z는 전에 밑의 자리에 빌려준 비트를 말한다. 출력 D는 차를 의미하며, B는 빌려온(Borrow)로서 위의 자리로부터 빌린 것을 의미한다.

표 6-3에서 x=0, y=0, z=1인 경우를 예로 생각해보면 이것은 x-y-z와 마찬가지로

위 자리로부터 빌려야 한다. 즉, B=1이 되어야 하고 빌려준 것이 10이므로 10진수로 2를 x에 더한다. 2로부터 z를 빼므로 2-1=1이 되고, 또 y를 빼야 되므로 1-0=1이 D(差)의 값이다.

표에서 D는 전가산기의 S와 동일하고, 또 B는 카르노 맵 방법으로 간소화시키면 된다.

$$D = x \oplus y \oplus z$$

$$K = x'y + x'z + yz$$

B가 전가산기의 C와 다른 점은 x를 보수한 것만이 다르다. 디지털 컴퓨터에서 전감산기를 거의 사용하지 않는다. 왜냐하면 감수를 2의 보수로 바꾸어 가산하면 뺄셈과 같은 결과를 얻을 수 있기 때문이다.

표 6-3. 전감산기의 진리표

| 입력 | | | 출력 | |
|---|---|---|---|---|
| x | y | z | B | D |
| 0 | 0 | 0 | 0 | 0 |
| 0 | 0 | 1 | 1 | 1 |
| 0 | 1 | 0 | 1 | 1 |
| 0 | 1 | 1 | 1 | 0 |
| 1 | 0 | 0 | 0 | 1 |
| 1 | 0 | 1 | 0 | 0 |
| 1 | 1 | 0 | 0 | 0 |
| 1 | 1 | 1 | 1 | 1 |

표 6-3에 따라 논리 회로를 구성해보면 그림 6-7과 같이 된다.

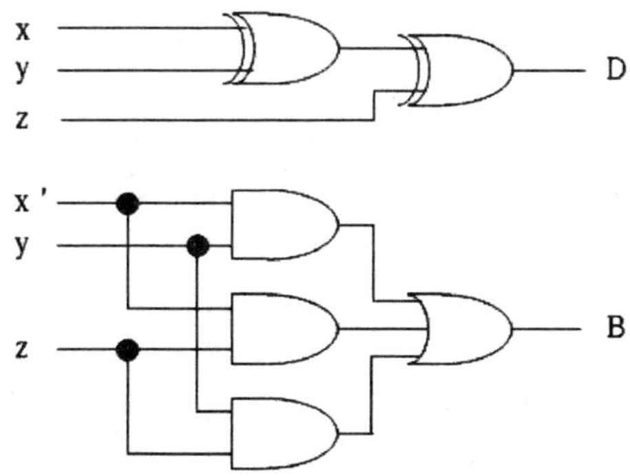


그림 6-7. 전감산기의 논리 회로도

## 6.4. 코드 변환기

이 절에서는 실제적인 조합 논리 회로 설계 예제로서 우리가 3장에서 다루었던 각종 코드들의 상호간 변환을 수행하는 코드 변환기를 설계해보도록 하자. 먼저 BCD 코드를 3초과 코드로 변환하는 논리 회로부터 예를 들어보자.

### 6.4.1. BCD-3초과 코드 변환기 설계

BCD 코드를 3초과 코드로 변환하는 논리 회로를 BCD-3초과 코드 변환기라고 한다. 입력은 BCD코드에 해당하는 4비트가 입력되고 출력은 3초과 코드에 해당하는 4비트가 출력이 된다. 이것을 블록도로 그려보면 [그림 6-8]과 같다.

그림 6-8. BCD-3초과 코드로 변환하는 시스템의 기능 블록도

BCD-3초과 코드 변환기 설계를 위해 진리표를 작성하면 [표 6-4]와 같다.

표 6-4. BCD-3초과 코드 변환기 진리표

| 10진수 | 입력(BCD 코드) | | | | 출력(3-초과 코드) | | | |
|---|---|---|---|---|---|---|---|---|
| | A | B | C | D | w | x | y | z |
| 0 | 0 | 0 | 0 | 0 | 0 | 0 | 1 | 1 |
| 1 | 0 | 0 | 0 | 1 | 0 | 1 | 0 | 0 |
| 2 | 0 | 0 | 1 | 0 | 0 | 1 | 0 | 1 |
| 3 | 0 | 0 | 1 | 1 | 0 | 1 | 1 | 0 |
| 4 | 0 | 1 | 0 | 0 | 0 | 1 | 1 | 1 |
| 5 | 0 | 1 | 0 | 1 | 1 | 0 | 0 | 0 |
| 6 | 0 | 1 | 1 | 0 | 1 | 0 | 0 | 1 |
| 7 | 0 | 1 | 1 | 1 | 1 | 0 | 1 | 0 |
| 8 | 1 | 0 | 0 | 0 | 1 | 0 | 1 | 1 |
| 9 | 1 | 0 | 0 | 1 | 1 | 1 | 0 | 0 |

[표 6-4]에서 알 수 있는 바와 같이 입력이 4개이므로 16개의 조합이 가능하지만 10진수 10에서 15까지는 사용하지 않기 때문에 최소항 $m_{10}$~$m_{15}$는 이른바 don't care 조건이므로 맵에서는 ×로 표시하여 맵을 이용한 논리식 간소화에 사용할 수 있다.

[그림 6-9]는 이에 대한 맵을 이용한 간소화 과정을 보이고 있다.

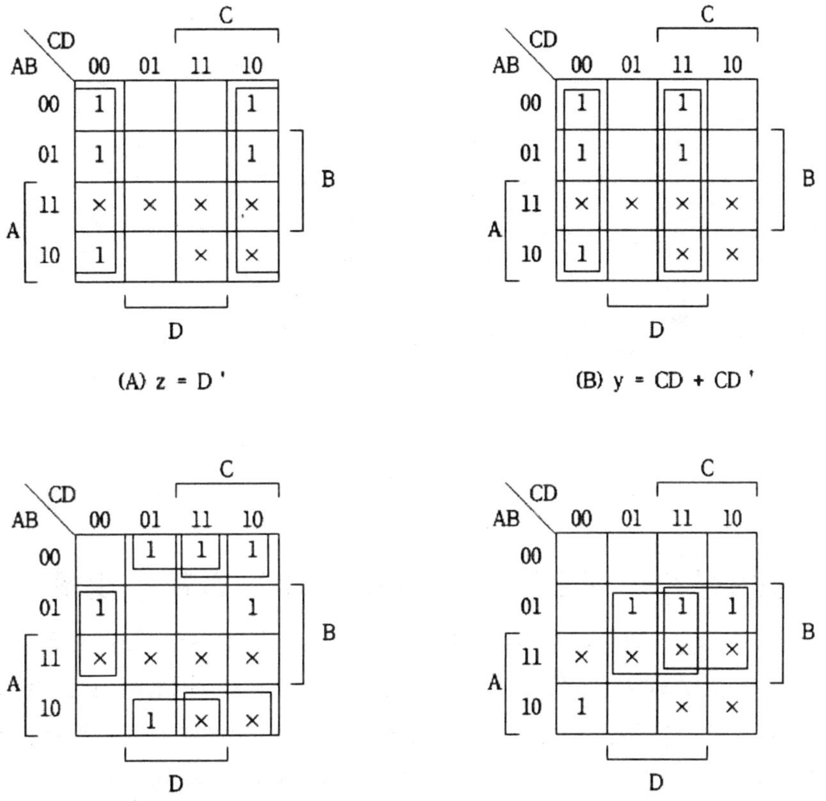

(A) z = D'　(B) y = CD + CD'

(C) x=B'C + B'D + BC'D'　(D) w = A + BC + BD

그림 6-9. 맵을 이용한 BCD-3초과 코드 변환기의 논리 간소화 과정

이 결과로부터 최소화된 논리식을 구하면 다음과 같이 된다. 이때 최소의 게이트로 논리 회로를 구현하기 위해 (C + D)항을 공통으로 묶어 활용하고 있다.

$w = A + BC + BD = A + B(C + D)$

$x = B'C + B'D + BC'D' = B'(C + D) + BC'D' = B'(C + D) + B(C + D)'$

$y = CD + C'D' = CD + (C + D)'$

$z = D'$

이에 대한 논리 회로도를 그리면 다음과 같이 INVERTOR와 AND 그리고 OR 게이트로 구현할 수 있다.

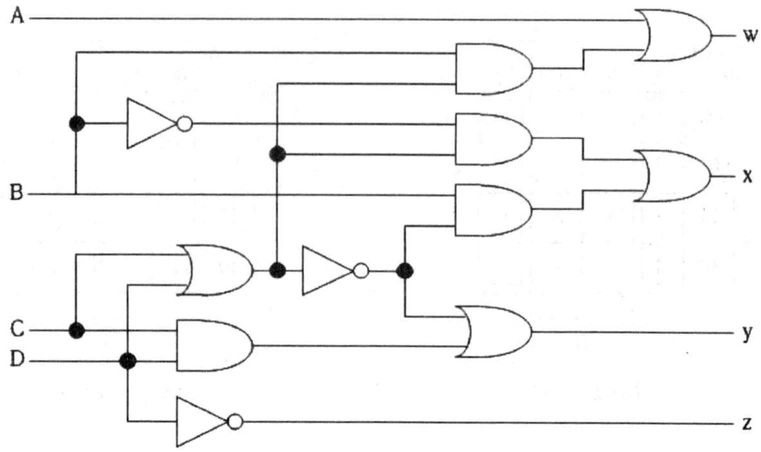


그림 6-10. BCD-3초과 코드 변환기의 논리 다이어그램

## 6.4.2. 전가산기를 이용한 BCD-3초과 코드 변환기 설계

BCD-3초과 코드 변환기를 이번에는 앞에서 배운 전가산기를 사용하여 설계하는 방법을 한번 고려해보자. 이 경우 BCD 코드 + $(0011)_2$ = 3초과 코드가 되므로 가산기로 설계할 수 있겠다. 다만 1비트의 가산이 아닌 4비트씩의 가산이란 점에 주의하여야한다. 4비트 전가산기는 아직 다루지 않았으나 1비트 전가산기를 사용하여 쉽게 확장할 수 있다. 4비트 전가산기는 입력 $A_4A_3A_2A_1$과 $B_4B_3B_2B_1$을 더하여 $C_5S_4S_3S_2S_1$을 출력하는데 첫째 단에 캐리입력 $C_1$이 필요하고, 마지막 단에서 캐리출력 $C_5$가 나타난다. 이에 대한 기능 블록도와 대응하는 논리 회로는 [그림 6-11]과 같다.

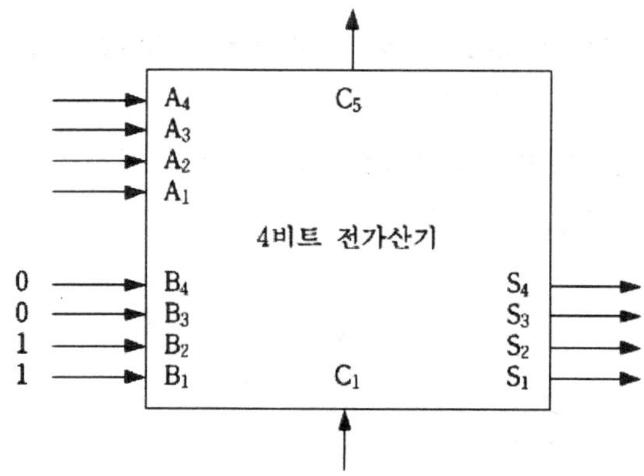


(A) 4비트 전가산기의 기능 블록도

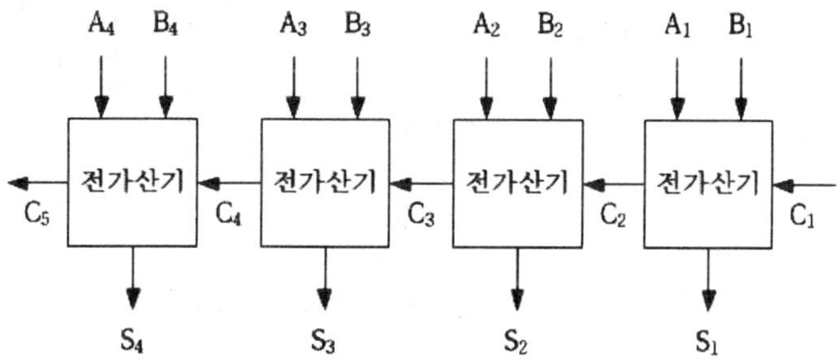


(B) 4비트 전가산기의 논리 회로도

그림 6-11. 4비트 전가산기의 기능 블록도와 논리 회로도

[그림 6-11]과 같이 피가수와 가수 A, B의 비트들이 동시에 입력되어 전가산기의 출력 자리 올림수는 바로 다음 단의 전가산기의 입력 자리 올림수로 동작한다. 따라서 이와 같은 4비트 전가산기를 4비트 병렬 2진가산기라고도 부른다. 7장에서 보다 복잡한 조합 논리 회로 설계법에서 설명이 되겠지만 처음부터 진리표를 바로 써서 4비트 전가산기를 설계하려면 입력이 모두 9개가 되기 때문에 512개의 입력 조합이 요구되어 매우 복잡하게 된다. 그래서 이미 우리가 설계한 1비트의 전가산기를 4개 반복하여 사용하여 보다 용이하게 회로를 설계할 수 있으며 실제로 논리 회로 설계자들은 이와 같은 방식을 취하며 특히 CAD 툴을 사용하는 경우 몇 개의 중요한 기본 기능회로(예를 들면 1비트 가산기, 승산기, ALU 등)는 라이브러리 형태로 최적화 설계되어 논리 설계자들에게 제공되고 라이브러리에 포함되지 않은 것은 추가로 설계하여 포함시킬 수 있게 되어 있다. 이와 같이 논리 회로를 설계하

는 방식을 SSI(Small Scale Integrated circuits), MSI(Medium Scale Integrated circuits)를 이용한 설계방법이라고도 부르는 경우도 있다.

이제 BCD-3초과 코드 변환기를 4비트 전가산기를 사용하여 쉽게 설계할 수 있다. 즉, 다음과 같이 설계할 수 있을 것이다.

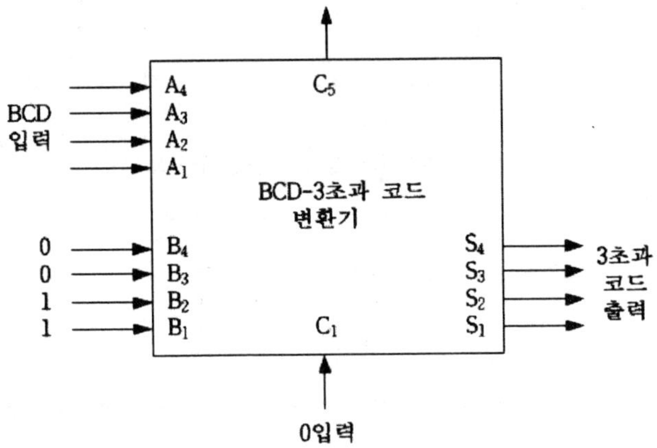


그림 6-12. 4비트 전가산기를 이용한 BCD-3초과 코드 변환기

### 6.4.3. 2진 코드-그레이 코드 변환기 설계

2진 코드를 그레이 코드로 변환하는 변환기를 설계해 보자. 진리표를 작성하면 [표 6-5]와 같이 된다.

표 6-5. 2진 코드-그레이 코드 변환 진리표

| 10진수 | 2진 코드 | | | | 그레이 코드 | | | |
|---|---|---|---|---|---|---|---|---|
| | $b_3$ | $b_2$ | $b_1$ | $b_0$ | $G_3$ | $G_2$ | $G_3$ | $G_4$ |
| 0 | 0 | 0 | 0 | 0 | 0 | 0 | 0 | 0 |
| 1 | 0 | 0 | 0 | 1 | 0 | 0 | 0 | 1 |
| 2 | 0 | 0 | 1 | 0 | 0 | 0 | 1 | 1 |
| 3 | 0 | 0 | 1 | 1 | 0 | 0 | 1 | 0 |
| 4 | 0 | 1 | 0 | 0 | 0 | 1 | 1 | 0 |
| 5 | 0 | 1 | 0 | 1 | 0 | 1 | 1 | 1 |
| 6 | 0 | 1 | 1 | 0 | 0 | 1 | 0 | 1 |
| 7 | 0 | 1 | 1 | 1 | 0 | 1 | 0 | 0 |
| 8 | 1 | 0 | 0 | 0 | 1 | 1 | 0 | 0 |
| 9 | 1 | 0 | 0 | 1 | 1 | 1 | 0 | 1 |
| 10 | 1 | 0 | 1 | 0 | 1 | 1 | 1 | 1 |
| 11 | 1 | 0 | 1 | 1 | 1 | 1 | 1 | 0 |
| 12 | 1 | 1 | 0 | 0 | 1 | 0 | 1 | 0 |
| 13 | 1 | 1 | 0 | 1 | 1 | 0 | 1 | 1 |
| 14 | 1 | 1 | 1 | 0 | 1 | 0 | 0 | 1 |
| 15 | 1 | 1 | 1 | 1 | 1 | 0 | 0 | 0 |

진리표에 따라 2진 코드를 그레이 코드로 변환하는 디지털 시스템을 설계해보자. 이 경우의 카르노 맵은 그림 6-13와 같다.

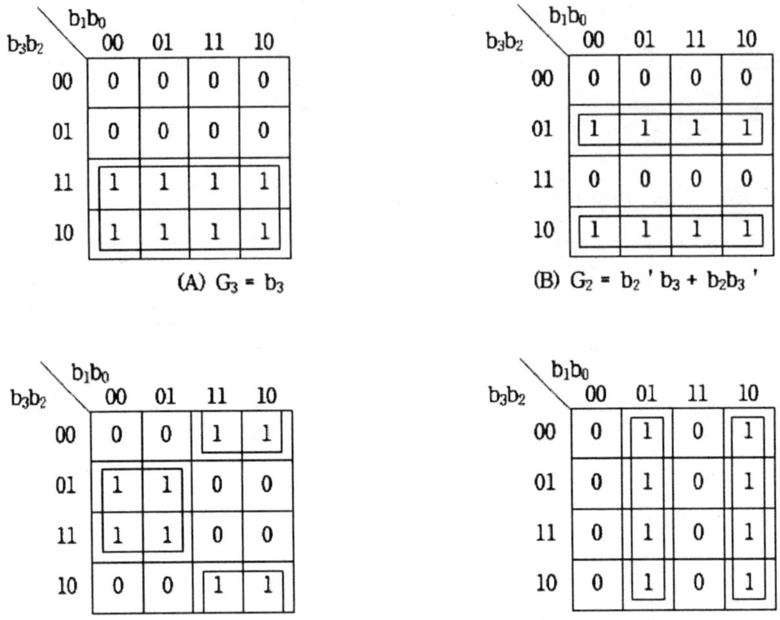

(A) $G_3 = b_3$

(B) $G_2 = b_2{}'b_3 + b_2b_3{}'$

(C) $G_1 = b_1{}'b_2 + b_1b_2{}'$

(D) $G_0 = b_0{}'b_1 + b_0b_1{}'$

그림 6-13. 2진 코드-그레이 코드 변환기의 카르노 맵

따라서 간소화된 논리식은 $G_3 = b_3$, $G_2 = b_2 \oplus b3$, $G_1 = b_1 \oplus b_2$, $G_0 = b_0 \oplus b_1$ 이 된다. 이에 대한 논리 다이어그램을 그리면 [그림 6-14]와 같이 된다.

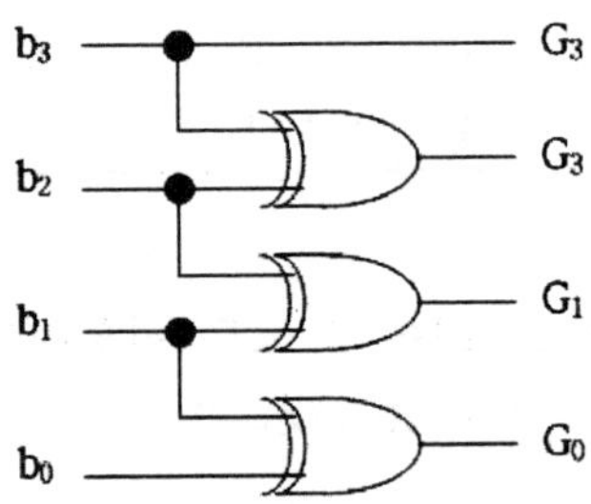


그림 6-14. 2진 코드-그레이 코드 변환기의 논리 회로도

## 6.4.4. 그레이 코드-2진 코드 변환기 설계

이번에는 반대로 그레이 코드를 2진 코드로 변환하는 디지털 시스템을 설계해보기로 하자. 진리표는 [표 6-5]를 참고하는데, 입력과 출력이 바뀌게 될 것이다. 이

에 대한 카르노 맵은 다음과 같다.

| $b_3b_2$ \ $b_1b_0$ | 00 | 01 | 11 | 10 |
|---|---|---|---|---|
| 00 | 0 | 0 | 0 | 0 |
| 01 | 0 | 0 | 0 | 0 |
| 11 | 1 | 1 | 1 | 1 |
| 10 | 1 | 1 | 1 | 1 |

(A) $b_3 = G_3$

| $b_3b_2$ \ $b_1b_0$ | 00 | 01 | 11 | 10 |
|---|---|---|---|---|
| 00 | 0 | 0 | 0 | 0 |
| 01 | 1 | 1 | 1 | 1 |
| 11 | 0 | 0 | 0 | 0 |
| 10 | 1 | 1 | 1 | 1 |

(B) $b_2 = G_3 \oplus G_2$

| $b_3b_2$ \ $b_1b_0$ | 00 | 01 | 11 | 10 |
|---|---|---|---|---|
| 00 | 0 | 0 | 1 | 1 |
| 01 | 1 | 1 | 0 | 0 |
| 11 | 0 | 0 | 1 | 1 |
| 10 | 1 | 1 | 0 | 0 |

(C) $b_1 = G_3 \oplus G_1 \oplus G_2$

| $b_3b_2$ \ $b_1b_0$ | 00 | 01 | 11 | 10 |
|---|---|---|---|---|
| 00 | 0 | 1 | 0 | 1 |
| 01 | 1 | 0 | 1 | 0 |
| 11 | 0 | 1 | 0 | 1 |
| 10 | 1 | 0 | 1 | 0 |

(D) $b_0 = b_1 \oplus G_0$

그림 6-15. 그레이 코드-2진 코드 변환기의 카르노 맵

이에 따른 논리 회로도는 [그림 6-16]과 같다.

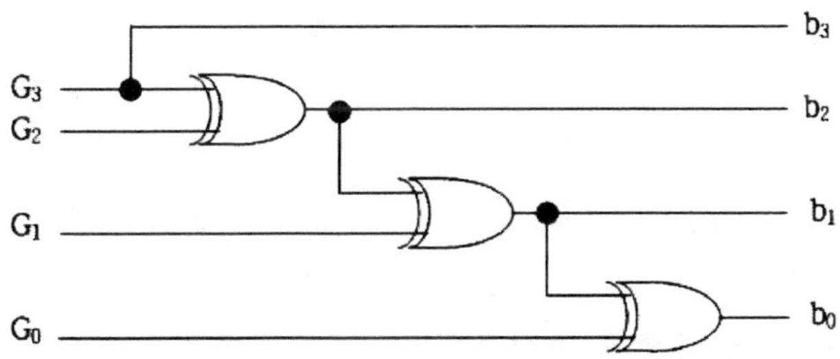


그림 6-16. 그레이 코드-2진 코드 변환기의 논리 회로도

## 6.5. 패리티 비트 발생기와 검사기의 설계

패리티 비트란 3장에서 설명한 바와 같이 정보의 송수신에서 오류가 발생하였는지 여부를 수신측에서 알아보기 위하여 원래의 정보에 부가하는 잉여 비트를 말하며 패리티 비트 첨가 방법에는 기수 패리티와 우수 패리티가 있다. 즉, 기수 패리티란 송신 정보에 해당하는 비트 그룹과 부가하게 되는 패리티 비트를 전부 고려하여 전체적으로 1의 개수가 홀수가 되도록 패리티 비트를 첨가하는 것을 의미하고, 우수 패리티란 1의 개수가 짝수가 되도록 패리티 비트를 첨가하는 것을 말한다. 이렇게 패리티 비트를 이용하여 오류를 검사하는 방식을 패리티 검사 방식이라 하며 오류 발생확률이 낮은 경우에 간단히 사용할 수 있는 방식이다.

그러면 패리티 비트를 만들어내는 조합 회로를 설계하여보자. 여기서는 3개의 입력 비트에 대해 각각 우수/기수 패리티 비트를 만들어내는 회로를 설계한다. 그러므로 출력은 우수 또는 기수 패리티비트가 된다. 진리표는 [표 6-6]과 같다.

표 6-6. 3개의 입력 비트에 대한 기수(PO) 및 우수(PE) 패리티 발생기의 진리표

| 10진수 | 입력 | | | 출력 | |
|---|---|---|---|---|---|
| | x | y | z | PE | PO |
| 0 | 0 | 0 | 0 | 0 | 1 |
| 1 | 0 | 0 | 1 | 1 | 0 |
| 2 | 0 | 1 | 0 | 1 | 0 |
| 3 | 0 | 1 | 1 | 0 | 1 |
| 4 | 1 | 0 | 0 | 1 | 0 |
| 5 | 1 | 0 | 1 | 0 | 1 |
| 6 | 1 | 1 | 0 | 0 | 1 |
| 7 | 1 | 1 | 1 | 1 | 0 |

이에 대한 논리식은 다음과 같이

$PE(x, y, z) = \Sigma(1, 2, 4, 7)$

$PO(x, y, z) = \Sigma(0, 3, 5, 6)$

가 되며 이를 카르노 맵을 사용하여 설계하면 [그림 6-17]과 같다.

(A) PE = x⊕y⊕z = x⊙y⊙z (B) PO = (x⊕y⊕z)' = x⊕y⊙z = x⊙y⊕z

그림 6-17. 3개의 입력 비트에 대한 기수(PO) 및 우수(PE) 패리티 발생기

4장에서 배타적 OR 및 배타적 NOR(일치 회로)에 대한 제반 정리가 소개되었으며 정리하면 다음과 같으며 이 결과들을 논리 다이어그램 작성할 때 유용한 수식으로 사용한다.

※ 참고 6-1. 배타적 OR 및 NOR에 관련된 유용한 공식들

- A⊕1 = A′
- (A⊕B)′ = A⊙B
- A⊕B⊕C = A⊙B⊙C
- A⊕B⊕C⊕D = (A⊙B⊙C⊙D)′
- (A⊕B⊕C)′ = A⊕B⊙C = A⊙B⊕C

이제 3개의 정보비트에 기수 패리티 비트가 첨가되어 수신될 때 기수패리티 검사를 수행하는 패리티 검사기를 설계하여 보자. 이에 대한 진리표는 [표 6-7]과 같으며 C가 1이 되는 경우에는 오류가 발생한 것이고, 0이면 오류가 없는 것이다.

표 6-7. 기수 패리티 오류 검사기 진리표

| 최소항 번호 | 입력 | | | | 패리티 오류 검사 출력 |
|---|---|---|---|---|---|
| | x | y | z | P | C |
| 0 | 0 | 0 | 0 | 0 | 1 |
| 1 | 0 | 0 | 0 | 1 | 0 |
| 2 | 0 | 0 | 1 | 0 | 0 |
| 3 | 0 | 0 | 1 | 1 | 1 |
| 4 | 0 | 1 | 0 | 0 | 0 |
| 5 | 0 | 1 | 0 | 1 | 1 |
| 6 | 0 | 1 | 1 | 0 | 1 |
| 7 | 0 | 1 | 1 | 1 | 0 |
| 8 | 1 | 0 | 0 | 0 | 0 |
| 9 | 1 | 0 | 0 | 1 | 1 |
| 10 | 1 | 0 | 1 | 0 | 1 |
| 11 | 1 | 0 | 1 | 1 | 0 |
| 12 | 1 | 1 | 0 | 0 | 1 |
| 13 | 1 | 1 | 0 | 1 | 0 |
| 14 | 1 | 1 | 1 | 0 | 0 |
| 15 | 1 | 1 | 1 | 1 | 1 |

[표 6-7]의 진리표를 기반으로 작성한 맵을 이용하여 논리식을 간소화하면

$C = x \odot y \odot z \odot P$

와 같이 되므로 이를 논리 회로로 구현하면 [그림 6-18]과 같이 된다.

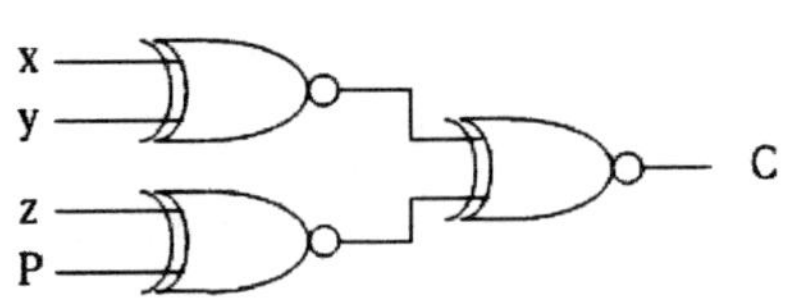


그림 6-18. 4비트 기수 패리티 검사기 논리 회로도

# 6.6. 조합 논리 회로의 해석 절차

조합 회로의 해석은 주어진 논리 회로도로부터 시작하여 불 함수나 진리표로 결론지을 수 있으며 그림 6-18와 같은 조합 회로를 생각해 보기로 하자. 이 회로는 5개의 입력변수와 2개의 출력변수를 갖는다. 입력변수 $T_1$, $T_2$, $T_3$는 시간순서를 정해주는 2진 신호이다. 즉, 어느 시간에서 $T_1$=1, $T_2$=$T_3$=0이고, 다음 시간 주기 동안 $T_1$=0, $T_2$=1, $T_3$=0이다. 또 다음 시간 주기 동안에는 $T_1$=$T_2$=0, $T_3$=1이다.

입력 2진 변수 x와 y는 앞 동작의 결과를 나타낸다. 예를 들면 변수 x는 두 수가 같거나(x=1) 또는 다른 것(x=0)을 나타내기 위해 사용된다고 가정한다. 출력변수 $C_1$은 $C_1$=1일 때 어떠한 디지털동작을 작동시키고, $C_1$=0일 때는 작동시키지 않는 제어변수로 생각한다.

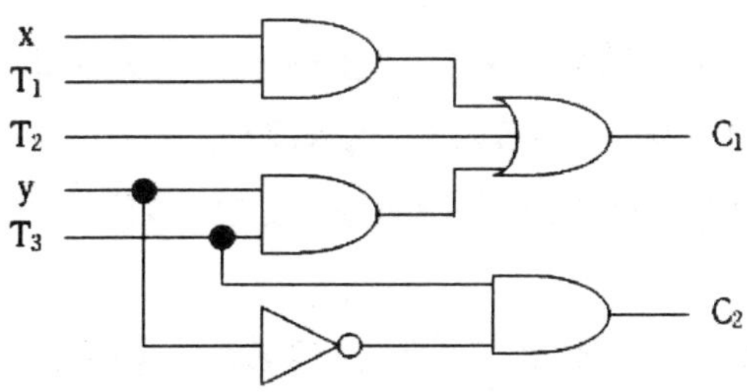


그림 6-19. 해석을 위한 조합 회로의 예

[그림 6-19]의 조합 회로는 2개의 불 함수로서 아래처럼 표시된다.

$$C_1 = xT_1 + T_2 + yT_3$$
$$C_2 = y'T_3$$

이상과 같은 불 함수로부터 회로의 동작을 해석할 수 있는데, 시간변수 $T_1$=1일 때 x=1이라면 제어변수 $C_1$=1, 또한 시간변수 $T_2$=1이거나 시간변수 $T_3$=1일 때 y=1이 되어도 제어변수 $C_1$=1이다. 그렇지 못할 경우에는 $C_1$=0이다. 만약 y=0이고 시간변수 $T_3$=1이라면 $C_2$=1이고, 그렇지 못할 경우는 $C_2$=0이다. 이와 같이 디지털 컴퓨터에서 2진 제어 논리동작은 조합 회로에서 만들어짐을 알아야겠다. 그래서 제어논리는 랜덤 논리와 PLA 등과 같은 규칙적인 논리 회로로 각각 구성할 수 있다.

# 6장 연습 문제

1. 입력 비트가 4개이고 출력 1비트인 조합 논리로 구성된 디지털 시스템이 있다. 이 디지털 시스템은 모든 입력 비트가 0일 때만 출력이 0이고 나머지 조합에 대해서는 출력이 1이 된다고 한다. 이를 만족시키는 조합 논리 회로를 2레벨 NAND 게이트로 설계하시오.

2. 2입력 배타적 OR 게이트를 인버터로 사용하기 위한 방법을 설명하시오.

3. 다음을 증명하시오.

   (1) $A \oplus 1 = A'$

   (2) $(A \oplus B)' = A \odot B$

   (3) $A \oplus B \oplus C = A \odot B \odot C$

   (4) $A \oplus B \oplus C \oplus D = (A \odot B \odot C \odot D)'$

   (5) $(A \oplus B \oplus C)' = A \oplus B \odot C = A \odot B \oplus C$

4. 전가산기의 진리표 구하고 논리 간소화 수행 및 논리 회로를 설계하시오.

5. 반가산기를 사용하여 전가산기를 설계하시오.

6. 2비트 전가산기를 블록도로 처리하지 말고 기본 게이트들을 사용하여 설계하시오.

7. IC TTL AOI 게이트의 회로구성을 그리고 그 동작을 설명하시오.

8. 입력 A, B에 대하여 다음 관계를 시험하기 위한 논리 회로를 구하시오.

   (1) $A = B$

   (2) $A > B$

   (3) $A < B$

9. B > A인 4비트의 수 A, B가 있다. B, A′ 및 1을 더하면 B-A가 됨을 증명하고 전가산기를 사용하여 4비트 감산기를 설계하시오.

10. 2진 코드를 BCD(8421) 코드로 바꾸는 디지털 시스템을 설계하시오.

11. BCD(8421) 코드를 2진 코드로 바꾸는 디지털 시스템을 설계하시오.

12. 4비트 우수 패리티 발생기를 설계하시오.

13. 4비트 기수 패리티 발생기를 설계하시오.

14. 3비트 우수 및 기수 패리티를 같이 발생시키는 논리 회로를 설계하시오.

15. 3개의 들어가는 입구와 1개의 출구를 갖춘 주차장이 있다. 3개의 입구 중에 1개의 차가 들어 올 때 만 출구를 개방하도록 출구의 램프를 켜는 제어장치를 논리 회로로 설계하시오.

16. BCD를 입력으로 하여 다음과 같이 7 세그먼트 디스플레이를 동작시키는 논리 회로를 설계하시오.

[힌트] 시스템 입력은 BCD 입력이므로 w, x, y, z로 정한다. 출력은 7 세그먼트로 a, b, c, d, e, f, g가 된다. 입력과 출력을 통해 진리표를 작성하고 a, b, c, d, e, f, g에 대한 각각의 카르노 맵을 이용하여 간소화 후 회로를 설계한다.

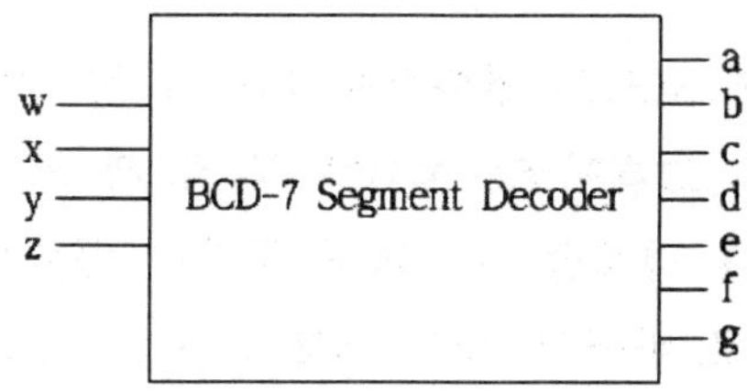


그림 6-20. BCD- 7 segment 디코더 블록도

표 6-8. BCD-7 segment 디코더 진리표

| 10진수 | BCD 입력 | | | | 7 segment 출력 | | | | | | |
|---|---|---|---|---|---|---|---|---|---|---|---|
| | w | x | y | z | a | b | c | d | e | f | g |
| 0 | 0 | 0 | 0 | 0 | 1 | 1 | 1 | 1 | 1 | 1 | 0 |
| 1 | 0 | 0 | 0 | 1 | 0 | 1 | 1 | 0 | 0 | 0 | 0 |
| 2 | 0 | 0 | 1 | 0 | 1 | 1 | 0 | 1 | 1 | 0 | 1 |
| 3 | 0 | 0 | 1 | 1 | 1 | 1 | 1 | 1 | 0 | 0 | 1 |
| 4 | 0 | 1 | 0 | 0 | 0 | 1 | 1 | 0 | 0 | 1 | 1 |
| 5 | 0 | 1 | 0 | 1 | 1 | 0 | 1 | 1 | 0 | 1 | 1 |
| 6 | 0 | 1 | 1 | 0 | 0 | 0 | 1 | 1 | 1 | 1 | 1 |
| 7 | 0 | 1 | 1 | 1 | 1 | 1 | 1 | 0 | 0 | 0 | 0 |
| 8 | 1 | 0 | 0 | 0 | 1 | 1 | 1 | 1 | 1 | 1 | 1 |
| 9 | 1 | 0 | 0 | 1 | 1 | 1 | 1 | 0 | 0 | 1 | 1 |

(A) 세그먼트 설계 (B) 디스플레이를 위한 수치적 설계

그림 6-21. 문제 16에 대한 7 세그먼트 동작

17. 그레이 코드를 2진 코드로 변환하는 디지털 시스템을 설계하시오.

18. 2진 코드(ABCD)를 그레이코드(wxyz) 및 3초과 코드(hijk)로 바꾸는 디지털 시스템을 설계하시오. 이때 디지털 시스템의 동작은 입력제어변수 E를 하나 더 두어 E가 0이면 그레이 코드로 바꾸고 E가 1이면 3초과 코드로 바꾸도록 설계하시오.

# 7. 조합 회로의 응용

※ 학습목표

집적회로를 이용한 복잡하고 규모가 큰 조합 논리 회로 및 규칙적인 구조의 논리 회로 소자를 이용한 조합 회로 설계 방법을 학습한다.

■ 세부목표

(1) 가산기 응용 회로
(2) 집적회로를 이용한 조합 회로 설계
(3) 크기 비교기 설계
(4) 인코더/디코더 설계
(5) 멀티플렉서/디멀티플렉서 설계
(6) ROM 및 PLA 설계

## 7.1. 각종 가산기 논리 회로

6.3.2절에서 소개된 전가산기는 하나의 비트 끼리를 가산하는 회로이다. 이것을 응용하여 4비트 끼리를 가산하는 회로로 쉽게 확장할 수 있는데 이것은 6.4절에서 이미 소개한 바 있다. 이때의 핵심은 LSB 부분에서 구해지는 합은 그대로 출력하고 캐리는 다음 상위 부분의 캐리 입력으로 연결하는 것이었다. 이렇게 MSB까지 연결하면 회로는 완성될 수 있었다.

### 7.1.1. 직렬 가산기

여기서는 이를 더욱 확장하여 여러 형태의 가산기를 심층적으로 설계해보고자 한다. 가산기는 6.4절에서 다룬 바 있는 병렬 가산기와 [그림 7-1]에서 소개하는 직렬 가산기로 크게 나눌 수 있다.

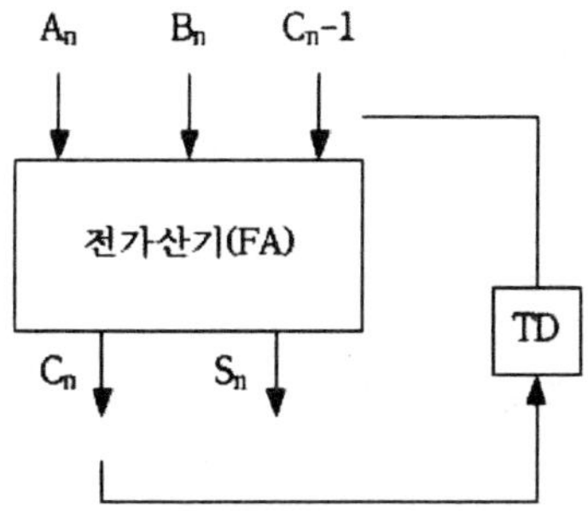


그림 7-1. 직렬 가산기

이 회로의 동작을 설명하면 다음과 같다. 어떤 시각에 있어서 펄스 A 및 B에 한 주기 T만큼 이전의 합에서 나온 자리 올림 펄스를 더하면 직렬 가산기가 되며 6장에서 설명한 병렬 가산기와는 달리 펄스 간격 T만큼의 시간지연소자 TD(8장 플립플롭 참고)를 가지고 있다. 따라서 자리 올림 펄스는 T만큼 지연되어 숫자 펄스 A, B에 더하게 된다.

다음에 직렬 가산기를 통한 실제 가산 과정을 펄스열로 나타낸 그림을 소개한다. [그림 7-2(A), (B)]는 각각 10진수 13과 11을 나타내는 펄스열을 보인 것이며 [그림 7-2(C), (D)]는 각각 합(24) 및 차(2)를 나타내는 펄스열을 보인 것이다. 다시 말하면 직렬 가산기는 [그림 7-2(A), (B)]의 두 파형을 입력하여 출력으로 [그림 7-2(C)]를 출력하며 직렬감산기는 [그림 7-2(D)]를 출력하는 장치이다. 병렬 가산기와 직렬 가산기를 속도 면에서 비교하면 직렬가산기에 비해 병렬가산기가 빠를 것이란 것을 쉽게 알 수 있다. 그 이유는 병렬가산기는 모든 자리의 숫자를 동시에 더하지만 직렬가산기는 한자리씩 순서대로 더하기 때문이다. 그러나 직렬가산기는 단지 한 개의 전가산기로 구현되는 반면, 병렬 가산기는 자리 수만큼 전가산기를 필요로 한다.

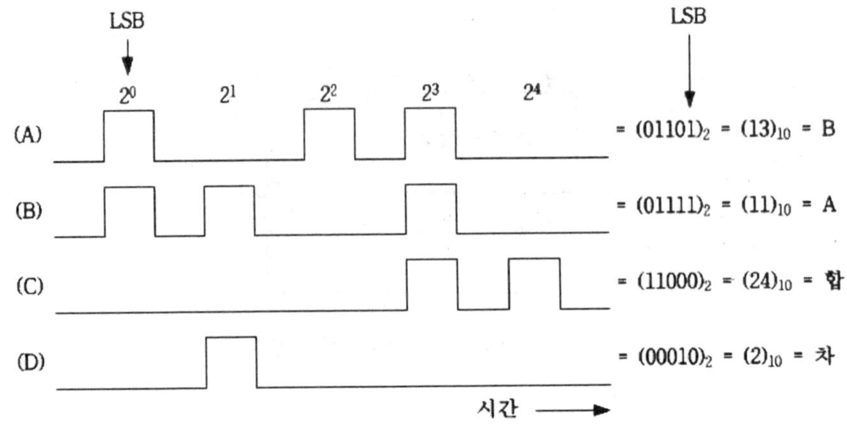


그림 7-2. (A)(B) 수 B,A를 나타내는 펄스 열, (C)(D)합과 차를 나타내는 펄스 열(LSB)

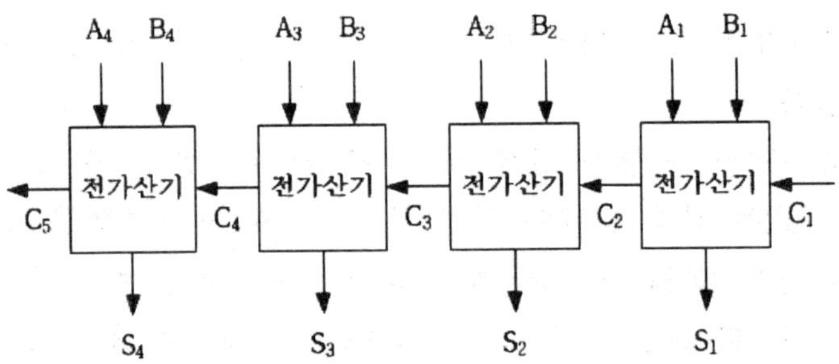


그림 7-3. 6장에서 소개된 4비트 병렬 가산기 논리 회로도(블록도)

## 7.1.2. 고속 가산기

[그림 7-3]의 가산기는 오른 쪽 단의 전가산기로부터 자리 올림수를 받아 외쪽으로 전파하는 특징을 갖기 때문에 일명 리플 (ripple carry) 가산기로 부르기도 한다. 분명히 직렬 가산기에 비해서는 매우 빠른 속도를 갖지만 캐리가 4단 모두에서 만들어지는 최악의 경우를 고려하면 예를 들어, 30ns(나노 초)가 하나의 단에 걸리면 전체적으로 볼 때 $30 \times 4 = 120$ns가 소요되는 셈이 되어 문제점을 노출한다. 이것은 연산 동작이 가산에 기반을 두므로 타이밍 지연에 의해 부정확한 덧셈 결과가 나올 수도 있음을 의미하는 것이다. 이를 고려해서 즉, 캐리 전달 시간을 감소시키기 위해 캐리를 미리 찾는 look-ahead 기법이 고안되었으며 이를 설명하고자 한다.

전가산기에서

$P_i = A_i \oplus B_i$ (캐리 전파: carry propagate)
$G_i = A_iB_i$ (캐리 생성: carry generate)

를 정의하면 합(sum)과 캐리 출력(carry out)은 다음과 같이 된다.

$S_i = P_i \oplus C_i \rightarrow$ 합(sum)
$C_i + 1 = G_i + P_iC_i \rightarrow$ 캐리 출력(carry out)

만약 $A_iB_i$ 모두 1이면 $G_i$ 는 입력 캐리 $C_i$ 에 상관없이 출력 캐리를 1로 한다. 따라서 캐리 출력식을 전개하면

i = 0 일 때 : $C_1$ = 무의미
i = 1 일 때 : $C_2 = G_1 + P_1C_1$
i = 2 일 때 : $C_3 = G_2 + P_2C_2 = G_2 + P_2(G_1 + P_1C_1) = G_2 + P_2G_1 + P_2P_1C_1$
i = 3 일 때 : $C_4 = G_3 + P_3C_3 = G_3 + P_3(G_2 + P_2G_1 + P_2P_1C_1)$
$= G_3 + P_3G_2 + P_3P_2G_1 + P_3P_2P_1C_1$
i = 4 일 때 : $C_5 = G_4 + P_4C_4 = G_4 + P_4(G_3 + P_3G_2 + P_3P_2G_1 + P_3P_2P_1C_1)$
$= G_4 + P_4G_3 + P_4P_3G_2 + P_4P_3P_2G_1 + P_4P_3P_2P_1C_1$
…

이상의 논리식으로부터 look-ahead 캐리 생성기를 논리 다이어그램으로 그리면 [그림 7-4]와 같다.

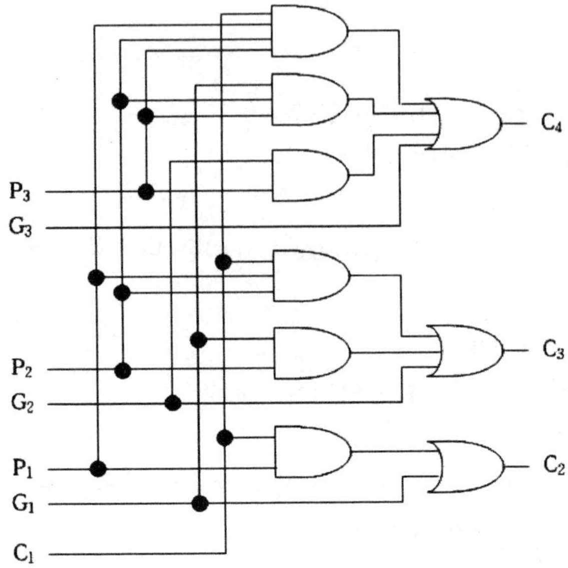


그림 7-4. look- ahead 캐리 생성기의 논리 다이어그램

[그림 7-4]를 이용하여 look-ahead 캐리 기법을 이용한 4비트의 가산기를 설계하기 위한 논리식은

| | | |
|---|---|---|
| $S_1 = P_1 \oplus C_1$ | $P_1 = A_1 \oplus B_1$ | $G_1 = A_1B_1$ |
| $S_2 = P_2 \oplus C_2$ | $P_2 = A_2 \oplus B_2$ | $G_2 = A_2B_2$ |
| $S_3 = P_3 \oplus C_3$ | $P_3 = A_3 \oplus B_3$ | $G_3 = A_3B_3$ |
| $S_4 = P_4 \oplus C_4$ | $P_4 = A_4 \oplus B_4$ | $G_4 = A_4B_4$ |

와 같으며 이것을 논리 다이어그램으로 나타내면 [그림 7-5]와 같다. 즉, $C_2$, $C_3$, $C_4$ 가 입력 A, B에 좌우되지 않고 미리 예측 가능한 것을 알 수 있다. 따라서 룩어헤드(Look-ahead로 미리 본다는 뜻)란 표현은 여기서 유래하는 것이다. Look-ahead 캐리 기법을 이용한 가산기로 대표적인 IC형은 TTL형의 74182형이 있으며 이것은 AND, OR, INVERT 게이트로 구현되어 있다.

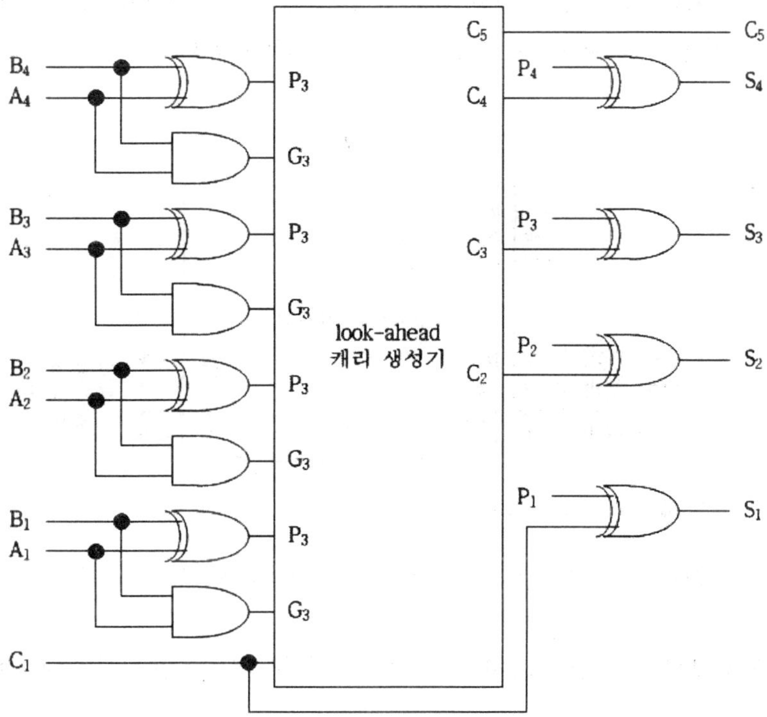


그림 7-5. Look-ahead 캐리를 이용한 4비트 가산기의 논리 다이어그램

## 7.1.3. 감산기

감산기의 경우는 6.3.3에서 상세히 다룬 바와 같이 가산기를 통하여 감산기는 쉽게 구현할 수 있다. 즉, 진리표는 6.3.3절의 [표 6-3]처럼 된다.

6.3.3절의 [표 6-3]에서 x=0, y=0, z=1인 경우를 예로 생각해보면 이것은 x-y-z와 마찬가지로 위 자리로부터 빌려야야 한다. 즉 B=1이 되어야 하고 빌린 것이 10이므로, 10진수로 2를 x에 더한다. 2로부터 z를 빼므로 2-1=1이 되고, 또 y를 빼야 되므로 1-0=1이 D(差)의 값이다.

표에서 D는 전가산기의 S와 동일하고, 또 B는 카르노 맵 방법으로 간소화시키면 된다.

$D = x \oplus y \oplus z$

$B = x'y + x'z + yz$

B가 전가산기의 C와 다른 점은 x를 보수한 것만이 다르다. 따라서 4비트 전가산기로 4비트 감산기를 설계해보면 [그림 7-6]과 같이 된다.

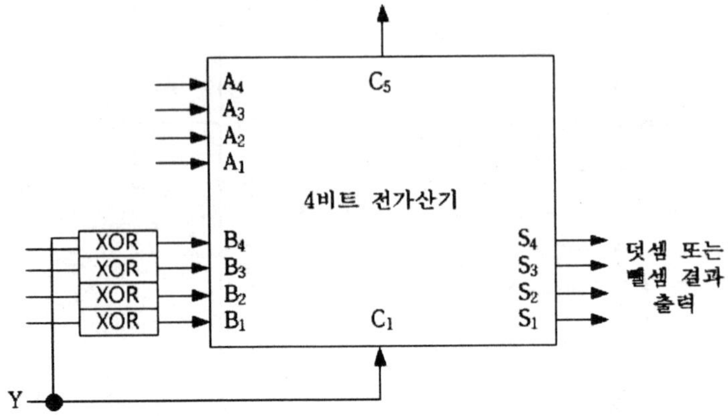


그림 7-6. 4비트 가산기를 사용한 4비트 감산기의 논리 다이어그램

[그림 7-6]에서 Y=0이면 가산기로 동작하며 Y=1이면 2의 보수에 의한 감산기로 동작한다.

### 7.1.4. 3초과 코드와 BCD 가산기

4비트 가산기를 응용한 회로로서 BCD-3초과 코드 변환기를 4비트 가산기로 구현하는 방법은 이미 6장에서 공부하였으며 여기서는 3초과 코드 가산기와 BCD 가산기를 설계해보도록 하자.

3초과 코드 가산기는 [그림 7-7]과 같이 구현될 수 있으며 가산 방법은 3-3절을 참고 바란다.

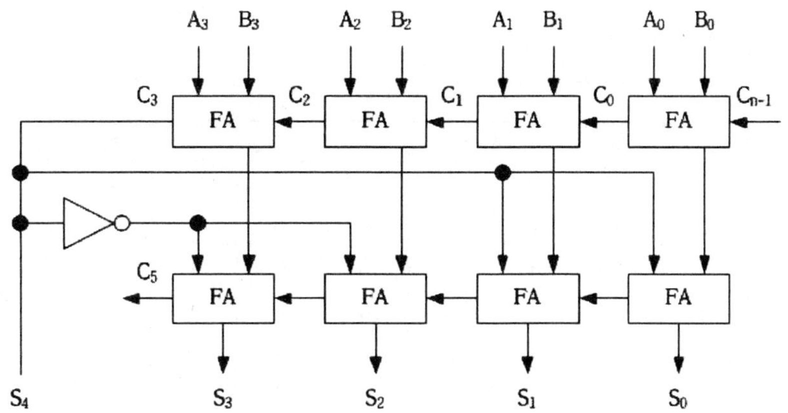


그림 7-7. 3초과 코드 가산기

한편, BCD 코드끼리의 가산을 수행하는 BCD 가산기는 3-2절에서 언급한 것처럼 $(8)_{10}$ + $(7)_{10}$ 과 같은 연산에서 $(0001\ 0101)_2$ 과 같이 캐리를 올려주는 특수한 방법을 적용하여야 한다. 여기에서 BCD 가산 방법의 기억을 되살리기 위해 다시 방법을 소개하면 다음과 같다.

※ 참고 7-1. BCD 가산 동작 순서

| 단계 1. 2진 가산 방법에 의거 두 수를 더한다.<br>단계 2. 만일 4비트 그룹의 값이 9이거나 9보다 작으면 타당한 BCD 코드이다.<br>단계 3. . 단계 2를 만족하지 않으면 즉, 9보다 크거나 캐리가 발생하면 잘못된 것이다.<br>이때는 그 계산 값에 $(6)_{10}$=$(0110)_2$를 더하여 BCD 코드로 바꾼다.<br>단계 4. 만일 6을 더하였을 때 그 결과에 캐리가 생기면 한자리 올려서 더한다. |
|---|

BCD 가산기를 설계하기 위하여 먼저 진리표를 작성한다. 이것은 [표 7-1]과 같다.

표 7-1. BCD 가산기의 진리표

| 2진합 | | | | | BCD합 | | | | | 10진수 |
|---|---|---|---|---|---|---|---|---|---|---|
| K | $Z_8$ | $Z_4$ | $Z_2$ | $Z_1$ | K | $S_8$ | $S_4$ | $S_2$ | $S_1$ | |
| 0 | 0 | 0 | 0 | 0 | 0 | 0 | 0 | 0 | 0 | 0 |
| 0 | 0 | 0 | 0 | 1 | 0 | 0 | 0 | 0 | 1 | 1 |
| 0 | 0 | 0 | 1 | 0 | 0 | 0 | 0 | 1 | 0 | 2 |
| 0 | 0 | 0 | 1 | 1 | 0 | 0 | 0 | 1 | 1 | 3 |
| 0 | 0 | 1 | 0 | 0 | 0 | 0 | 1 | 0 | 0 | 4 |
| 0 | 0 | 1 | 0 | 1 | 0 | 0 | 1 | 0 | 1 | 5 |
| 0 | 0 | 1 | 1 | 0 | 0 | 0 | 1 | 1 | 0 | 6 |
| 0 | 0 | 1 | 1 | 1 | 0 | 0 | 1 | 1 | 1 | 7 |
| 0 | 1 | 0 | 0 | 0 | 0 | 1 | 0 | 0 | 0 | 8 |
| 0 | 1 | 0 | 0 | 1 | 0 | 1 | 0 | 0 | 1 | 9 |
| 0 | 1 | 0 | 1 | 0 | 1 | 0 | 0 | 0 | 0 | 10 |
| 0 | 1 | 0 | 1 | 1 | 1 | 0 | 0 | 0 | 1 | 11 |
| 0 | 1 | 1 | 0 | 0 | 1 | 0 | 0 | 1 | 0 | 12 |
| 0 | 1 | 1 | 0 | 1 | 1 | 0 | 0 | 1 | 1 | 13 |
| 0 | 1 | 1 | 1 | 0 | 1 | 0 | 1 | 0 | 0 | 14 |
| 0 | 1 | 1 | 1 | 1 | 1 | 0 | 1 | 0 | 1 | 15 |
| 1 | 0 | 0 | 0 | 0 | 1 | 0 | 1 | 1 | 0 | 16 |
| 1 | 0 | 0 | 0 | 1 | 1 | 0 | 1 | 1 | 1 | 17 |
| 1 | 0 | 0 | 1 | 0 | 1 | 1 | 0 | 0 | 0 | 18 |
| 1 | 0 | 0 | 1 | 1 | 1 | 1 | 0 | 0 | 1 | 19 |

BCD는 10진수 각 자릿수에 0에서 9까지의 2진수가 대응되고, 10진수의 각 입력 자릿수는 9를 초과할 수 없기 때문에 $(1010)_2$, $(1011)_2$, $(1100)_2$, $(1101)_2$, $(1110)_2$, $(1111)_2$ 에 대한 6개의 don't care조건을 가진다. [표 7-1]에서 K 는 출력 캐리이며 $Z_8Z_4Z_2Z_1$ 은 4비트 2진 가산기의 합의 결과를 나타낸다. 이 때 2진수의 형태로 나타난 4비트 2진가산기의 합들은 1001보다 작거나 같은 경우에는 BCD합과 동일하지만 1001보다 큰 경우에는 0110을 강제로 더해서 BCD 형태로 바꾸는 것이 핵심이라 볼 수 있다.

정리하면 진리표에서 3가지로 그 동작을 나누어 볼 수 있다. 먼저 입력인 2진 합의 입력변수의 값에 따라서 다음과 같이 동작한다.

① K=1인 경우로 이 경우는 BCD 코드가 아니므로 무조건 0110을 더해야 하고
② K=0일 지라도 $Z_8$과 $Z_4$가 동시에 1인 경우는 역시 0110을 더해주어야 한다.
③ 역시 K=0일 지라도 $Z_8$과 $Z_2$가 동시에 1인 경우는 역시 0110을 더해주어야 한다.

그러면 이 3가지 경우를 각각 OR 해주면 되는 것이므로 이와 같은 경우 출력 자리 올림수 $C = K + Z_8Z_4 + Z_8Z_2$ 와 같은 수식이 된다. BCD 가산기의 논리 회로도는 [그림 7-8] 또는 [그림 7-9]와 같이 설계할 수 있다.

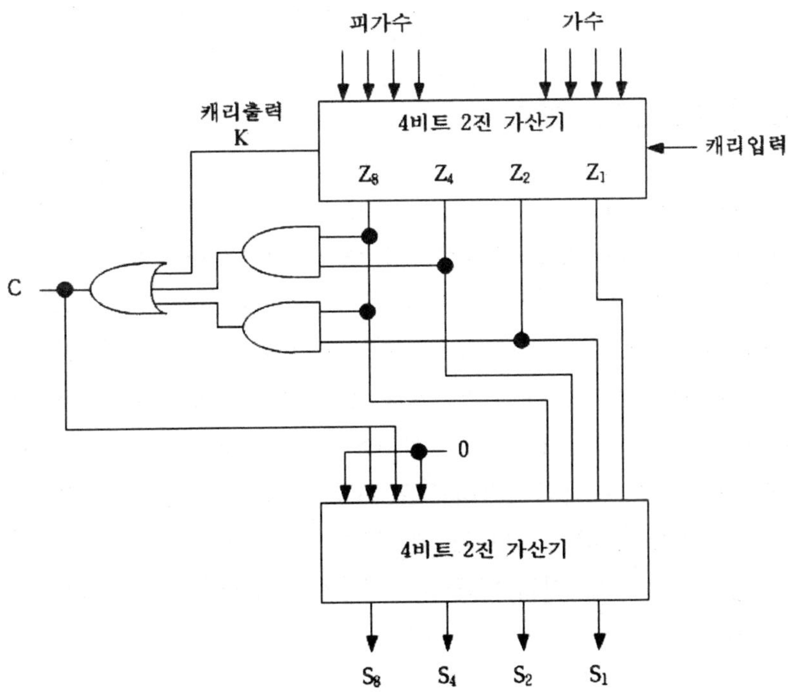


그림 7-8. BCD 가산기 논리 다이어그램

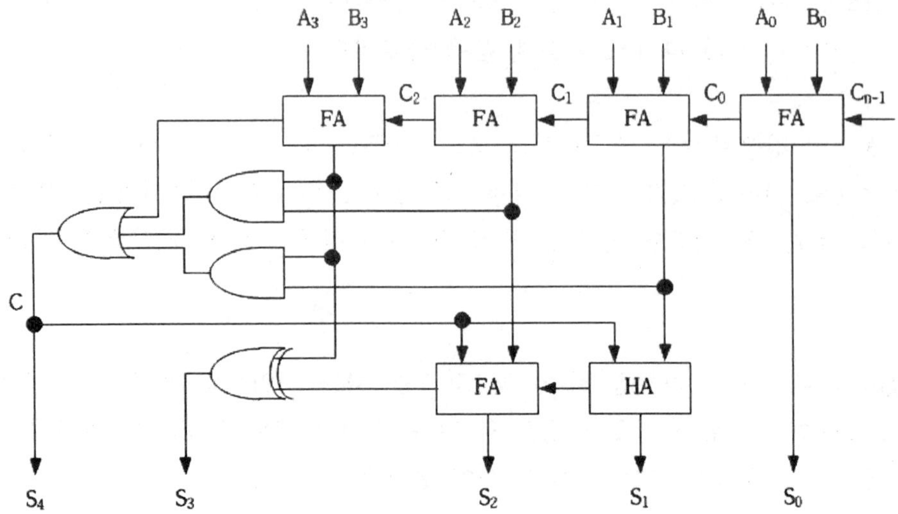


그림 7-9. 또 다른 BCD 가산기 논리다이어그램

# 7.2. 크기 비교기 설계

크기 비교기는 2개의 수를 입력으로 하여 이 2개의 수의 크기가 서로 같은지 아니면 한쪽이 다른 쪽에 비해 상대적으로 큰지, 작은지를 출력하는 논리 회로라 할 수 있다. 다시 말해, 입력된 2개의 수를 각각 A, B라 하면 A=B, A>B 또는 A<B인지가 출력 결과가 되며 n비트의 2개의 수를 비교하는 경우 이와 같은 논리 회로를 설계하기 위해 작성될 진리표는 $2^{2n}$ 개의 행을 갖게 되므로 매우 복잡하게 된다.

다음의 예를 보면서 크기 비교기 설계를 위한 기본 사항을 점검해보기로 하자. 크기를 비교할 두 수가 각각 4자리로 된 $A=A_3A_2A_1A_0$, $B=B_3B_2B_1B_0$ 인 경우를 가정해 보면, 두 수의 크기가 같은 경우는 대응되는 자리 수의 수가 각각 같을 때이므로 두 수가 2진수인 경우에 각각 대응하는 2비트가 같음을 나타내는 논리 함수는 다음과 같이 된다.

$$x_i = A_iB_i + A_i'B_i' \qquad i = 0, 1, 2, 3$$

이 경우 $x_i$는 i번째 비트를 의미하고, $x_i$는 i번째 비트 위치를 나타내는 쌍이 모두 1이거나 0일 때, 다시 말하면 $A_i=B_i=1$ 또는 $A_i=B_i=0$ 일 때 1이 된다. 두 수 A, B가 같은 경우 이것은 A=B 형태인 출력 변수로 표시되며 이것은 A=B일 경우에만 1이 되므로 $x_3x_2x_1x_0$이 되는 표현과 같다. 즉, 모든 $x_i$를 AND 한 것과 같게 된다.

두 수가 같은지 비교하는 동작은 MSB(최상위비트)부터 비교하여 같으면 다음 낮은 자리수와 비교하여 대응되는 쌍이 같지 않을 때까지 계속 비교한다. 어느 순간에 $A_i=0$ 이고 $B_i=1$이면 $A_i<B_i$ 이며 반대로 $A_i=1$이고 $B_i=0$ 이면 $A_i>B_i$ 가 된다. 이것을 수식으로 나타내면 다음과 같이 표현된다.

$$(A>B) = A_3B_3' + x_3A_2B_2' + x_3x_2A_1B_1' + x_3x_2x_1A_0B_0'$$

$$(A<B) = A_3'B_3 + x_3A_2'B_2 + x_3x_2A_1'B_1 + x_3x_2x_1A_0'B_0$$

기호 (A>B) 및 (A<B)는 A>B 및 A<B일 때 각각 1이 되는 2진 출력 변수이다. 이상의 지식을 바탕으로 이를 논리 회로로 구성하면 [그림 7-10]과 같이 되며 이 경우 반복적인 논리동작에 착안하여 구성한 것이지만 8개의 입력 변수로 $A_3A_2A_1A_0$, $B_3B_2B_1B_0$를 설정하고 3개의 출력변수로 A=B, A<B, A>B를 설정하여 진리표로 부터 논리 회로를 설계하여도 같은 결과를 얻을 수 있다.

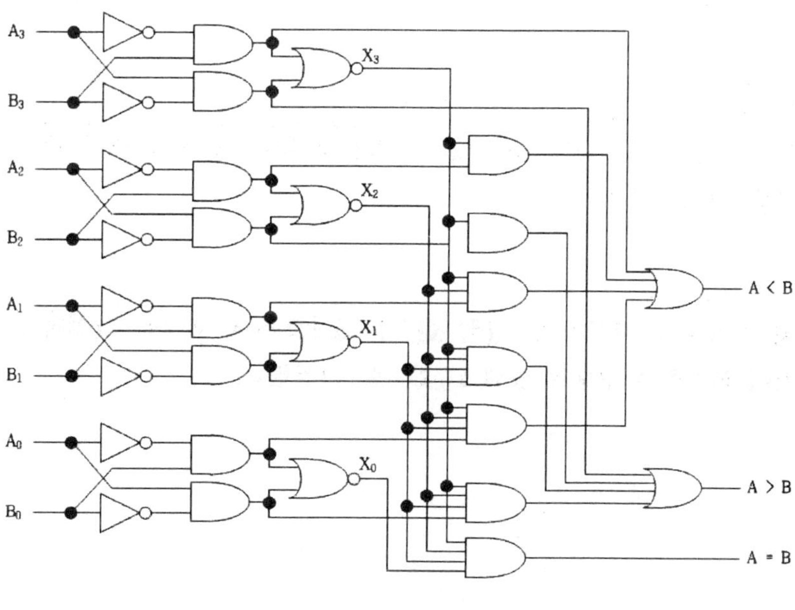


그림 7-10. 4비트 크기 비교기의 논리 회로도(TTL 7485)

## 7.3. 디코더와 인코더 설계

본 서에서 이미 세부적으로 언급한 것과 같이 컴퓨터내부에서는 2진 코드를 사용하고 있다. 그런데 2진 코드화된 정보 즉, 데이터로부터 10진수 표현으로 변환하는 것을 디코더 또는 복호기라 부른다. 한편, 10진 표현으로부터 2진 코드로 변환하는 장치를 인코더 또는 부호기라 부른다. 이미 우리는 이와 같은 기능을 하는 디지털 회로를 코드 변환기라는 이름으로 공부한바있으며 기억을 되살리면 이와 같은 코드변환기는 조합 회로로 구성됨을 확인한바 있다.

본 절에서는 이와 같은 디코더 및 인코더를 좀 더 조직적으로 분석해보고 설계하는 방법을 알아보기로 한다.

### 7.3.1. 디코더

디코더(Decoder)는 코드화된 정보로부터 특정 정보를 찾아내는 기능을 가지며 n개의 입력변수에 대해 최대 $2^n$개의 최소항 출력을 내보내는 조합 회로이다. 이것은 임의의 조합 회로로 실현가능하며 조합 회로의 출력 수가 많고 각 출력 함수가 적은 수의 최소항 수로 표현되는 경우 매우 유리한 특징을 갖는다.

**예제 7-1**

3비트를 입력으로 갖고 8비트를 출력으로 갖는 3×8 디코더 즉, 2진 → 8진 디코더를 설계하라.

(풀이)

먼저 진리표를 작성한다. 입력 변수는 3개로서 x, y, z를 가정하고 출력은 각 최소항에 해당하는 8개의 출력 $D_0$~$D_7$ 로 가정한다.

표 7-2. 3×8 디코더의 진리표

| 10진수 | 입력 | | | 출력 | | | | | | | |
|---|---|---|---|---|---|---|---|---|---|---|---|
| | x | y | z | $D_0$ | $D_1$ | $D_2$ | $D_3$ | $D_4$ | $D_5$ | $D_6$ | $D_7$ |
| 0 | 0 | 0 | 0 | 1 | 0 | 0 | 0 | 0 | 0 | 0 | 0 |
| 1 | 0 | 0 | 1 | 0 | 1 | 0 | 0 | 0 | 0 | 0 | 0 |
| 2 | 0 | 1 | 0 | 0 | 0 | 1 | 0 | 0 | 0 | 0 | 0 |
| 3 | 0 | 1 | 1 | 0 | 0 | 0 | 1 | 0 | 0 | 0 | 0 |
| 4 | 1 | 0 | 0 | 0 | 0 | 0 | 0 | 1 | 0 | 0 | 0 |
| 5 | 1 | 0 | 1 | 0 | 0 | 0 | 0 | 0 | 1 | 0 | 0 |
| 6 | 1 | 1 | 0 | 0 | 0 | 0 | 0 | 0 | 0 | 1 | 0 |
| 7 | 1 | 1 | 1 | 0 | 0 | 0 | 0 | 0 | 0 | 0 | 1 |

이에 대한 논리 회로도를 작성하면 [그림 7-11]과 같이 인버터와 AND 게이트를 사용하여 구현할 수 있으며 이것은 TTL 74138 형에 해당한다. 여기서 enable입력 단자를 하나 추가하고 있는데 enable이 1일 때만 디코더는 정상적으로 동작한다.

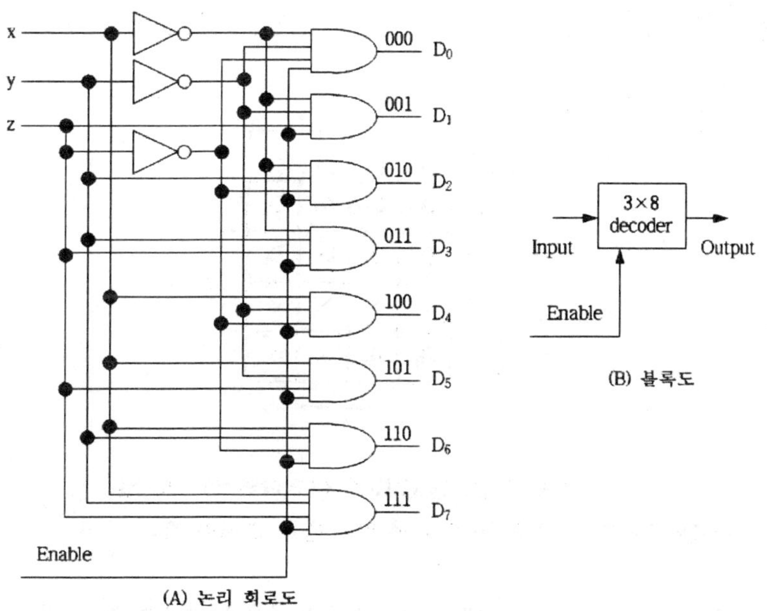


그림 7-11. 3×8 디코더의 논리 회로도(enable이 1일 때 디코더가 정상동작)

예제 7-2

이번에는 BCD/10진 디코더를 설계하여보자. 즉, BCD를 나타내는 4개의 입력 변수와 10진수를 나타내는 10개의 출력선이 있는 디코더이다. 물론 BCD의 경우 6개의 don't care 조건을 적절히 사용하여 최소의 게이트로 실현한다. 이에 대한 진리표의 일부가 [표 7-3]에 주어져있다. 전체적으로 4×16 디코더가 될 것이나 don't care조건을 고려하면 모두 10개의 출력선이 나온다. 이것은 [그림 7-12]의 카르노 맵에서 보여주고 있으며 x로 나타난 것이 잘 아는 바와 같이 don't care에 해당한다.

(풀이)

표 7-3. BCD/10진 디코더의 진리표 일부

| BCD 입력 | | | | 출력 | | | | | | | | | |
|---|---|---|---|---|---|---|---|---|---|---|---|---|---|
| w | x | y | z | $D_0$ | $D_1$ | $D_2$ | $D_3$ | $D_4$ | $D_5$ | $D_6$ | $D_7$ | $D_8$ | $D_9$ |
| 1 | 0 | 1 | 0 | 0 | 0 | 1 | 0 | 0 | 0 | 0 | 0 | 1 | 0 |
| 1 | 0 | 1 | 1 | 0 | 0 | 0 | 1 | 0 | 0 | 0 | 0 | 0 | 1 |
| 1 | 1 | 0 | 0 | 0 | 0 | 0 | 0 | 1 | 0 | 0 | 0 | 1 | 0 |
| 1 | 1 | 0 | 1 | 0 | 0 | 0 | 0 | 0 | 1 | 0 | 0 | 0 | 1 |
| 1 | 1 | 1 | 0 | 0 | 0 | 0 | 0 | 0 | 0 | 1 | 0 | 1 | 0 |
| 1 | 1 | 1 | 1 | 0 | 0 | 0 | 0 | 0 | 0 | 0 | 1 | 0 | 1 |

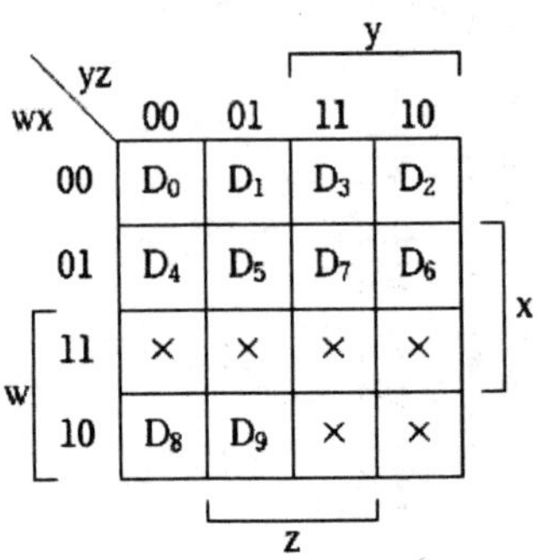


그림 7-12. BCD/10진 디코더의 카르노 맵

(실제로는 모두 D0~D9 까지 모두 10개의 카르노 맵을 그려야 함)

[그림 7-12]로부터 각 출력 변수에 대한 간소화된 논리식은 다음과 같이 된다.

$D_0$ = w′x′y′z′　$D_1$ = w′x′y′z　$D_2$ = x′yz′　$D_3$ = x′yz

$D_4$ = xy′z′　$D_5$ = xy′z　$D_6$ = xyz′　$D_7$ = xyz

$D_8$ = wz′　$D_9$ = wz

이로부터 논리 회로도를 그리면 [그림 7-13]과 같이 된다.

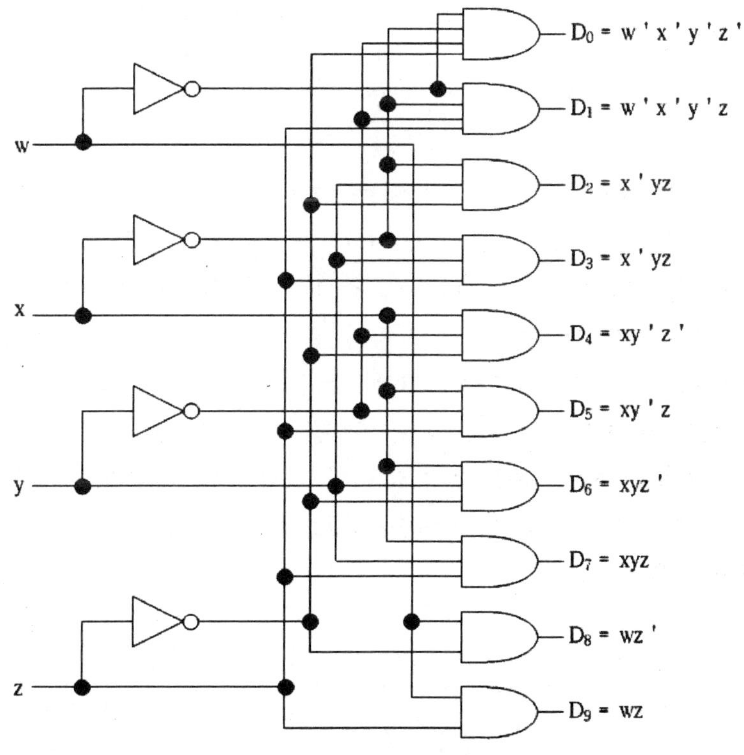


그림 7-13. BCD/10진 디코더 논리 회로도

## 7.3.2. 인코더 설계

인코더는 디코더의 역동작을 수행하는 논리 장치이다. 간단히 8진 코드를 2진 코드로 인코딩 해주는 논리 회로를 설계해보기로 하자. 이 경우의 진리표는 표 7-2에서 입력과 출력을 맞바꾸면 구성할 수 있다. 즉, [표 7-4]와 같이 된다.

표 7-4. 8진/2진 인코더 진리표

| 입력 | | | | | | | | 출력 | | |
|---|---|---|---|---|---|---|---|---|---|---|
| $D_0$ | $D_1$ | $D_2$ | $D_3$ | $D_4$ | $D_5$ | $D_6$ | $D_7$ | x | y | z |
| 1 | 0 | 0 | 0 | 0 | 0 | 0 | 0 | 0 | 0 | 0 |
| 0 | 1 | 0 | 0 | 0 | 0 | 0 | 0 | 0 | 0 | 1 |
| 0 | 0 | 1 | 0 | 0 | 0 | 0 | 0 | 0 | 1 | 0 |
| 0 | 0 | 0 | 1 | 0 | 0 | 0 | 0 | 0 | 1 | 1 |
| 0 | 0 | 0 | 0 | 1 | 0 | 0 | 0 | 1 | 0 | 0 |
| 0 | 0 | 0 | 0 | 0 | 1 | 0 | 0 | 1 | 0 | 1 |
| 0 | 0 | 0 | 0 | 0 | 0 | 1 | 0 | 1 | 1 | 0 |
| 0 | 0 | 0 | 0 | 0 | 0 | 0 | 1 | 1 | 1 | 1 |

[표 7-4]를 보면 출력 x는 x가 1이 되는 경우 즉, $D_4$=1, $D_5$=1, $D_6$=1, $D_7$=1일 경우가 되므로 논리식은 $x = D_4 + D_5 + D_6 + D_7$ 와 같다. 마찬가지로 y, z의 경우에도 1이 되는 경우를 고려하면 $y = D_2 + D_3 + D_6 + D_7$ 및 $z = D_1 + D_3 + D_5 + D_7$ 이 되기 때문에 논리 회로를 그려보면 그림과 같이 된다. 이 경우에 해당하는 IC형태는 따로 없는데 그 이유는 간단히 OR게이트만으로 구성이 가능하기 때문이다. 한편, 입력 중에서 한 개만 1이 되는 경우를 지금까지 생각했지만 복수개가 1이 되는 경우에는 그 중에서 어느 것을 우선 고려할 것인지에 따라 인코더를 설계할 수도 있으며 이 때 사용되는 인코더를 우선순위(Priority) 인코더라 부르며 이것은 IC 형 TTL 74148형을 쓸 수 있다.

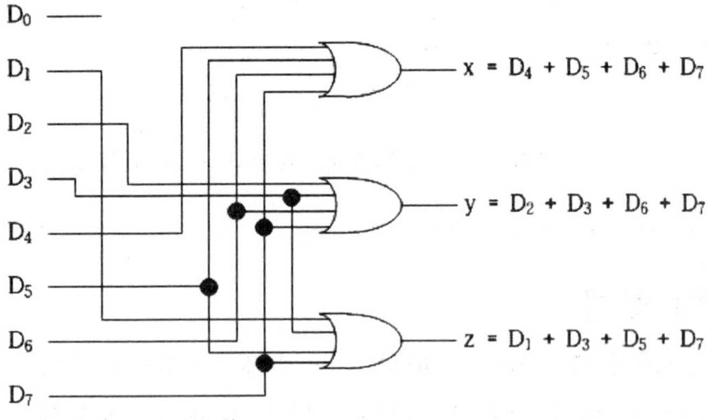


그림 7-14. 8진/2진 코드 인코더의 논리 회로

# 7.4. 멀티플렉서와 디멀티플렉서

멀티플렉서(Multiplexer)는 많은 수의 정보를 적은 수의 채널을 통해 전송할 수 있는 디지털 장치로서 버스 시스템 등에서 많이 응용되는 장치이다. 간단히 데이터 선별기라고 생각하면 되겠는데 선택은 선택을 위한 입력 단자를 통해 적절히 선택되도록 되어있으며 보통 멀티플렉서는 MUX라고 표기하기도 한다. 멀티플렉서의 반대 동작을 하는 논리 장치는 디멀티플렉서(Demultiplexer)라고 부른다.

멀티플렉서의 구성은 $2^n$개의 입력선과 n개의 선택을 위한 연결선 그리고 1개의 출력선으로 구성되며 예로서 4개의 입력 중 1개를 적절히 선택하는 4×1 MUX는 입력 수가 $2^2$이므로 n=2가 되어 선택선은 2개가 필요하다.

또한 인에이블(enable)단자를 갖고 있는 멀티플렉서도 생각할 수 있는데 이것은 여러 개의 멀티플렉서를 묶어서 사용할 경우 인에이블을 on/off시키면서 사용할 수 있게 하는 확장용으로 사용된다.

[그림 7-15]는 4×1 MUX 에 대한 함수표와 기호 및 대응되는 논리 회로도를 각각 보여주고 있다. 그림에서 보는 것처럼 선택선 $S_1$ 및 $S_0$의 조합에 따라 입력 $I_0$~$I_3$ 중에 하나가 선택되어 출력선으로 나간다. 예를 들어 $S_1$=0, $S_0$=1 일 경우에는 입력 중 $I_1$이 출력선으로 연결되어 출력 Y에 출력된다.

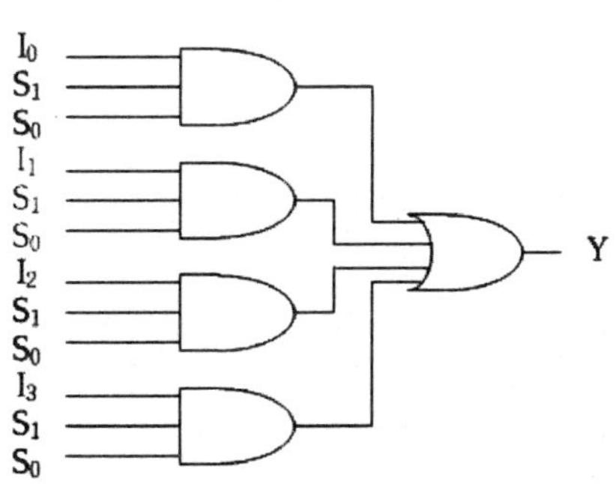


(A) 논리 회로도

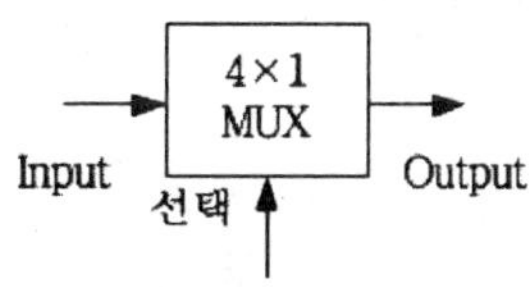


(B) 블록도

| $S_1$ | $S_0$ | Y |
|---|---|---|
| 0 | 0 | $I_0$ |
| 0 | 1 | $I_1$ |
| 1 | 0 | $I_2$ |
| 1 | 1 | $I_3$ |

(C) 함수표

그림 7-15. 4×1 멀티플렉서의 논리 회로도, 블록도 및 함수표

## 7.5. 디코더와 멀티플렉서를 이용한 조합 회로 설계

이 절에서는 앞에서 배운 디코더와 멀티플렉서를 사용하여 임의의 조합 논리 회로를 설계하는 방법을 배워보기로 한다. 여기서 소개되는 디코더와 멀티플렉서를 이용하는 방법 외에 프로그램 가능한 소자를 사용하여 조합 논리 회로를 설계할 수도 있는데 이것은 다음절에서 설명하기로 한다.

이 절에서 설계하고자하는 조합 회로는 앞장에서 배운 전가산기이다. 즉, 전가산기의 논리식을 디코더와 멀티플렉서로 설계해 보고자 하는 것이다.

전가산기는 앞에서 배운 바와 같이 S와 C의 출력을 가지며 각각은 다음과 같이 표준가법형으로 나타낼 수 있다.

$S = \Sigma(1, 2, 4, 7)$

$C = \Sigma(3, 5, 6, 7)$

### 7.5.1. 전가산기의 디코더를 이용한 설계

전가산기를 디코더를 사용하여 설계하는 경우 전가산기의 입력이 3개이므로 3×8 디코더를 사용하여 설계할 수 있으며 출력 단은 OR 게이트를 2개 사용하여 S와 C에 대한 논리식을 구현해주면 된다. 즉, [그림 7-16]과 같이 설계할 수 있다.

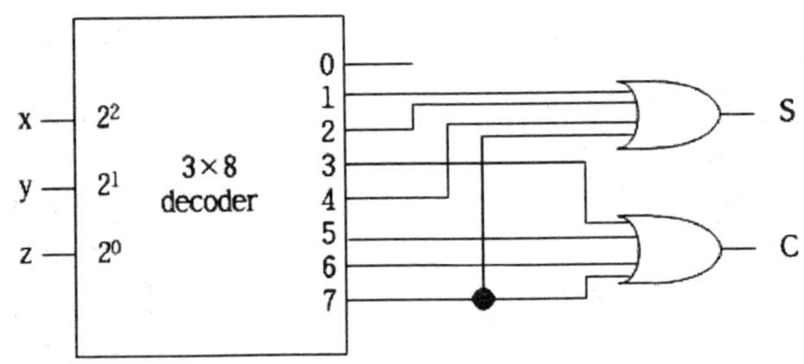


그림 7-16. 디코더를 이용한 전가산기 설계

### 7.5.2. 멀티플렉서를 이용한 전가산기 설계

멀티플렉서를 사용하여 전가산기 즉, 임의의 조합 회로를 설계하는 경우에는 디코더를 이용하여 설계할 때 추가적으로 사용한 OR 게이트 2개가 필요가 없다. 그것은 MUX가 OR 게이트와 결합된 디코더로 생각할 수 있기 때문이다. MUX를 사용하여 조합 회로를 구현할 때 전가산기와 같은 경우 3개의 입력 변수가 있으면 하나는 MUX의 입력으로 사용하고, 나머지 2개는 선택선으로 사용하여 구현할 수 있다. 일반적으로 n개의 입력인 조합 회로는 n-1개의 선택선과 한 개의 입력으로 MUX를 구현할 수 있다.

전가산기의 입력을 각각 A, B, C라 하고, 4×1 MUX를 사용하여 구현한다고 할 때 B, C를 MUX의 선택선으로 잡고 A를 MUX의 입력으로 사용한다고 가정하자. 이와는 달리 어느 것을 입력으로 하고 나머지 2개를 선택선으로 해도 상관없다. 문제를 명확히 하고 오류 없는 설계를 위해서 MUX를 이용한 설계방식에서는 [그림 7-17]과 같은 그림을 일반적으로 사용한다.

(A) S=Σ(1, 2, 4, 7)에 대한 MUX 구현

(B) S=Σ(3, 5, 6, 7)에 대한 MUX 구현

그림 7-17. MUX 구현

[그림 7-17]을 작성하는 방법은 A′, A에 대해 0에서 7까지의 최소항 번호를 2열로 적은 다음, 출력에 연결된 최소항 번호는 동그라미를 마킹해 둔다. 다음에 마킹된 동그라미를 세로로 한 칼럼씩 보아나가면서 마킹된 것이 하나도 없으면 0, 전부 마킹되었으면 1, 한쪽만 마킹된 경우라면 그것이 A행에 속한 것이면 A, A′행에 속한 것이면 A′를 아래쪽 행에 차례로 적어나가면 완성된다.

[그림 7-17]에서 궁극적으로 구하고자 한 것은 S에 대해서는 A A′ A′ A 이었고, C에 대해서는 0 A A 1이었다. 이것을 MUX의 입력으로 하면 되는 것이다. 이상의 결과에 따라 MUX회로를 구성해보면 그림 7-18과 같다.

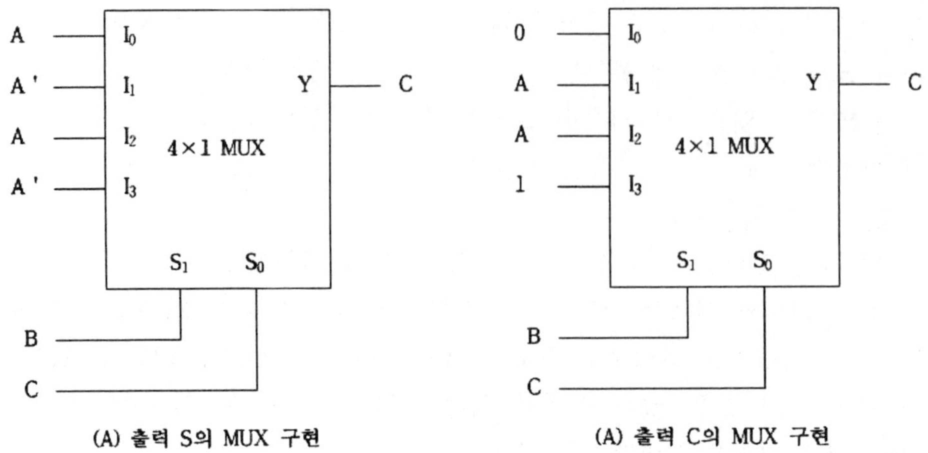


(A) 출력 S의 MUX 구현　　　　　(B) 출력 C의 MUX 구현

그림 7-18. 4×1 MUX를 이용한 전가산기 설계

## 7.6. ROM과 PLA

프로그램 가능한 논리소자는 프로그램이 가능하도록 연결고리를 가지고 있는 게이트의 규칙적인 배열로 이루어진 소자를 말한다. 즉, 사용자가 이러한 연결 고리를 적절하게 끊음으로서 프로그래밍 하도록 고안된 장치이다. 프로그램 되어있는 내용의 수정 여부 또는 방법에 따라 크게 ROM(Read Only Memory)과 PLA(Programmable Logic Array)로 구분할 수 있으며 ROM은 다시 PROM, EPROM, EAROM 등으로 구분할 수 있다.

### 7.6.1. ROM

ROM은 읽기 동작만을 수행하는 기억장치로서 하드웨어적으로 제조할 때 영구적으로 내용이 변하지 않게 한 것이다. 일반적으로 m×n ROM은 기억된 단어가 m개이고, 한 단어가 n비트이다. 이 ROM의 블록도는 그림 7-19와 같다. ROM은 k개의 번지선을 갖고 있으므로 $2^k$=m이 되어야 한다. ROM에서는 read 제어선이 필요 없는데 그 이유는 어느 시간에서도 번지가 지정된 단어의 n비트가 자동적으로 출력되기 때문이다.

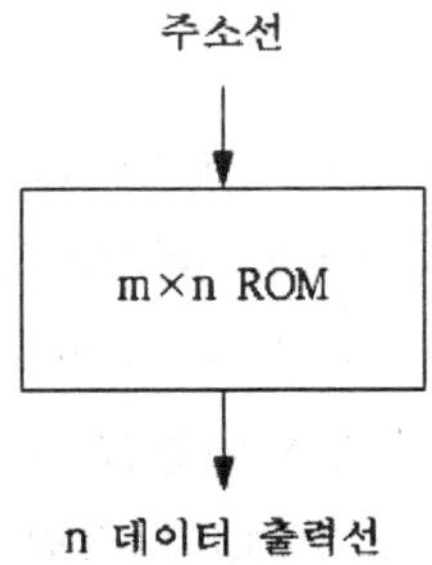


그림 7-19. m×n ROM의 블록도

ROM의 내부를 보면 디코더와 OR 게이트로 구성되어 있다. 여기서 디코더는 AND 동작을 수행하며 OR 게이트들은 디코더의 출력인 최소항들을 합하는데 사용된다. 디코더와 OR 게이트들을 연결하는 동작을 프로그래밍이라 부른다. 즉, ROM의 출력수와 내부 OR 게이트의 수는 같으며 주로 코드 변환이나 CRT 문자 표시, 제어논리 실현 등에 응용되는 소자이다.

참고로 4×3 ROM의 논리도를 보이면 [그림 7-20]과 같다. 그림에서 보는 것처럼 2×4 디코더와 세 개의 OR 게이트로 되어 있다. 이때 번지 선택이 00이면 $D_0$=1, $D_1$=$D_2$=$D_3$=0이므로 출력은 010이 된다.

IC ROM은 제조할 때 출력이 전부 0이 되거나 1이 되게 만들어진다. 최후의 공정에서 특정한 패턴의 정보를 넣도록 [그림 7-20]처럼 끊어준다. 이러한 과정을 앞서 잠깐 언급한 것처럼 custom또는 mask프로그래밍이라 한다.

PROM은 사용자가 큰 전류를 흘려 내부배선을 끊어줌으로써 정보를 넣지만 사용자가 다시 지울 수 없다. 자외선을 이용하여 먼저 저장된 정보를 지울 수 있는 EPROM (erasable PROM)도 시판되고 있으므로 사용자가 편리하게 사용할 수 있다.

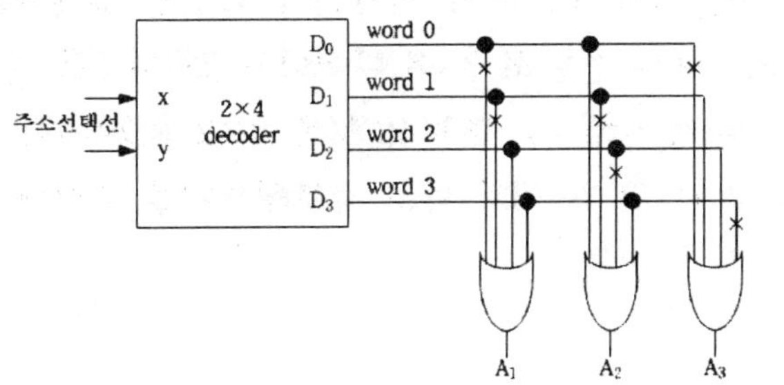


(A) 논리 회로도 데이터출력

| Address | | Outputs | | |
|---|---|---|---|---|
| x | y | $A_1$ | $A_2$ | $A_3$ |
| 0 | 0 | 0 | 1 | 0 |
| 0 | 1 | 0 | 0 | 1 |
| 1 | 0 | 1 | 0 | 1 |
| 1 | 1 | 1 | 1 | 0 |

(B) 진리표

그림 7-20. 4×3 ROM의 한 예 (논리도와 진리표)

### 7.6.2. PLA

복잡한 조합 회로를 실현한 다른 형의 LSI 회로가 PLA(programmable logic array)이다. PLA는 ROM과 유사하지만 ROM과는 달리 입력선을 모두 디코드하지 않고 또한 최소항을 만들지 않는다. 다시 말하면, PLA는 ROM에서 이용할 수 있는 비트 조합들이 전부 사용되지 않고 남아있을 수 있기 때문에 이와 같은 특성을 좀 더 보완한 것이라 볼 수 있다. 즉, ROM에 비해 보다 경제적이다. 이것을 하드웨어 설계 측면에서 재조명하면 앞에서 배운 don't care조건이 많은 논리 회로 설계에서 ROM을 사용하는 것보다 PLA를 사용하면 좀 더 경제적으로 된다는 것을 시사한다.

[그림 7-21]은 n개의 입력, k개의 곱항, m개의 합항, m개의 출력으로 구성되는 PLA의 블록도를 보여준다.

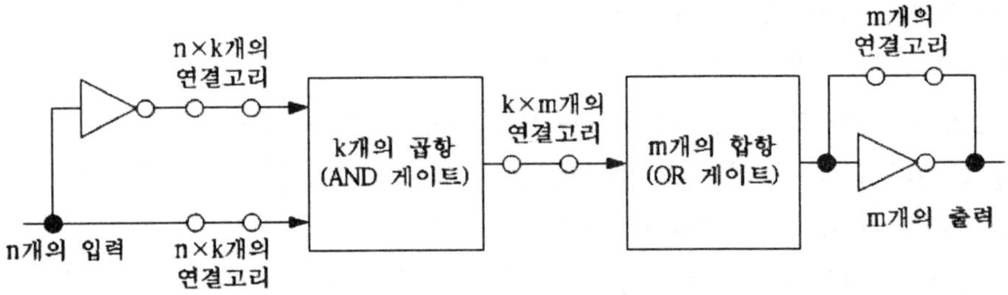


그림 7-21. PLA의 블록도

## 7.7. ROM과 PLA를 이용한 조합 회로 설계

이 절에서는 7.6절에서 소개된 ROM과 PLA를 이용하여 조합 회로를 설계하는 방법을 설명한다. 설계 예는 앞 절과 연계해서 전가산기 회로를 설계해보도록 한다. 먼저 ROM으로 설계하는 경우에는 간단히 3×8 디코더와 2개의 OR 게이트를 사용하여 다음과 같이 구현할 수 있는데 이 경우 ROM은 8×2 ROM이라 볼 수 있다. [그림 7-22]를 [그림 7-19] 및 [그림 7-20]과 비교 검토해보기를 권한다.

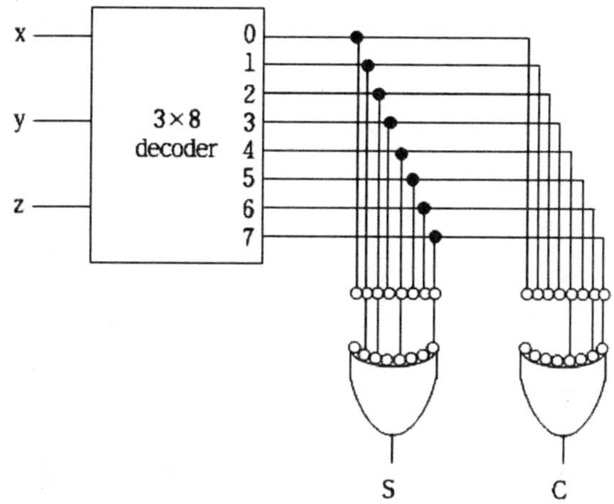


그림 7-22. ROM으로 구현된 전가산기

이번에는 PLA로 전가산기를 구현해보도록 하자. 우선 전가산기의 논리식을 다시 한번 쓰면 S=Σ(1, 2, 4, 7) 및 C=Σ(3, 5, 6, 7) 이다. 이때 PLA의 AND게이트 수는 한정되어 있으므로 카르노 맵을 사용하여 곱항수를 간단화 시킨다. S의 경우는 더 이상 줄일 수 없기 때문에 전가산기의 입력을 앞 절에서와 같이 A, B, C라 하면 S=A′B′C + A′BC′ + AB′C′ + ABC 와 같이 된다. C는 맵을 사용하면 C=AB + AC + BC와 같이 간소화된다. 따라서 PLA를 구현하기 위해서 표와 같이 논리식에서 나타난 곱항 리스트와 입력 ABC, 그리고 출력 S 및 C로 구성되는 PLA 프로그램 표를 작성한다.

표 7-5. PLA 구현을 위한 프로그램 표

| 곱항 | 입력 | | | 출력 | |
|---|---|---|---|---|---|
| | A | B | C | S | C |
| A′B′C | 0 | 0 | 1 | 1 | - |
| A′BC′ | 0 | 1 | 0 | 1 | - |
| AB′C′ | 1 | 0 | 0 | 1 | - |
| ABC | 1 | 1 | 1 | 1 | - |
| AB | 1 | 1 | - | - | 1 |
| AC | 1 | - | 1 | - | 1 |
| BC | - | 1 | 1 | - | 1 |

[표 7-5]에 따라 PLA로 구현한 논리 회로도는 [그림 7-23]과 같다.

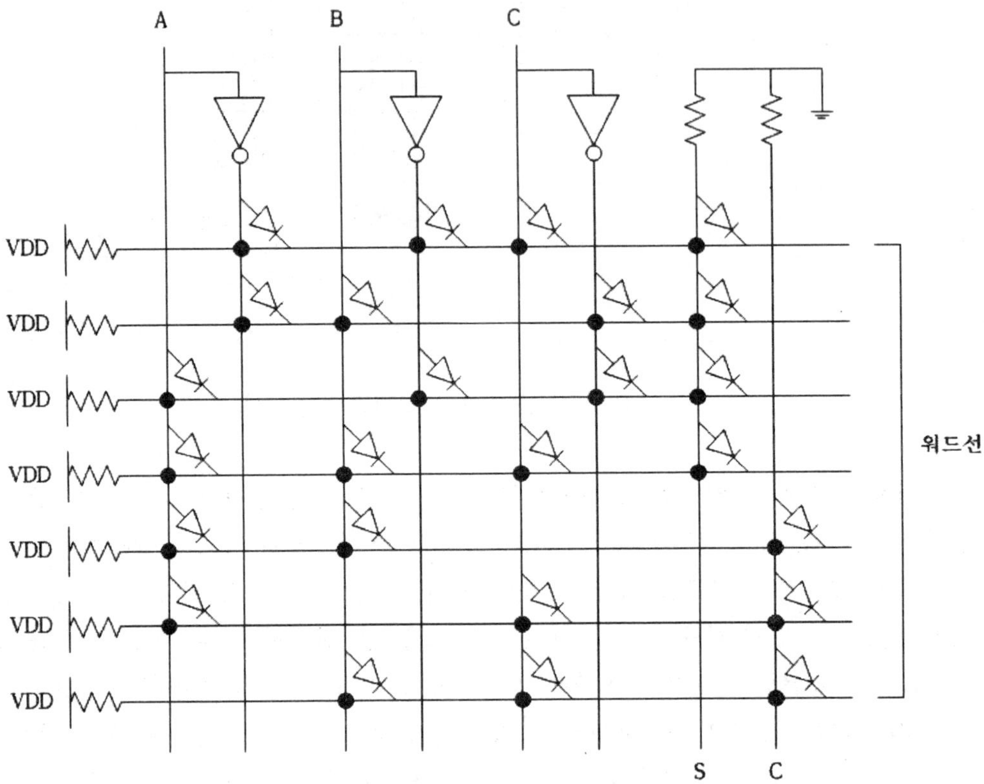


그림 7-23. PLA로 구현한 전가산기

# 7장 연습 문제

1. 2개의 3초과 코드를 가산하는 3초과 코드 가산기를 설계하시오.

2. 4비트 전가산기를 설계하고 그 동작 원리를 설명하시오.

3. 디코더를 정의하고 4비트 코드 1011을 디코드 하는 방법을 설명하시오.

4. 인에이블 단자를 가진 4개의 3×8 디코더와 1개의 2×4 디코더를 사용하여 5×32 디코더를 설계하시오.

5. 디멀티플렉서를 정의하고 디코더를 가지고 디멀티플렉서를 설계하는 방법에 대해서 논하시오.

6. 멀티플렉서를 정의하고 4×1 멀티플렉서를 설계하시오.

7. 멀티플렉서를 병렬입력 직렬출력 장치로 사용하기 위한 방법을 설명 하시오.

8. 인코더를 정의하고 10진수를 2진수로 인코딩하는 논리 회로를 설계하시오.

9. BCD(8421)-3초과 코드를 4비트 전가산기를 사용하여 설계하시오.

10. 9번의 입력과 출력을 바꾸어 3초과 코드를 BCD(8421) 코드로 바꾸는 회로를 4비트전가산기를 사용하여 설계하시오.

11. Look ahead carry란 무엇을 말하는지 설명하고 이를 이용한 4비트 전가산기를 설계하시오.

12. 전가산기를 다음의 장치를 사용하여 각각 설계하시오.

(1). 2개의 4×1 MUX로 설계

(2). 3×8 디코더로 설계

(3). 2×8 ROM으로 설계

(4). PLA를 이용하여 설계

13. ROM과 PLA의 차이점을 정확히 기술하시오.

14. 다음과 같은 MUX가 있다. 이 MUX의 불식을 구하시오.

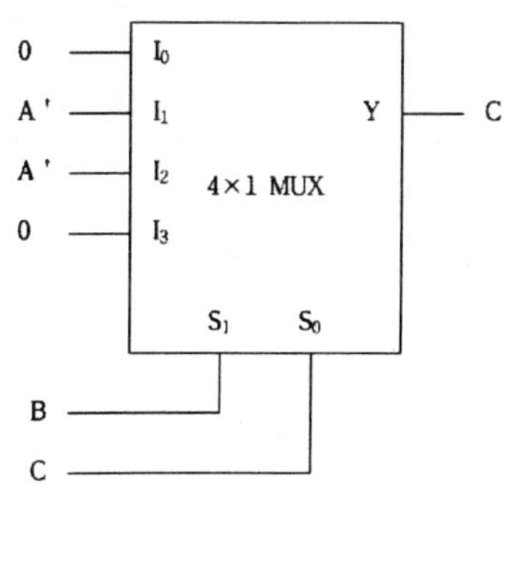

15. ROM, PROM, EPROM, EAROM의 차이점을 설명하시오.

16. 다음 PLA 프로그램 표와 같이 동작하는 디지털 시스템이 있다. 이를 PLA로 구현하시오.

| 곱항 | 입력 | | | 출력 | |
|---|---|---|---|---|---|
| | A | B | C | E | F |
| A′B′C | 0 | 0 | 1 | 1 | - |
| A′BC′ | 0 | 1 | 0 | 1 | - |
| AB′C′ | 1 | 0 | 0 | 1 | - |
| ABC | 1 | 1 | 1 | 1 | - |
| AB | 1 | 1 | - | - | 1 |
| AC | 1 | - | 1 | - | 1 |
| BC | - | 1 | 1 | - | 1 |

17. 16번 문제를 ROM으로 설계하시오.

18. 2비트 크기 비교기를 최소의 게이트를 사용하여 설계하시오.

19. 다음과 같은 출력 함수를 디코더와 ROM으로 각각 설계하시오.

$F(A, B) = \Sigma(0, 1, 2)$

20. 다음과 같은 진리표에 의해 동작하는 디지털 시스템을 ROM과 PLA로 각각 구현하여 복잡도를 비교하시오. 단, 이 진리표에서 명시되지 않은 항은 don't care 조건이다.

| 입력 | | | 출력 | | |
|---|---|---|---|---|---|
| x | y | z | F | G | H |
| 0 | 0 | 0 | 0 | 0 | 1 |
| 0 | 0 | 1 | 1 | 0 | 0 |
| 0 | 1 | 0 | 0 | 1 | 0 |
| 0 | 1 | 1 | 0 | 0 | 1 |

# 8. 동기식 순차 회로

※ 학습목표

동기식 순차 회로의 개념과 각종 플립플롭의 특성을 파악하고 순차 회로 설계를 학습한다.

■ 세부목표

(1) 순차 회로와 조합 회로의 차이점

(2) 각종 플립플롭

(3) 플립플롭을 이용한 순차 회로 설계 방법

(4) 순차 회로의 해석

## 8.1. 순차 회로

조합 논리 회로의 출력은 단지 현재 입력에 따라 결정된다. 그에 반해서 순차 논리 회로는 입력과 현재 상태 값에 따라 출력이 결정된다. 일반적으로 순차 회로는 FSM(Finite State Machine)으로 모델화할 수 있으며 다음과 같은 블록도로 설명된다.

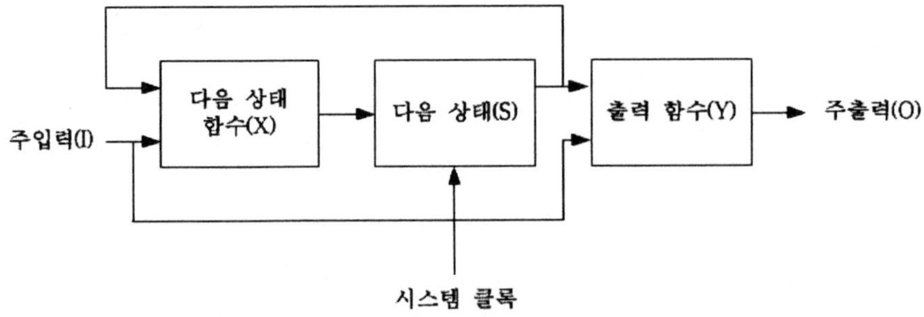


그림 8-1. FSM의 구성도

[그림 8-1]에서 변수들 사이의 관계는 다음과 같은 3가지 식으로 표현된다. 먼저 출력 함수 식 Y에 대해서는 다음과 같이 2개의 식이 성립하는데 출력이 현재 상태의 동작에 의해서만 제어되면

O(t) = Y ( S(t) ) : Moore 형태의 출력

출력이 현재 상태와 외부 입력 I에 의해 제어되면

O(t) = Y ( S(t), I(t) ) : Mealey 형태의 출력

이 된다. 여기서 시간 항(t)를 도입한 것이 유의하기 바란다. 그리고 상태를 결정하는 함수 X에 의해 다음 상태는 현재 상태와 입력 변수에 의해서만 제어됨을 식으로 표현하면

S (t + 1) = X ( S(t), I(t) ) : 다음 상태 함수

와 같이 된다. 따라서 순차 논리 회로에 대한 하드웨어는 조합 논리 회로 부분과 상태에 대한 메모리 소자 부분으로 구성되어 있다. 조합 논리 회로 부분은 앞에서 설명한 논리 회로 부분과 같은 기능을 갖고 있으며, 메모리 소자 부분은 보통 플립플롭으로 구성되어 있다. 플립플롭은 다음 상태의 값에 따라 플립플롭의 상태가 변화되어 조합 논리 회로의 입력으로 작용하게 된다. 따라서 순차 논리 회로의 동작을 결정하기 위해서는 입력 신호의 순서가 확실히 표시되어야 한다.

순차 회로는 동기 순차 회로와 비동기 순차 회로로 나눈다. 게이트형의 비동기 순차 회로는 피드백 경로를 가진 조합 회로이다. 피드백 때문에 불안정하므로 안정성의 문제가 생긴다. 그러므로 컴퓨터에서 비동기 순차 회로는 거의 사용되지 않고 동기 순차 회로가 사용된다. 동기 순차 회로는 클록 펄스에 의하여 동기 된다.

※ 참고 8-1. 클록(clock)

| 클록은 동기회로에서 사용되는 일종의 제어신호로서 일정간격(주기적으로)으로 0에서 1로 1에서 0으로 변화되며 이를 통해 펄스(Pulse)를 구성한다. 0→1로의 변화시점을 상승 |
|---|

에지(Rising Edge), 1→0으로의 변화시점을 하강에지(Falling Edge)라 한다.
클록의 주기는 클록이 반복되어 나타나는 구간의 시간을 말한다. 또한 클록주파수는 주기의 역수로 나타내며 단위는 헤르츠(Hz)이다.

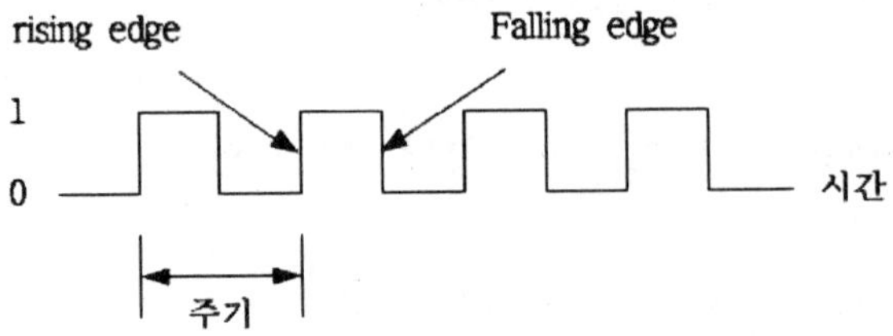


그림 8-2. 클록의 변화

## 8.2. 플립플롭

플립플롭(Flip-Flop)은 정보의 1비트를 저장하는 능력을 가진 2진 셀(cell)이다. 플립플롭은 2개의 안정 상태가 있을 때, 한쪽 안정 상태를 정하는 입력이 인가되면 이어서 다른 쪽 안정 상태를 정하는 입력이 인가되기까지 그 상태를 유지하는 회로를 말한다. 이를테면, 출력이 0인 플립플롭은 출력을 1로 만드는 다른 입력이 인가되기 전까지는 0상태를 유지하며, 반대로 출력이 1인 플립플롭은 출력을 0로 만드는 다른 입력이 인가되기 전까지는 1상태를 유지한다. 이를 통하여 정보의 1비트를 저장하는 능력을 가진다. 멀티바이브레이터(Multivibrator)로 플립플롭을 구성할 때 쌍안정(Bistable) 멀티바이브레이터라고 한다. 여기서 멀티바이브레이터란 2조의 증폭기를 연결하여 루프를 구성한 다음 피드백을 걸어준 것으로 안정, 준안정의 2 상태를 갖는 회로를 총칭하여 부르는 용어이다. 플립플롭의 형식으로는 클록 펄스 입력 단자로 클록에 동기 시켜 입력 신호를 주는 동기식 플립플롭과 클록을 이용하지 않고 입력신호로 직접 설정하는 세트(set)형의 플립플롭 등이 있다.

### 8.2.1. 래치

비동기 플립플롭은 두 개의 NOR 게이트로 [그림 8-3]과 같이 구성된다.

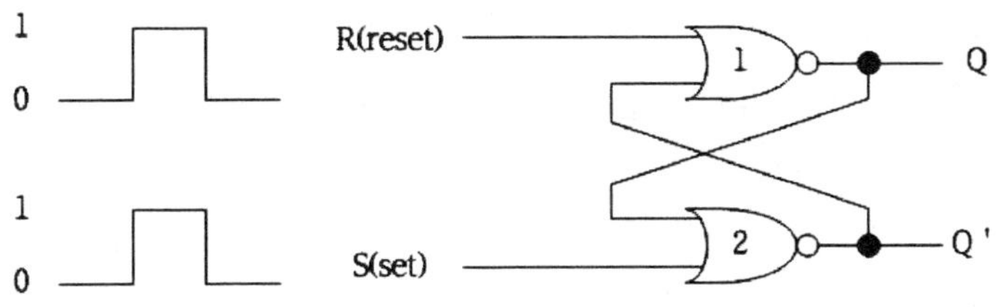


그림 8-3. NOR 게이트로 구성된 기본적인 플립플롭(래치)

이것은 2개의 출력 Q, Q′와 두 개의 입력 S(set), R(reset)을 가지고 있다. 그림을 보면 한 게이트의 출력이 다시 다른 게이트의 입력으로 교차하여 들어가게 되는데 이를 피드백이라 한다. 이러한 플립플롭을 직접 결합 RS 플립플롭이라고도 하고 일반적으로 래치(latch)라고 부른다.

이 회로의 동작을 분석하기 위해서 처음에 NOR 게이트의 특성을 다시 한 번 파악할 필요가 있다. 즉, NOR 게이트는 입력이 하나라도 1이면 그 출력은 0이 된다. 그리고 모든 입력이 0이면 출력은 1이다.

지금, 간단히 생각하기 위하여 특정 시간 t에 S=1, R=0이라 하자. 그러면 Q′는 하나의 게이트 지연 후(NOR 게이트 번호 2를 통과한 후)에 0가 된다. 이제 Q′=0, R=0이므로, 한 게이트 지연 후(NOR 게이트 번호 1을 통과한 후) Q=1이 된다. 즉, 2개의 게이트(이것의 의미는 피드백 선이 있으므로 그것을 따라가면서 2번의 NOR 게이트를 거친 후라는 의미임) 지연 후에 회로는 ① set상태로 결정이 된다. 이제, S=0, R=0이면 어떻게 될까? 이전에 Q=1, Q′=0 이었으므로 한 게이트 지연 후 Q′=0가 될 것이다. 이제 Q′=0, R=0이므로 한 게이트 지연 후 Q=1 이 되어 그대로 ② set상태가 된다. 즉, 변화가 없다(이전 상태 유지). 이제 S=0, R=1이면, 한 게이트 지연 후 Q=0, 이제 Q=0, S=0이므로 한 게이트 지연 후 Q′=1 즉, ③ reset상태가 된다. 만약, S=1, R=1이라면 이전 상태와 상관없이 Q와 Q′가 공히 0이 되어 논리에 어긋난다. 즉, ④ 이런 경우는 허용이 되지 않는다.

이상에 설명한 동작과정을 표를 가지고 정리해보고자 한다. 앞의 본문의 동작 순서 ①, ②, ③, ④를 중심으로 이해해주기 바란다. 표를 보면 알 수 있는 바와 같이 NOR 게이트를 이용할 경우에는 다음에 설명하게 될 NAND 게이트를 이용하였을 경우와는 반대로 출력은 입력 값인 S와 R의 0에서 1로 변화하는 경우 출력이 바뀌게 된다.

표 8-1. NOR 게이트로 구성된 기본 래치의 동작

| 입력 | | 현재 출력 | | 지연 후 출력 | | 의미 |
|---|---|---|---|---|---|---|
| S | R | Q | Q′ | Q | Q′ | |
| 1 | 0 | - | - | 1 | 0 | 세트 상태 |
| 0 | 0 | 1 | 0 | 1 | 0 | 불변 |
| 0 | 1 | 1 | 0 | 0 | 1 | 리셋 상태 |
| 1 | 1 | 0 | 1 | ? | ? | 허용 안 됨 |

비동기 플립플롭은 다음과 같이 두 개의 NAND 게이트로 구성할 수도 있다.

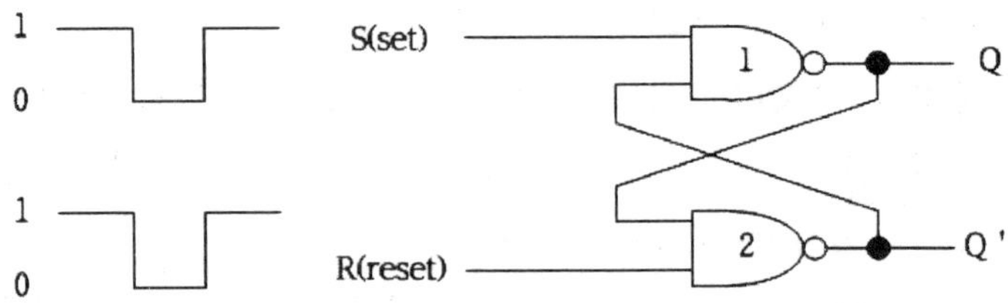


그림 8-4. NAND 게이트를 이용한 기본적인 플립플롭(래치)

그 동작과정을 보면, 처음에 플립플롭의 상태가 바뀌지 않도록 S, R은 전부 1에서 동작한다. 만약 입력 R이 0으로 변하면 게이트 2의 출력 Q′는 1이 된다(리셋 상태). 만약 S=0이고 R이 계속 1이면, Q=1, Q′=0이 된다(세트 상태). 래치의 출력은 입력 값인 S와 R의 0값으로의 변화가 일어날 경우에 출력이 변화된다. 이것을 정리해보면,

Q=1이고 Q′=0일 때 플립플롭은 1을 저장 : 세트(set)상태
Q=0이고 Q′=1일 때 플립플롭은 0을 저장 : 리셋(reset)상태

만약 S=0, R=0이라면 Q=1, Q′=1로 되므로 이것은 허용되지 않으며 의미도 없다. 또한 S=R=1이면 출력을 예견할 수 없다. Q는 이전 상태를 유지하며 Q′도 이전 상태로 유지된다.

표 8-2. NAND 게이트로 구성된 기본 래치의 동작

| S | R | Q | Q′ | 의미 |
|---|---|---|---|---|
| 1 | 0 | 0 | 1 | 리셋 |
| 1 | 1 | 0 | 1 | 변화 없음 |
| 0 | 1 | 1 | 0 | 세트 |
| 1 | 1 | 1 | 0 | 변화 없음 |
| 0 | 0 | 1 | 1 | 허용 안 됨 |

## 8.2.2. RS 플립플롭

래치의 입력에 게이트를 추가하여 플립플롭이 클록 펄스(동기 신호)가 들어오는 동안만 반응하도록 만들 수 있는데 [그림 8-5]에 보인 클록 동기 RS플립플롭은 기본적인 래치와 두개의 NOR 게이트를 이용하여 구성할 수 있다.

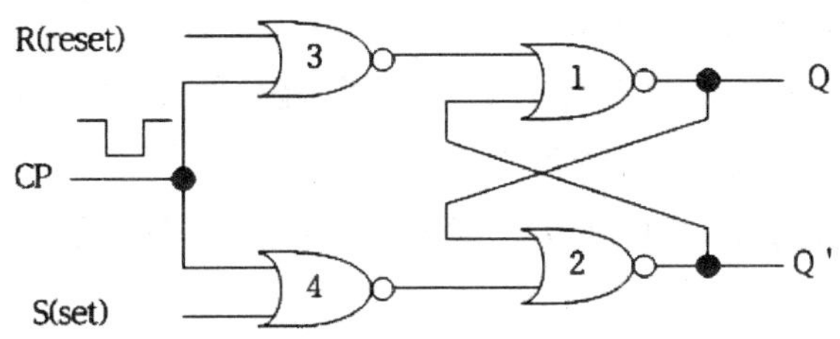


그림 8-5. NOR 게이트를 사용한 클록 동기 RS 플립플롭

이 회로의 동작을 설명하면, 우선 클록(트리거)이 1(high)이면, 게이트 3, 4의 출력은 0이 되고, 게이트 1, 2의 출력인 플립플롭의 상태는 변화지 않는다. 즉, 클록이 1이면, 입력 S와 R은 출력에 영향을 주지 못한다. 이제 클록이 0으로 되고(falling edge), 입력 R=0, S=1이 되면, 게이트 3의 출력은 1이 되고, 플립플롭의 출력 Q=0이 되어 리셋 상태가 된다. 역시 클록이 0으로 되고(falling edge), 입력 R=1, S=0이 되면, 게이트 4의 출력은 1이 되고, 플립플롭의 출력 Q=1이 되어 세트 상태가 된다. 다시 말해서 [그림 8-5]의 회로는 음으로 변하는(Negative Going) 에지에서 동작한다.

이제 다음과 같이 NAND 게이트로 구성된 동기 RS 플립플롭을 생각해보자.

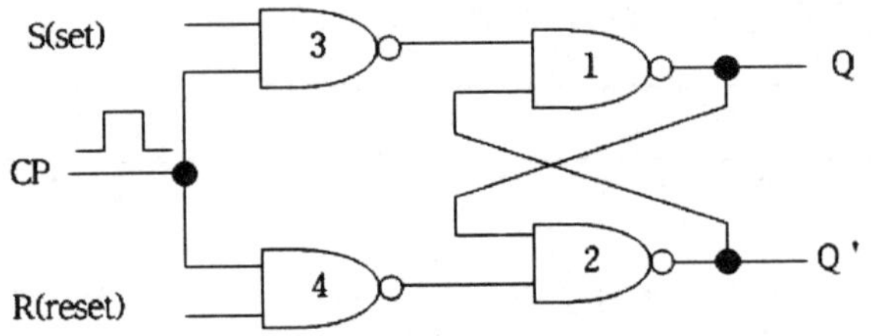


그림 8-6. 클록(트리거)된 동기 RS 플립플롭의 논리도(NAND 게이트로 구성)

이 회로의 동작을 세부적으로 설명하면 먼저 클록 펄스가 들어오지 않는 동안에 CP=0이므로 S와 R의 입력 값에 관계없이 게이트 3과 4의 출력은 1이 되기 때문에 Q와 Q′의 상태는 변하지 않게 된다(그 이유는 [그림 8-4]와 [표 8-2]를 함께 참고). 그러나 클록 펄스가 들어 와서 CP=1일 때

① S=1, R=0이면 3번 게이트 출력은 0, 4번 게이트 출력은 1이므로 [표 8-2]에 의해 Q=1, Q′=0가 되어 세트 상태가 되고,

② S=0, R=1이면 3번 게이트 출력은 1, 4번 게이트 출력은 0이므로 [표 8-2]에 의해 Q=0, Q′=1가 되어 리셋 상태가 되며,

③ S=0, R=0이면 3번, 4번 게이트 출력 모두 1이 되어 Q와 Q′는 이전상태를 유지하며 변하지 않는다.

④ S=R=1이면 3번, 4번 게이트 출력 모두 0이 되어 플립플롭의 Q와 Q′가 동시에 같이 1이 되어 허용되지 않는다.

이번에는 클록 펄스의 변화에 따른 S와 R에 특정 값을 인가한 출력 파형을 보면서 완전히 정리를 해두도록 하자. 여기서 처음에 플립플롭의 상태는 reset 상태에 있다 가정하였다. 즉, Q=0이다.

[그림 8-7]의 파형을 보면 클록 펄스의 rising edge에서 동작하므로 시간 ①에서 S와 R모두 0이므로 Q는 이전 상태인 0에서 변하지 않는다(불변으로 표시). 이제 시간 ②에서 S=1이고 R=0이므로 Q=1이 된다(set로 표시). 또한 시간 ③에서 S=0, R=1이므로 플립플롭은 reset 상태가 되어 Q=0이 된다. 마지막으로 시간 ④에서 S=1, R=0이므로 set 상태가 되어 Q=1이 된다.

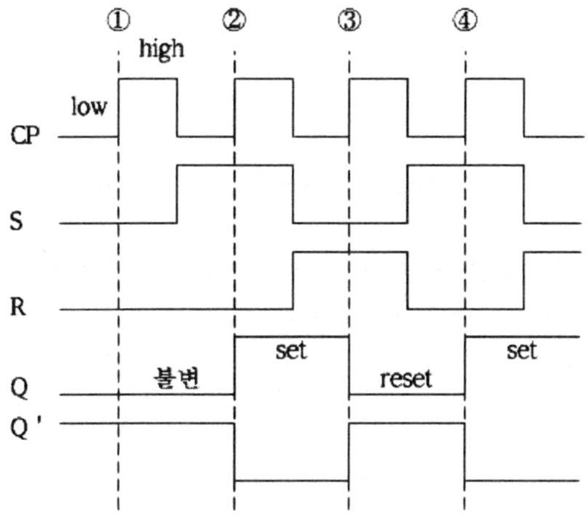


그림 8-7. NAND 게이트를 사용한 클록 동기 RS 플립플롭의 동작

일반적인 RS 플립플롭의 기호는 [그림 8-8]과 같이 한다. 세 개의 입력 S, R, CP를 갖고 CP입력은 작은 삼각형으로 표시한다. 이 삼각형은 동적 표시기의 기호이며, 입력이 0으로부터 1로 되는 입력 천이에 이 플립플롭이 반응한다는 사실을 나타내는 것이다. 만약 1에서 0으로 변화되는 하강 에지에서 동작할 경우에는 CP입력에 ○를 붙여준다. 아울러 Q와 Q′를 구별하기 위하여 Q′에 작은 삼각형 표시를 한다. Q′는 Q의 보수를 의미한다.

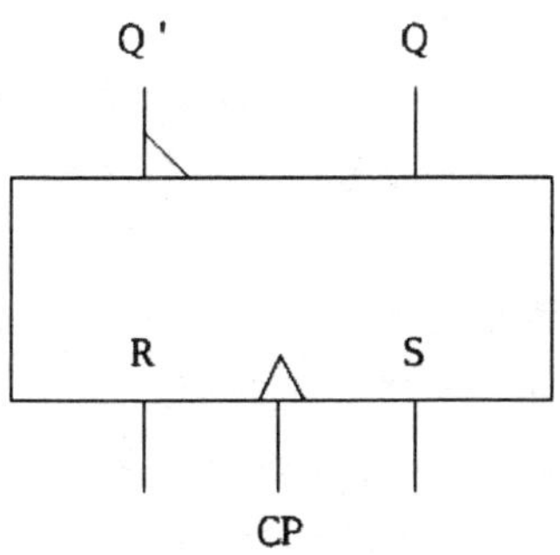


(A) 기호도

| S | R | Q(t+1) | 설명 |
|---|---|---|---|
| 0 | 0 | Q(t) | 불변 |
| 0 | 1 | 0 | Reset |
| 1 | 0 | 1 | Set |
| 1 | 1 | ? | 허용안됨 |

(B) 특성표

그림 8-8. RS 플립플롭의 기호도와 특성표

[그림 8-8(B)]에 보인 특성표에서 Q(t)는 플립플롭의 현재 상태를 표시하고,

Q(t+1)은 클록 펄스가 들어온 후의 플립플롭의 상태, 다시 말하면 다음 상태를 나타내기 위한 것이다.

※ 참고 8-1. Negative Edge Trigger형 RS플립플롭의 기호도

앞에서 클록의 하강 에지(edge란 가장자리란 뜻이다.)인 1에서 0으로 변화되는 Falling Edge에서 동작할 경우에는 CP입력에 ○를 붙여준다고 말한 바 있다. 그러면 이것을 어떻게 나타낼까? 다음과 같이 나타낸다.

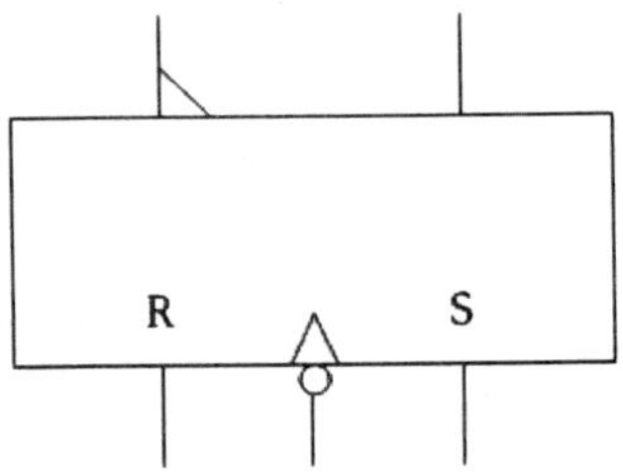


그림 8-9. Negative Edge Trigger형 RS플립플롭 기호도

※ 참고 8-2. Edge Trigger

지금까지 우리가 자세히 살펴본 바와 같이 클록입력에 따라 플립플롭을 동작시킬 수 있음을 충분히 알았을 것이다. 그런데 에지 트리거란 용어가 강하게 느낌이 오지 않을 것이다.
클록에 따라 플립플롭이 반응하게 할 경우, 클록의 입력의 펄스폭이 너무 넓다면 어떻게 될 것인가? 예를 들면, [그림 8-7]에서 클록이 2번 정도 변할 정도로 느리다고 해보자. 이런 경우가 되면 타이밍이 잘 취해지지 않는다. 이렇게 되면 S나 R의 입력이 변하는 타이밍에 Q 출력이 변화하는 이상한 결과가 나와 버리는 것이다. 따라서 클록의 펄스가 high에서 low로 또는 low에서 high로 변하는 순간에만 플립플롭의 Q 출력이 동작하게 하면 어떨까? 클록 펄스가 아무리 긴 펄스폭을 가진다하더라도 안정하게 동작할 것이다. 이렇게 클록의 펄스가 high에서 low로 또는 low에서 high로 변하는 순간에만 플립플롭의 Q 출력이 동작하게 하는 것을 에지 트리거라 부른다.

※ 참고 8-3. Edge Trigger형 플립플롭의 문제점

클록의 펄스가 high에서 low로 또는 low에서 high로 변하는 순간에만 플립플롭의 Q 출력이 동작하게 하는 것을 에지 트리거라 부르며 클록의 펄스폭에 관계없이 안정되게 타이밍을 취할 수 있는 장점이 있다는 사실을 이미 배웠다.
그런데 지금 플립플롭의 회로에 잘못된 동작이 일어나서 리셋을 시키고 싶다하자. 어떻게 되는가? 리셋 입력단자에 입력을 가하고 한 가지 더 남는데 그것은 클록을 가해야한다는 것이다. 이러한 문제점을 고려하여 언제든지 클록에 관계없이 회로를 세트 또는 리셋을 시킬 수 있도록 비동기식 개념(여기서 비동기식 개념이란 클록에 상관없다는 뜻이다.)의 CLR(클리어(Clear) 또는 리셋) 단자와 PR(프리셋(Preset))단자를 가진 플립플롭도 있다. 이러한 경우에는 다음과 같이 기호도로 나타내며 다음그림의 PR단자와 CLR단자에 ○이 붙어있으므로 이 경우는 low값을 가하면 프리셋 또는 리셋 상태가 된다.

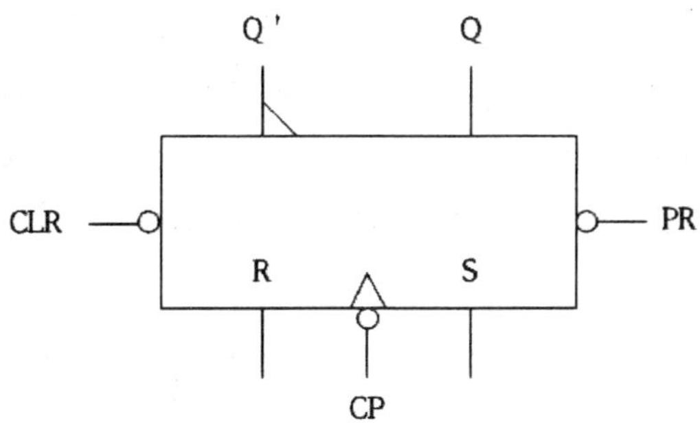


그림 8-10. PR단자와 CLR단자를 가진 Negative Edge Trigger형 RS플립플롭 기호도

## 8.2.3. D 플립플롭

D 플립플롭은 앞서 설명한 RS 플립플롭의 수정형으로서 S와 R을 인버터로 연결하고, S입력에 D라는 기호를 붙인 것이다. 이에 대한 기호도와 특성표는 [그림 8-11]과 같으며 [그림 8-11(B)]의 특성표에서 알 수 있는 바와 같이 출력 Q의 값은 입력 D의 값과 같으나 시간적인 차이만이 있게 된다. D에 입력을 넣은 다음 시간차를 두고 클록 펄스 CP를 넣으면 그 시간만큼 지연되어 출력이 나타난다.

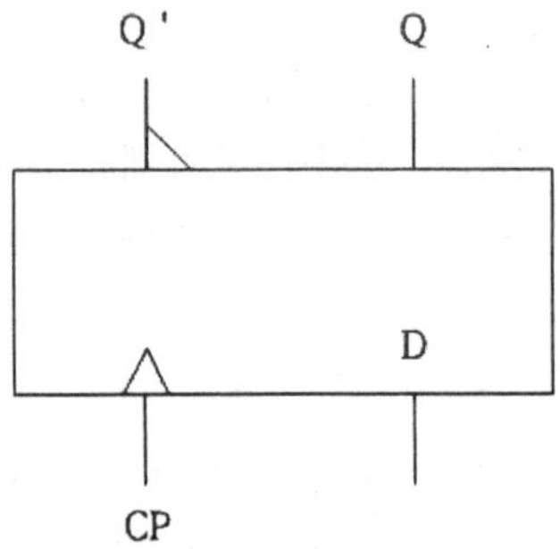


(A) 기호도

| D | Q(t+1) | 설명 |
|---|---|---|
| 0 | 0 | Clear |
| 1 | 0 | Set |

(B) 특성표

그림 8-11. D 플립플롭의 기호도 및 특성표

## 8.2.4. JK 플립플롭

RS 플립플롭에서 R=S=1을 허용하지 않는 결점을 보완한 것이 JK 플립플롭이다. 입력 J와 K는 RS 플립플롭의 입력 S와 R에 그대로 대응된다. J=K=1일 때 클록 펄스는 플립플롭의 출력이 보수상태, 즉 Q(t+1)=Q′(t)로 되게 한다.

JK 플립플롭의 기호도와 특성표는 [그림 8-12]와 같이 표시한다.

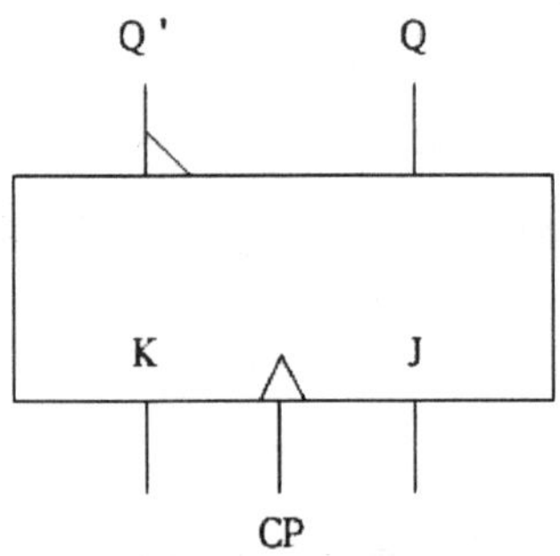


(A) 기호도

| J | K | Q(t+1) | 설명 |
|---|---|---|---|
| 0 | 0 | Q(t) | 불변 |
| 0 | 1 | 0 | Reset |
| 1 | 0 | 1 | Set |
| 1 | 1 | Q ' (t) | 보수 |

(B) 특성표

그림 8-12. JK 플립플롭의 기호도 및 특성표

## 8.2.5. T 플립플롭

T 플립플롭은 JK 플립플롭에서 J와 K를 묶어서 T라 하고, T=1로 하면 클록 펄스에 따라서 Q의 값은 이전상태의 보수가 된다. 또한 T=0일 경우에는 Q의 값은 변하지 않게 된다. T 플립플롭의 기호도 및 특성표는 [그림 8-13]과 같다.

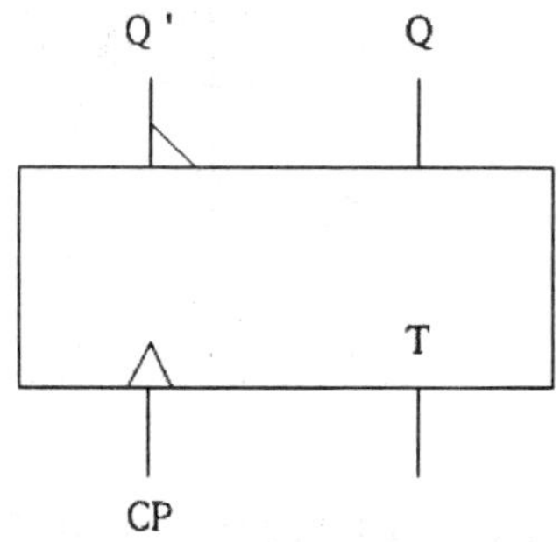


(A) 기호도

| D | Q(t+1) | 설명 |
|---|---|---|
| 0 | Q(t) | 불변 |
| 1 | Q '(t) | 보수 |

(B) 특성표

그림 8-13. T 플립플롭의 기호도 및 특성표

## 8.2.6. 여기표

플립플롭에서 현재 상태와 다음 상태를 알 때, 플립플롭에 어떤 입력을 가해져야 하는가를 일목요연하게 나타낸 표를 플립플롭의 여기표(excitation table)라 하며 플립플롭으로 구성된 순차 회로를 설계 할 때 매우 유용하게 사용할 수 있다.

지금까지 설명한 RS, D, JK, T 플립플롭에 대한 여기표를 정리해보면 [표 8-3]과 같이 된다.

표 8-3. RS, D, JK, T 플립플롭의 여기표

(A) RS 플립플롭

| Q(t) | Q(t+1) | S | R |
|---|---|---|---|
| 0 | 0 | 0 | x |
| 0 | 1 | 1 | 0 |
| 1 | 0 | 0 | 1 |
| 1 | 1 | x | 0 |

(B) JK 플립플롭

| Q(t) | Q(t+1) | J | K |
|---|---|---|---|
| 0 | 0 | 0 | x |
| 0 | 1 | 1 | x |
| 1 | 0 | x | 1 |
| 1 | 1 | x | 0 |

(C) D 플립플롭

| Q(t) | Q(t+1) | D |
|---|---|---|
| 0 | 0 | 0 |
| 0 | 1 | 1 |
| 1 | 0 | 0 |
| 1 | 1 | 1 |

(D) T 플립플롭

| Q(t) | Q(t+1) | T |
|---|---|---|
| 0 | 0 | 0 |
| 0 | 1 | 1 |
| 1 | 0 | 1 |
| 1 | 1 | 0 |

한편, 현재 상태와 플립플롭의 입력에 따라 다음상태인 Q(t+1)을 진리치표로 표시한 후, 카르노 맵을 그려 간소화하면 각 플립플롭의 특성식을 유도할 수 있다. 예를 들어, RS 플립플롭의 경우 진리치표는 다음과 같이 될 것이다.

표 8-4. RS 플립플롭의 경우 진리표

| Q | S | R | Q(t+1) |
|---|---|---|---|
| 0 | 0 | 0 | 0 |
| 0 | 0 | 1 | 0 |
| 0 | 1 | 0 | 1 |
| 0 | 1 | 1 | ? |
| 1 | 0 | 0 | 1 |
| 1 | 0 | 1 | 0 |
| 1 | 1 | 0 | 1 |
| 1 | 1 | 1 | ? |

이로부터 카르노 맵을 그리면 다음과 같다. 단, 출력이 결정되지 않는 경우는 허용이 되지 않으므로 don't care 조건으로 취급해주면 되겠다.

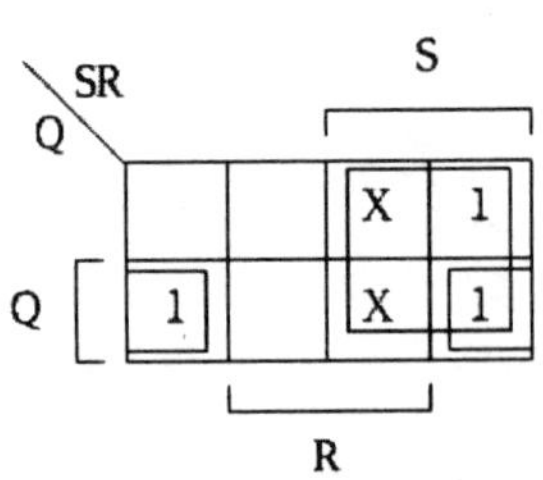


그림 8-14. 특성표에 따른 카르노 맵

카르노 맵에서 간소화한 결과는 Q(t+1)= S + R′Q, SR=0 이 되며, 마찬가지로 다른 플립플롭에 대해서도 비슷한 방법으로 다음의 특성식들을 얻을 수 있다.

RS 플립플롭 : Q(t+1) = S + R′Q, SR=0
JK 플립플롭 : Q(t+1) = JQ′ + K′Q
D 플립플롭 : Q(t+1) = D
T 플립플롭 : Q(t+1) = TQ′ + T′

## 8.2.7. RS 플립플롭으로부터 D, JK, T 플립플롭 유도

기본 RS 플립플롭으로부터 어떻게 D, JK, T형의 플립플롭이 유도되는지 알아보는 것은 매우 의미가 있다. 물론 지금까지 설명에서 각각이 어떻게 유도되는지 설명하였다. 이를 총정리하여 보면 [그림 8-15]와 같이 요약할 수 있겠다.

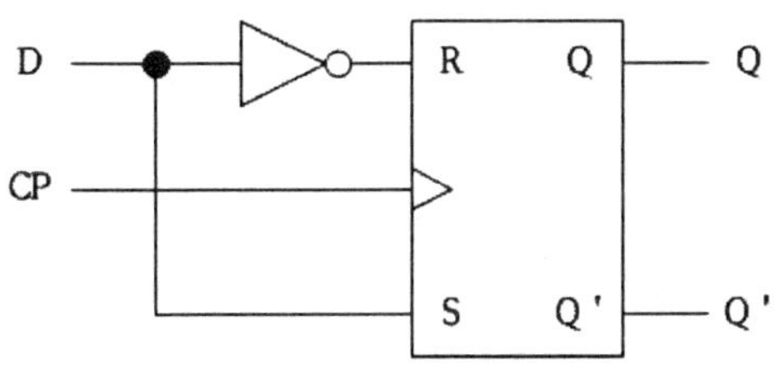


(A) RS 플립플롭으로부터 D 플립플롭 유도

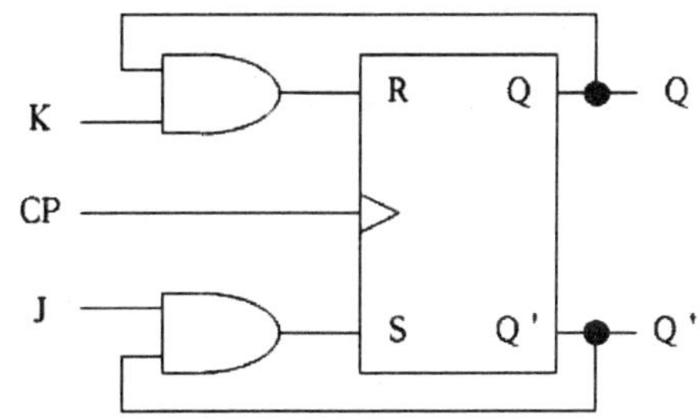


(B) RS 플립플롭으로부터 JK 플립플롭 유도

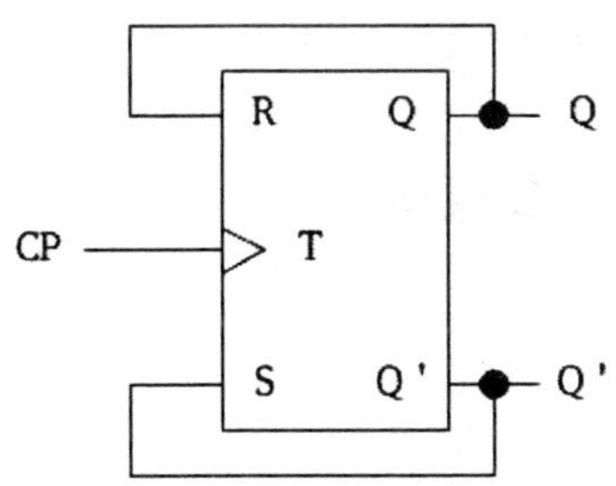


(C) RS 플립플롭으로부터 T 플립플롭 유도

그림 8-15. RS 플립플롭으로부터 D, JK, T 플립플롭의 유도

## 8.3. 주종 플립플롭

지금까지 설명한 4가지형의 플립플롭에서 클록 입력이 변하고 있는 시간동안 만약에 플립플롭의 출력이 변한다면 어떻게 될까? 이러한 현상을 트리거링 문제라 부르며 이때 분명히 불안정한 상태를 야기 시킬 것이라 예견된다. 다시 말하면, 플립플롭 자체의 신호전파에 소요되는 지연 시간은 클록 펄스의 지속시간보다는 길어야만 안정하게 동작한다는 것을 알 수 있다. 이렇게 조정한다는 것은 사실 매우 까다로운 문제가 되겠는데 다음과 같은 3가지 방법을 고려할 수 있다.

방법 1. 플립플롭내에 클록 펄스 지속시간과 최소한 같거나 더 길게 되는 특수한 지연소자를 삽입하는 방법

방법 2. 플립플롭이 클록 펄스 변화 때만 반응하도록 만드는 방법으로 클록 입력에 커패시터를 결합하는 방법인데 여기에는 Positive Edge, Negative Edge, 변이 Trigger 방식 등이 있다.

방법 3. 주종 플립플롭(mater-slave)을 쓰는 방법

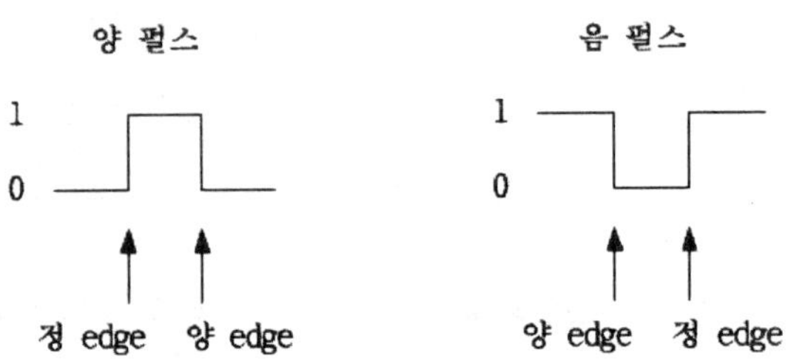


그림 8-16. 클록 펄스 천이의 정의

[그림 8-17]은 주종 RS 플립플롭의 논리도를 보여준다.

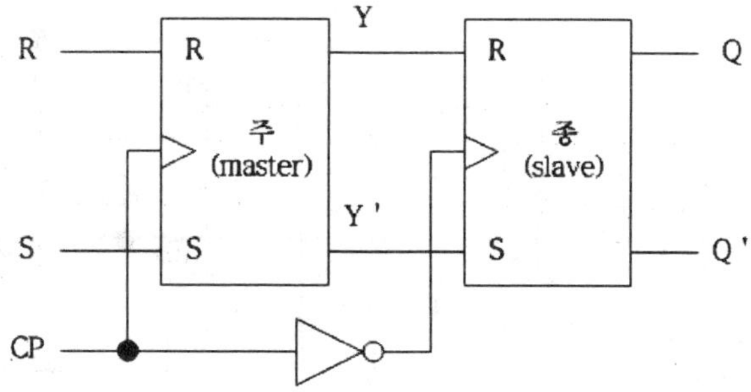


그림 8-17. 주종 RS 플립플롭

# 8.4. 순차 회로 예

순차 회로는 플립플롭과 게이트를 서로 연결한 것이다. 게이트들로만 된 회로는 조합 회로이지만, 플립플롭이 포함될 때 순차 회로가 된다.

## 8.4.1. 플립플롭 입력함수

[그림 8-18]에 순차 회로의 예를 하나 들어보았다. 하나의 입력변수 x, 하나의 출력변수 y, 두 개의 동기 RS 플립플롭이 있고 AND 게이트들과 인버터는 회로의 조합 논리부분을 구성한다. 플립플롭의 입력을 만드는 조합 회로 부분은 플립플롭 입력함수라 불리는 불 함수에 의해서 표시된다. [그림 8-18]에는 RA, SA, RB, SB로 표시된 4개의 입력함수가 있다. 입력함수는 플립플롭 입력변수를 위한 불 함수로 보면 된다.

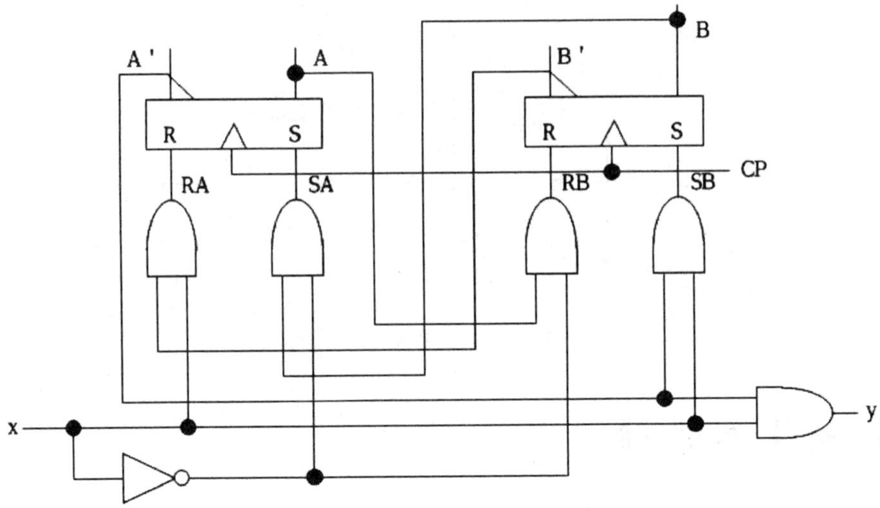


그림 8-18. 순차 회로의 한 예

[그림 8-18]로부터 입력 함수를 구하면

RA = B′x
SA = Bx′
RB = Ax′
SB = A′x

와 같이 되고, 외부출력 y는 다음과 같다.

y = A′x

## 8.4.2. 상태표

순차 논리 회로의 특성은 앞서 언급한 바와 같이 입력, 출력 및 플립플롭의 상태로부터 결정되어 진다. 출력과 다음 상태는 모두 입력과 현재상태의 함수이다. 이 사이의 관계를 표의 형태로 나타낸 것을 상태표(State Table)라 부른다. 동기 순차 회로에서는 현재 상태에서 다음 상태로의 천이는 클록 펄스에 의해서 이루어진다.

그러면 [그림 8-18]에 대한 상태표를 회로도로부터 구해보자. 이의 결과는 [표

8-5]와 같이 된다.

일반적으로 m개의 플립플롭, n개의 입력변수, p개의 출력변수를 갖고 있는 순차 회로는 현재 상태에 m개의 열, 입력에 n개의 열, 다음 상태에 m개의 열, 출력에 p 개의 행을 갖는 상태표가 된다. 또한 행에는 $2^{m+n}$개의 조합이 나오게 된다.

표 8-5. 그림 8-18 회로에 대한 상태표

| 현재 상태 입력 | | | 다음 상태 | | 출력 |
|---|---|---|---|---|---|
| A | B | x | A | B | y |
| 0 | 0 | 0 | 0 | 0 | 0 |
| 0 | 0 | 1 | 0 | 1 | 1 |
| 0 | 1 | 0 | 1 | 1 | 0 |
| 0 | 1 | 1 | 0 | 1 | 1 |
| 1 | 0 | 0 | 1 | 0 | 0 |
| 1 | 0 | 1 | 0 | 0 | 0 |
| 1 | 1 | 0 | 1 | 0 | 0 |
| 1 | 1 | 1 | 1 | 1 | 0 |

[표 8-5]에 이를 적용시켜 확인해보면 m=2, n=1, p=1이므로 총 8개의 행이 나오게 된다. [표 8-5]에서 다음 상태와 출력 열은 현재 상태와 입력 변수의 함수이고 회로로부터 직접 구해진다.

### 8.4.3. 상태도

상태표를 그대로 그림으로 표시한 것을 상태도(State Diagram)라 부른다. 상태도에서 하나의 상태(State)는 원으로 나타내고, 하나의 상태와 다른 상태 사이의 천이는 각 상태를 나타내는 원 사이를 연결하는 직선으로 표시한다. 따라서 이와 같은 규칙을 적용하면 순차 회로의 상태도는 다음과 같이 나타낼 수 있게 된다.

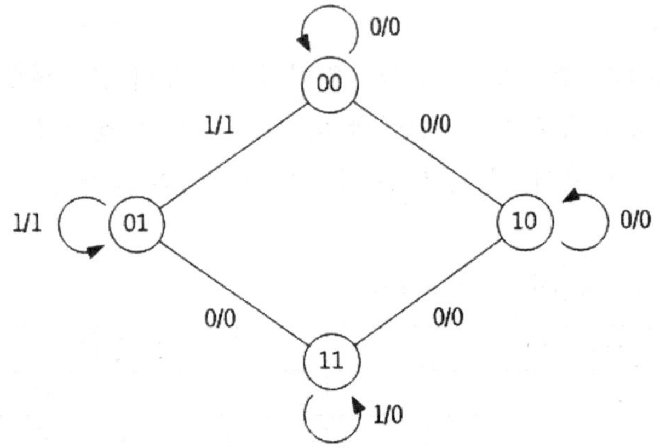


그림 8-19. 그림 8-18 회로의 상태도

[그림 8-19]에서 원 안에는 플립플롭 A, B의 상태를 넣고, /의 왼쪽에는 입력, 오른쪽에는 출력을 써넣는다. 예를 들면 상태 00으로부터 01로 가는 직선 위에 표시된 1/1은 x=1, y=1일 때 순차 회로가 현재 상태 00에 있음을 의미한다. 다음 클록 펄스가 들어오면 회로는 다음 상태 01로 간다. 원에서 나온 선이 자신의 원으로 다시 들어가는 것은 상태의 변화가 일어나지 않음을 의미한다. 상태도는 상태표와 동일한 정보를 제공하며 [표 8-5]로부터 직접 얻어진다.

상태표와 상태도는 표현방법만이 다르고 다른 차이는 없다. 상태표는 회로도로부터 쉽게 유도할 수 있고, 상태도는 상태표로부터 바로 얻게 된다. 상태도는 순차 회로의 처음 설계 사양(Specification)으로 사용되기도 한다.

## 8.5. 순차 회로 설계

순차 회로를 설계하는 일반적인 과정을 설명해보자. 처음에 설계할 회로 사양을 보고 상태도와 상태표를 구한 후에 회로도를 그리는 과정으로 집약된다.

### 8.5.1. 설계 순서

순차 회로의 설계는 다음과 같은 단계를 거친다.

단계 1. 처음에 회로의 특성으로부터 상태도를 그린다.

단계 2. 상태도의 원 안의 상태의 비트수로부터 필요한 플립플롭의 개수를 결정한다.

단계 3. 회로의 입력수를 정한다.

단계 4. 상태표를 작성한다. 만약 m개의 플립플롭을 쓰고, n개의 입력이 있으면 $2^{m+n}$개의 조합이 상태표에 나오게 된다.

단계 5. 상태표를 확장하여 플립플롭의 여기표를 만든다.

단계 6. 다음에 카르노 맵을 이용하여 간소화된 플립플롭의 입력조건을 구한 후에 회로를 구성한다.

플립플롭의 출력은 순차 회로의 출력이 되는 경우가 많다. 그렇지만 조합 회로에서 외부출력이 나올 수도 있다. 그러한 경우에 외부출력에 대한 불 함수는 조합 회로의 설계 기법에 의해 상태표로 부터 유도된다.

플립플롭의 입력함수는 대수형식으로 순차 회로를 표시한다. 플립플롭의 입력함수로부터 논리도를 구하는 절차는 처음에 플립플롭을 그리고 모든 입력과 출력에 기호를 붙인다. 플립플롭의 입력함수에 의해 주어진 불 함수로부터 조합 회로를 그린다. 마지막으로 플립플롭의 출력을 조합 회로의 입력에 연결하고 조합 회로의 출력은 플립플롭의 입력에 연결시키면 된다.

### 8.5.2. 순차 회로 설계 예

실제적인 예로서 2비트 2진 카운터 설계를 통하여 8.5.1에서 설명한 순차 회로 설계법에 적용시켜보자. 2비트 2진 카운터는 외부입력 x=1일 때 2진 상태 00, 01, 10, 11, 00, ...를 반복한다. 또 x=0일 경우에는 회로의 상태가 변하지 않고 그대로 남는다. 즉, 입력 x는 제어변수이다.

각 상태는 2비트로 되어 있으므로 두 개의 플립플롭이 필요하다는 것을 알 수 있다. 상태도를 그리면 [그림 8-20]과 같이 된다.

여기서 순차 회로의 외부출력은 없으므로 입력만이 표시되어 있다. 플립플롭의 상태가 회로의 출력으로 된다고 생각한다. 두 개의 플립플롭을 각각 A, B라 한다. 플립플롭의 다음 상태는 현재의 상태와 입력의 함수이다. 상태도로부터 상태표를 구하면 [표 8-6]처럼 되나 이 표의 처음 5열이 상태표가 된다. 이 상태표는 앞서 설명한 바와 같이 상태도로부터 직접 얻어진다.

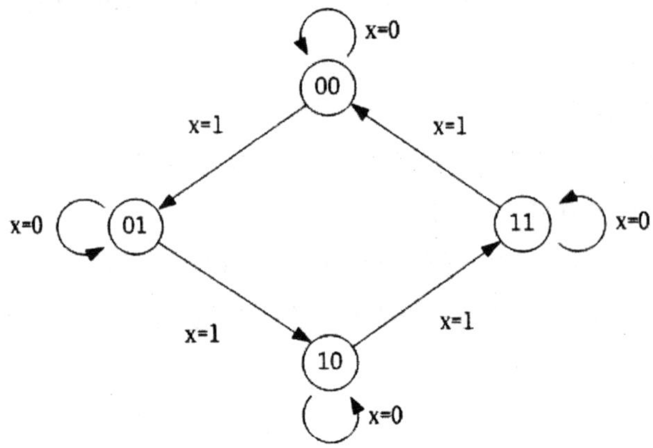


그림 8-20. 2진 카운터의 상태도

순차 회로의 여기표는 상태표의 확장이다. 플립플롭 입력조건은 플립플롭의 종류에 따라 달라진다. 본 예에서는 JK 플립플롭을 사용해서 설계한다고 간주한다.

표 8-6. 2진 카운터의 여기표

| 상태표 | | | | | | | | |
|---|---|---|---|---|---|---|---|---|
| 현재 상태 | | 입력 | 다음 상태 | | 플립플롭 입력 조건 | | | |
| A | B | x | A | B | JA | KA | JB | KB |
| 0 | 0 | 0 | 0 | 0 | 0 | × | 0 | × |
| 0 | 0 | 1 | 0 | 1 | 0 | × | 1 | × |
| 0 | 1 | 0 | 0 | 1 | 0 | × | × | 0 |
| 0 | 1 | 1 | 1 | 0 | 1 | × | × | 1 |
| 1 | 0 | 0 | 1 | 0 | × | 0 | 0 | × |
| 1 | 0 | 1 | 1 | 1 | × | 0 | 1 | × |
| 1 | 1 | 0 | 1 | 1 | × | 0 | × | 0 |
| 1 | 1 | 1 | 0 | 0 | × | 1 | × | 1 |
| 조합 회로 입력 | | | | | 조합 회로 출력 | | | |

JA, KA, JB, KB는 A, B, x에 따라 결정되며 이를 간소화하기 위하여 카르노 맵을 쓰면 [그림 8-21]처럼 간소화된다.

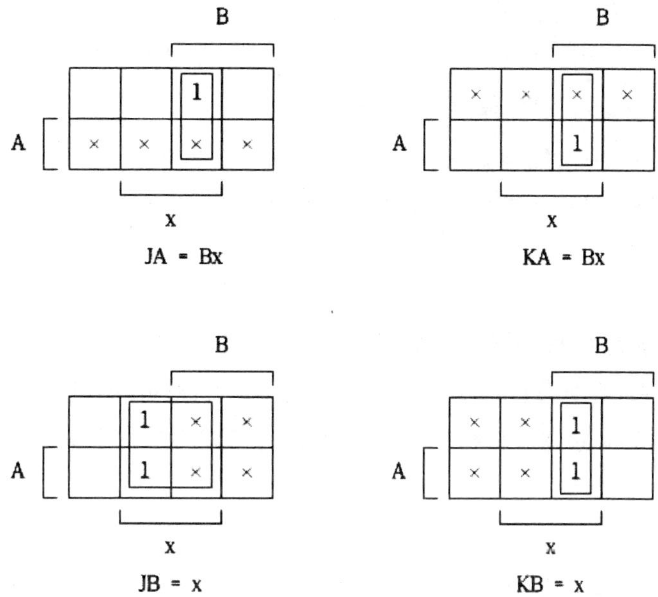


그림 8-21. 카운터의 조합 회로에 대한 맵

[그림 8-21]로부터 간소화된 결과를 가지고 회로도를 그리면 [그림 8-22]와 같이 된다.

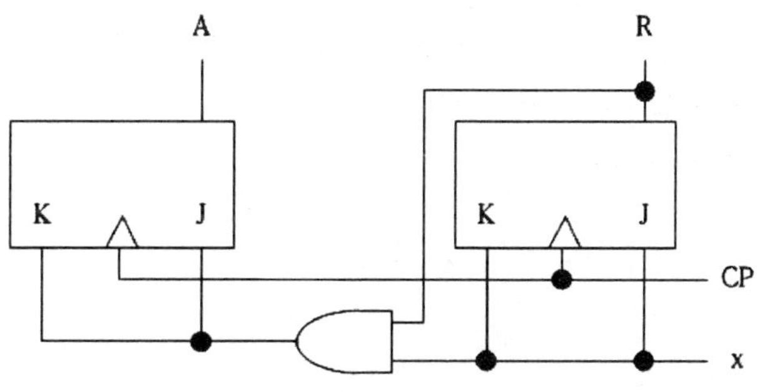


그림 8-22. 설계된 회로도

## 8.5.3. 상태식을 이용한 순차 회로의 설계

상태식으로 주어진 설계사양으로부터 순차 회로를 바로 설계할 수도 있는데 그것은 이때 상태식은 현재 상태와 입력 변수의 함수로서 다음 상태에 관한 조건이 주어지는 불 대수식으로 볼 수 있기 때문이다.

상태식을 이용하여 설계하는 경우에는 특히 D 플립플롭이나 JK 플립플롭으로 구현하면 대수적처리가 간단해서 유리하다.

본 절에서는 상태식으로부터 D 플립플롭과 JK 플립플롭으로 구현하는 방법을 자세히 설명하기로 한다. 먼저 D 플립플롭과 JK 플립플롭의 특성식을 다시 한 번 검토하자.

#### 8.5.3.1. D 플립플롭에 의한 순차 회로

D 플립플롭의 특성식은 앞서 설명한 바와 같이 Q(t+1)=D가 된다. 이 식은 플립플롭의 다음 상태가 현재 상태의 값에 관계없이 입력 D의 현재 값과 같다는 것을 의미한다.

#### 8.5.3.2. JK 플립플롭에 의한 순차 회로

JK 플립플롭을 이용하여 설계하는 경우를 살펴보자. JK 플립플롭의 특성식은 Q(t+1) = JQ′+K′Q과 같다.

그러면 실제로 상태 방정식으로부터 순차 회로를 설계하는 예를 하나 들어 보자.

**예제 8-1**

다음의 상태식을 갖는 순차논리 회로를 JK 플립플롭으로 설계하라

A(t+1) = A′B′CD + ACD + AC′D′ + A′B′C

B(t+1) = A′C + CD′ + A′BC′

C(t+1) = B

D(t+1) = D′

(풀이)

먼저 4개의 상태식에 대한 플립플롭의 명칭을 각각 A, B, C, D라 하고 먼저 플립플롭 A에 관한 상태식과 같은 형태가 되도록 조작한다. 즉, 다음과 같이 한다.

A(t+1) = (B′CD + B′C)A′ + (CD + C′D′)A = JA′ + K′A

이제 플립플롭 A의 입력 함수는 JK 플립플롭의 특성식이 Q(t+1)=JQ′+K′Q인 것을 이용하

면 다음과 같이 쓸 수 있다.

$JA = B'CD + B'C = B'C$
$KA = (CD + C'D')' = CD' + C'D$

마찬가지로 플립플롭 B에 대한 상태식은 (B+B')=1를 이용하여 다음과 같이 표현할 수 있다.

$$\begin{aligned} B(t+1) &= (A'C + CD') + (A'C')B \\ &= (A'C + CD')(B' + B) + (A'C')B \\ &= (A'C + CD')B' + (A'C + CD' + A'C')B \\ &= JB' + K'B \end{aligned}$$

따라서 플립플롭에 B에 관한 입력 함수는

$JB = A'C + CD'$
$KB = (A'C + CD' + A'C')' = AC' + AD$

와 같이 구할 수 있다.
또한 플립플롭 C에 관한 상태식은 다음과 같이 표현할 수 있다.

$C(t+1) = B = B(C' + C) = BC' + BC = JC' + K'C$

따라서 플립플롭 C에 관한 입력 함수는 다음과 같다.

$JC = B$
$KC = B'$

마지막으로 플립플롭 D에 관한 상태식은 D(t+1)=D' 이며 toggle되는 조건을 역으로 생각해보면 플립플롭 D의 입력 함수는 다음과 같다.

$JD = KD = 1$

만약 D(t+1)=D 라면 당연히 JD=0, KD=0이 될 것이다. 지금까지 유도한 각 플립플롭 입력 함수를 정리하면 다음과 같다.

| | |
|---|---|
| JA = B′C | KA = CD′ + C′D |
| JB = A′C + CD′ | KB = AC′ + AD |
| JC = B | KC = B′ |
| JD = 1 | KD = 1 |

이로부터 논리 회로를 그리면 [그림 8-23]과 같다.

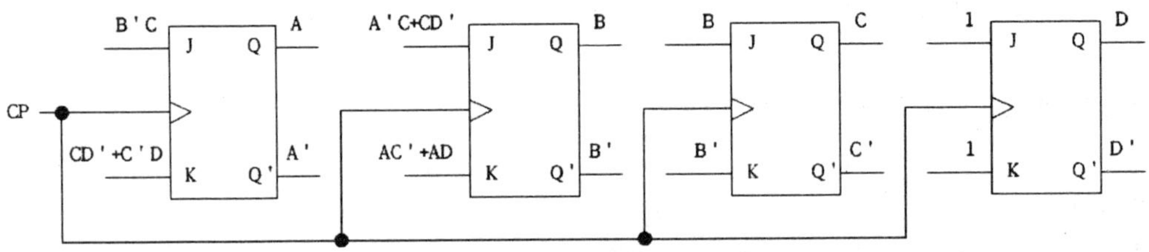


그림 8-23. 예제에 대한 논리 회로

# 8.6. 간소화된 순차 회로 설계 방법

순차 회로를 설계할 경우 가능한 상태수를 줄이는 것이 바람직하다. 따라서 순차 회로 설계할 때 불필요한 상태가 포함되어있지 않은지 조사하고 만약 불필요한 상태가 포함되어있다면 이를 제거하여야한다. 여기서는 이와 같은 상태축소문제를 언급하고자 한다.

## 8.6.1. 상태 축소

순차 회로 동작의 상태표에서 불필요한 상태를 제거함으로써 회로 설계를 간략화 시킬 수 있다. 상태 축소(State Reduction)를 하면, 결과적으로 회로를 구현할 때 플립플롭의 수를 줄일 수 있을 것으로 예측된다. 하지만 꼭 그런 것은 아니다. 이것은 차후에 설명하기로 하고 하여튼 상태를 되도록 축소하는 것이 지금의 과제라고 정의하자.

축소 가능한 불필요한 상태는 그러면 어떤 경우일까? 예를 들어 상태 $S_1$, $S_2$에 대하여 적어도 하나 이상의 입력이 서로 다른 출력을 발생하는 상태가 존재하면, 상태 $S_1$과 $S_2$는 서로 구별된다고 부르며 이것은 회로 동작에 필수적이다. 그러나 어떤 입력에 대해서도 상태 1이 어떤 다른 상태 2와 구분이 되지 않으면, 이것은 불필요한 상태가 된다.

어떤 상태표에서 다음 상태와 출력이 동일한 두 개 또는 그 이상의 행을 포함하면 이 상태표는 불필요한 상태를 갖는다고 판단된다. 이때 이러한 불필요한 상태는 제거되어야한다. 그러면 어떻게 상태를 제거할 수 있는지 자세히 알아보기로 하자.

상태 축소 알고리즘은 다음과 같다.

단계 1. 먼저 불필요한 상태를 찾기 위해 상태도나 상태표에서 각 상태를 조사하여 각 상태쌍에서 다음 상태와 출력이 같은 것을 고른다. 예로서 이렇게 찾은 2개의 상태를 각각 $S_1$, $S_2$라 하자.

단계 2. 다음에 상태표에서 $S_2$행을 제거한다.

단계 3. 상태표에서 다른 행의 다음 상태에 있는 $S_2$를 $S_1$로 계속 대치한다.

단계 4. 더 이상 제거될 상태들이 발견되지 않을 때까지 단계 1 ~ 단계 3을 반복한다.

**예제 8-2**

예를 들어 초기 상태 $S_1$에서 시작하며 입력 순서가 01010110100인 경우에 이와 같은 0또는 1의 입력 순서에 대하여 0 또는 1인 출력 순서를 가지는 순서 회로를 설계한다고 가정하자. 즉, 먼저 현재 상태 $S_1$에서 입력 x=0인 경우 출력 y=0를 생성하고 $S_1$상태로 남아있는다. 그 다음에는 현재 상태 $S_1$에서 1의 입력에서 출력은 0이고 다음 상태는 $S_2$가되며 다음과 같이 동작하는 순차 회로를 설계하는 것이다.

| 상태 | → | $S_1$ | $S_1$ | $S_2$ | $S_3$ | $S_4$ | $S_5$ | $S_6$ | $S_6$ | $S_7$ | $S_6$ | $S_7$ | $S_1$ |
|---|---|---|---|---|---|---|---|---|---|---|---|---|---|
| 입력(x) | → | 0 | 1 | 0 | 1 | 0 | 1 | 1 | 0 | 1 | 0 | 0 | … |
| 출력(y) | → | 0 | 0 | 0 | 0 | 0 | 1 | 1 | 0 | 1 | 0 | 0 | … |

이의 동작을 상태표로 나타내면 [표 8-7]과 같이 될 것이다.

표 8-7. 예제에 대한 상태표

| 현재 상태 | 다음 상태 | | 출력(y) | |
|---|---|---|---|---|
| | x=0 | x=1 | x=0 | x=1 |
| $S_1$ | $S_1$ | $S_2$ | 0 | 0 |
| $S_2$ | $S_3$ | $S_4$ | 0 | 0 |
| $S_3$ | $S_1$ | $S_4$ | 0 | 0 |
| $S_4$ | $S_5$ | $S_6$ | 0 | 1 |
| $S_5$ | $S_1$ | $S_6$ | 0 | 1 |
| $S_6$ | $S_7$ | $S_6$ | 0 | 1 |
| $S_7$ | $S_1$ | $S_6$ | 0 | 1 |

(풀이)

먼저 상태표를 조사하면 $S_7$과 $S_5$가 다음 상태 $S_1$, $S_6$을 가지고 x=0, 1에 대해 같은 출력 0, 1을 가지므로 등가라는 것을 알 수 있고, 상태 축소 알고리즘에 의거 $S_7$을 제거한 다음 상태표 행 $S_1$부터 $S_6$까지 나타나는 $S_7$을 전부 $S_5$로 대체한다. [표 8-8]은 이 결과를 보여주고 있다.

표 8-8. 상태 축소의 중간 단계 결과

| 현재 상태 | 다음 상태 | | 출력(y) | |
|---|---|---|---|---|
| | x=0 | x=1 | x=0 | x=1 |
| $S_1$ | $S_1$ | $S_2$ | 0 | 0 |
| $S_2$ | $S_3$ | $S_4$ | 0 | 0 |
| $S_3$ | $S_1$ | $S_4$ | 0 | 0 |
| $S_4$ | $S_5$ | $S_6$ | 0 | 1 |
| $S_5$ | $S_1$ | $S_6$ | 0 | 1 |
| $S_6$ | $S_7 \rightarrow S_5$ | $S_6$ | 0 | 1 |

이제 [표 8-8]을 보면 다시 $S_4$와 $S_6$이 등가라는 것을 알 수 있으며 또 알고리즘에 의해 $S_6$을 제거하고 $S_1$~$S_5$사이의 행에서 $S_6$을 $S_4$로 대체한다. 이 결과는 [표 8-9]에 나타나있다.

표 8-9. 상태축소 후의 상태표

| 현재 상태 | 다음 상태 | | 출력(y) | |
|---|---|---|---|---|
| | x=0 | x=1 | x=0 | x=1 |
| $S_1$ | $S_1$ | $S_2$ | 0 | 0 |
| $S_2$ | $S_3$ | $S_4$ | 0 | 0 |
| $S_3$ | $S_1$ | $S_4$ | 0 | 0 |
| $S_4$ | $S_5$ | $S_6 \rightarrow S_4$ | 0 | 1 |
| $S_5$ | $S_1$ | $S_6 \rightarrow S_4$ | 0 | 1 |

더 이상 축소될 상태가 없기 때문에 상태 축소 과정을 여기서 끝내고 [표 8-9]를 결과로 나타내면 된다.

## 8.6.2. 상태 할당

### 8.6.2.1. 상태할당의 중요성

순차 회로를 처음 설계할 때는 보통 상태도나 상태표로 출발하며 이때 상태들은 기호로 나타난다(예를 들면 앞의 예에서 $S_1$~$S_7$)는 것은 지금까지의 논의에서 충분히 알 수 있는 사항일 것이다. 그러면 여기에서 논의하려하는 상태할당(state assignment)은 무엇이며 무엇을 목적으로 하는 것일까? 상태할당은 순서회로의 조합 회로부분의 비용을 줄이기 위해 처음에 기호로 표시되는 각 상태에 어떻게 효과적으로 2진수로 부호화할 것인가에 대한 문제이다.

다시 말해 상태할당은 상태축소가 되었다고 가정하면 순서회로의 내부 상태에서 2진수로 매핑 되는 일대일 함수를 구하는 것과 동일하다.

상태할당은 순차 회로의 조합 회로의 크기에 큰 영향을 미치게 되며 따라서 차후 완전히 구현될 전체 시스템의 가격이나 성능에 커다란 영향을 미치게 된다. 따라서 이를 해결하기 위한 매우 다양한 연구가 진행되고 있지만 최적해를 보장해주는 방법은 없다고 보아도 될 것이다. 그 이유는 여러 조건들을 만족하면서 상태할당을 최적화하는 것은 불가능하기 때문이다. 그래서 이를 경험적 기법을 통해 휴리스틱으로 구하는 연구가 최근까지 진행 중에 있다.

#### 8.6.2.2. 상태할당의 간단한 예

앞에서 에로든 상태 축소예제를 계속 연계시켜 이 결과로부터 상태 할당을 한다고 문제를 정하자. 이때 축소된 상태에 대한 상태표를 다시 예로 들면

표 8-10. 상태축소 후의 상태표

| 현재 상태 | 다음 상태 | | 출력(y) | |
|---|---|---|---|---|
| | x=0 | x=1 | x=0 | x=1 |
| $S_1$ | $S_1$ | $S_2$ | 0 | 0 |
| $S_2$ | $S_3$ | $S_4$ | 0 | 0 |
| $S_3$ | $S_1$ | $S_4$ | 0 | 0 |
| $S_4$ | $S_5$ | $S_6 \rightarrow S_4$ | 0 | 1 |
| $S_5$ | $S_1$ | $S_6 \rightarrow S_4$ | 0 | 1 |

와 같다. 이제 이것을 다음과 같이 표현하면

0 $s_1$ $s_1$ 0
1 $s_1$ $s_2$ 0
0 $s_2$ $s_3$ 0
1 $s_2$ $s_4$ 0
0 $s_3$ $s_1$ 0
1 $s_3$ $s_4$ 0
0 $s_4$ $s_5$ 0
1 $s_4$ $s_4$ 1
0 $s_5$ $s_1$ 0
1 $s_5$ $s_4$ 1

여기서 각 행의 의미는 입력/현재 상태/다음 상태/출력 과같이 해석하면 되겠다. 참고적으로 이러한 표현을 심볼릭 커버(Symbolic Cover)라 부른다. 이제 입력, 다음 상태, 출력이 같은 것을 모으면

| | | | |
|---|---|---|---|
| 0 | ($s_1$, $s_3$, $s_5$) | $s_1$ | 0 |
| 1 | $s_1$ | $s_2$ | 0 |
| 0 | $s_2$ | $s_3$ | 0 |
| 1 | ($s_2$, $s_3$) | $s_4$ | 0 |
| 0 | $s_4$ | $s_5$ | 0 |
| 1 | $s_4$, $s_5$ | $s_4$ | 1 |

와 같이 된다. 전체적으로 5개의 상태가 있으므로 5비트를 도입하고 제일 왼쪽부터 $s_1$으로 하여 위의 결과로부터 각 상태를 나타낸다면 다음과 같이 상태할당을 할 수 있다. 이런 방법을 one-hot 부호화기법이라 하며 매우 간단한 방식이다.

| | | | |
|---|---|---|---|
| 0 | 10101 | 10000 | 0 |
| 1 | 10000 | 01000 | 0 |
| 0 | 01000 | 00100 | 0 |
| 1 | 01100 | 00010 | 0 |
| 0 | 00010 | 00001 | 0 |
| 1 | 00011 | 00010 | 1 |

따라서 첫 번째 나타나는 현재상태의 식을 입력 변수를 i, 출력 변수를 f로 하여 불식 형태로 표현하면 f=0 if i′•s1+i′•s3+i′•s5 와 같이 표현되고 상태들의 부호화된 결과는 일종의 최소항으로 볼 수 있으므로 부호화를 잘하게 된다면 효과적으로 간소화될 수 있는 한 방법을 제공하게 될 것이다. 예를 들어 앞에서 예로든 5비트를 이용한 상태 할당법 대신에 $s_1$=100, $s_2$=101, $s_3$=110, $s_4$=000, $s_5$=111로 상태할당을 했다면 $s_1$, $s_3$, $s_5$의 제일 좌측 비트는 1이므로 앞에서 구한 f식은 f=0 if i′•(1--)로 최소화 될 것이다. 여기서 - 는 don't care 조건이다.

이상의 예에서 알 수 있는 바와 같이 상태 할당을 위해 2진 비트를 할당하는 방법은 매우 많은 경우의 수가 있을 수 있지만 2진 비트 길이를 되도록 작게 하면서 어떻게 효과적으로 don't care조건이 잘 적용되도록 하느냐가 최후의 관건이 됨을 알 수 있다.

### 8.6.3. don't care 조건의 이용

만약 상태표에서 사용되지 않은 상태가 있을 경우에는 이러한 사용되지 않은 상태는 회로의 플립플롭 여기표를 단순화하기 위하여 조합 회로에서 언급한 don't care 조건과 같이 취급할 수 있으며 순차 회로설계에서는 이 또한 고려하여 최소의 게이트로 논리 회로가 실현되도록 하여야한다. (연습문제 13번 참고)

# 8장 연습 문제

1. 순차 회로의 무어형과 밀리형의 차이점을 설명하시오.

2. 플립플롭과 래치의 차이점을 설명하시오.

3. 4가지 기본 플립플롭을 기본 게이트로 그리고 그 동작을 설명하는 특성표를 작성하시오.

4. RS 플립플롭으로부터 각각 D, JK, T 플립플롭을 설계하시오.

5. 래치를 정의하고 인버터로 래치를 구성하는 방법을 설명하시오.

6. 다음의 순차 디지털 시스템을 다음의 순서에 의거하여 해석하시오.

   (1) 여기표를 적고 식을 유도하시오.

   (2) 상태 천이식을 유도하시오.

   (3) 상태표를 적고 상태도를 그리시오.

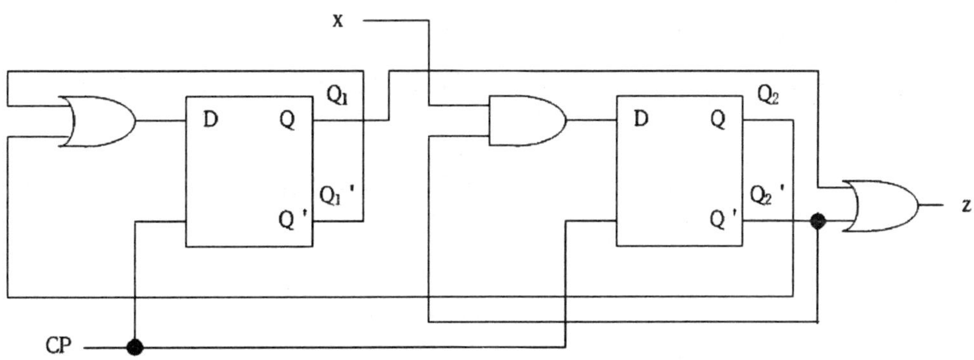


그림 8-24. 문제 6의 회로도

7. 어떤 순차 회로의 상태식이 다음과 같다. 이 상태식을 만족하는 순차 회로를 RS플립플롭으로 구현하시오.

   $A(t+1) = \Sigma(2, 4, 5, 6)$

   $B(t+1) = \Sigma(1, 3, 5, 6)$

8. 3비트 2진 카운터의 상태도를 그리고 T 플립플롭으로 구현하기 위해 여기표와 상태표를 구성하고 회로를 설계하시오.

9. 다음의 상태도를 가지고 JK 플립플롭으로 회로를 설계하시오.

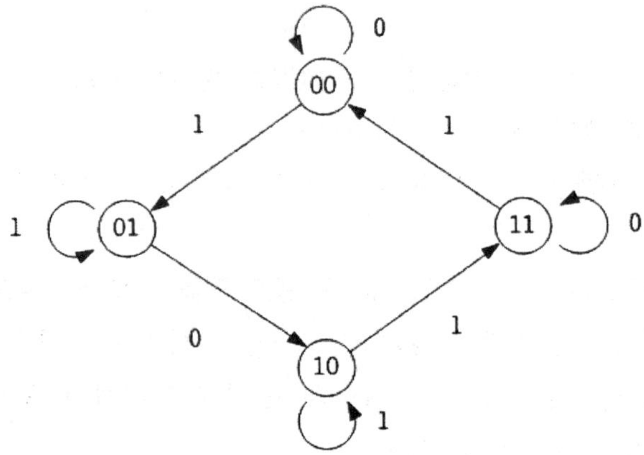


그림 8-25. 문제 9의 상태도

10. 4비트 다운 카운터를 JK 플립플롭으로 설계하시오.

11. BCD 카운터를 D 플립플롭으로 설계하시오.

12. 다음 상태도를 가지고 D 플립플롭, JK 플립플롭으로 각각 설계하시오.

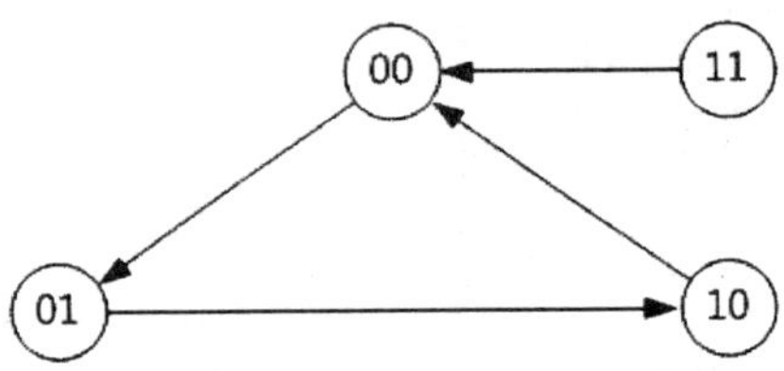


그림 8-26. 문제 12의 상태도

13. 다음 상태표로부터 RS 플립플롭을 사용한 순차 회로를 설계하시오.

| 현재 상태 | | | 입력 | 다음 상태 | | | 입력 |
|---|---|---|---|---|---|---|---|
| A | B | C | X | A | B | C | Y |
| 0 | 0 | 1 | 0 | 0 | 0 | 1 | 0 |
| 0 | 0 | 1 | 1 | 0 | 1 | 0 | 0 |
| 0 | 1 | 0 | 0 | 0 | 1 | 1 | 0 |
| 0 | 1 | 0 | 1 | 1 | 0 | 0 | 0 |
| 0 | 1 | 1 | 0 | 0 | 0 | 1 | 0 |
| 0 | 1 | 1 | 1 | 1 | 0 | 0 | 0 |
| 1 | 0 | 0 | 0 | 1 | 0 | 1 | 0 |
| 1 | 0 | 0 | 1 | 1 | 0 | 0 | 1 |
| 1 | 0 | 1 | 0 | 0 | 0 | 1 | 0 |
| 1 | 0 | 1 | 1 | 1 | 0 | 0 | 1 |

14. 직렬가산기를 하나의 D 플립플롭과 전가산기를 이용하여 구현하시오.

# 9. 순차 회로의 응용 설계

※ 학습목표

순차 회로의 응용인 레지스터와 카운터의 설계 및 비동기 순차 회로의 설계를 학습하고 컴퓨터 메모리 장치의 개념을 파악한다.

■ 세부목표

(1) 레지스터의 개념 파악

(2) 레지스터내의 플립플롭과 동작 특성

(3) 각종 카운터의 설계 및 해석능력 배양

(4) 메모리 장치의 개념이해

## 9.1. 레지스터

8장에서 배운바 있는 플립플롭은 1비트를 기억할 수 있는 기억소자인데 복수 비트로 된 하나의 완전한 워드를 기억할 수 있는 플립플롭의 집합을 레지스터(Register)라 부른다. 레지스터의 종류는 정보 송수신 형식에 따라 병렬 레지스터, 직렬 레지스터, 직병렬(직렬입력-병렬출력) 레지스터, 병직렬(병렬입력-직렬출력) 레지스터로 분류할 수 있다.

### 9.1.1. 레지스터내의 플립플롭

#### 9.1.1.1. 주종 플립플롭

집적회로 레지스터 내의 플립플롭은 보통 두 개의 분리된 플립플롭 회로가 내부적으로 연결되어 있다. 하나는 주(Master)로 동작하고 다른 하나는 종(Slave)으로 동작하므로 8장에서 언급한 바와 같이 이런 플립플롭을 주종플립플롭이라고 한다.

[그림 9-1]은 RS 주종 플립플롭의 논리도를 그린 것이다. CP=1이면 주부분이 동작상태(enabled)가 되고 종부분은 동작 금지 상태(disabled)가 된다. CP가 1에서 0으

로 전이되면 주부분은 동작 금지 상태(disabled)가 되고 종부분은 동작상태(enabled)가 된다. 전체적으로 생각할 때 CP가 1에서 0으로 떨어질 때 S, R입력에 따라서 출력 Q가 변하게 된다.

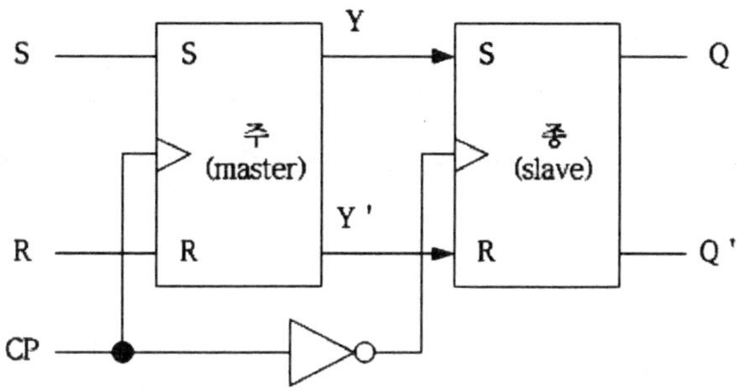


그림 9-1. 주종 플립플롭의 회로도

[그림 9-2]는 주종 플립플롭에서 일어나는 연속적인 동작을 파형으로 나타낸 것이다. 플립플롭은 처음에 Y=0, Q=0로 클리어(clear)되어 있다. 입력조건은 S=1, R=0이고 다음 클록펄스가 플립플롭을 세트(set)상태인 Q=1로 변하게 하려 한다. 클록펄스가 0에서 1이 되는 순간에 주-플립플롭은 세트되어 Y=1이 되고 종-플립플롭은 CP단자가 0이 되므로 영향이 없다.

클록 펄스가 0으로 되돌아 갈 때 주-플립플롭으로부터의 정보는 종-플립플롭을 통하여 지나는 것이 허용되고 외부단자는 Q=1이 된다. CP가 0으로 되돌아오면 주-플립플롭이 동작하지 않으므로 S단자가 0이 되어도 상관없다.

주종 플립플롭의 특성은 전체적으로 볼 때 클록 펄스가 1에서 0인 순간에 출력 변화가 일어난다는 점을 유의하면 되겠다.

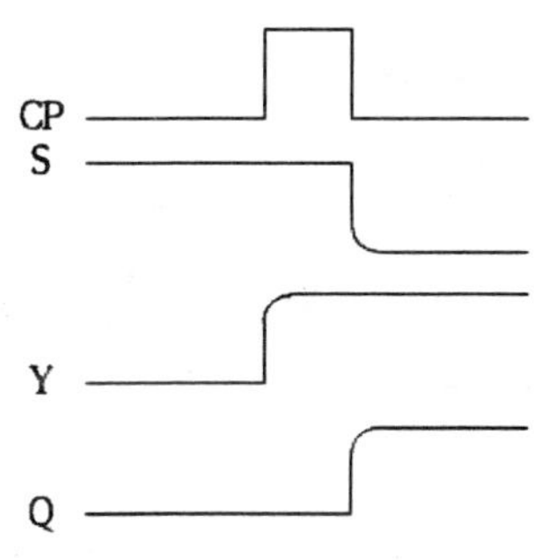


그림 9-2. 주종 플립플롭의 동작 파형

### 9.1.1.2. 에지 트리거된 플립플롭 및 프리세트와 클리어 단자를 가진 플립플롭

8장에서 살펴본 바와 같이 상태 변화를 클록 펄스에 동기 시키는 다른 형의 플립플롭을 에지 트리거된(Edge Triggered) 플립플롭이라 한다. 클록 펄스의 상승 에지(0→1)에서 전이가 일어나는 것과 하강 에지(1→0)에서 천이가 일어나는 2가지 형태가 있다.

IC패키지의 플립플롭은 프리세트(Preset)와 클리어(Clear)단자를 갖고 있어서 클록 펄스 없이 출력을 1로 하거나 0으로 만든다. 이것은 초기 상태를 정해주는데 유용하게 쓰인다.

※ 참고 9-1. 플립플롭의 동작특성( 전파 지연, 준비 시간, 대기 시간)

참고로 집적회로로 구성된 플립플롭의 데이터 해석을 위해 필요한 몇 가지 용어를 살펴보자. 데이터 sheet등을 볼 때 참조할 수 있을 것이다.

(1) 전파 지연(Propagation Delay)

일반적으로 디지털 IC에서의 전파지연은 게이트의 입력신호를 주고 출력신호를 얻기까지 소요되는 평균 전이 시간을 말한다. 전파지연이 짧을수록 동작 속도가 빠르다. 전파지연은 항상 존재한다. 플립플롭과 관련된 전파지연은 크게 턴 오프(Turn Off)지연과 턴 온(Turn On)지연이 있다.

① Turn Off 지연 : 클록 펄스의 Triggering Edge에서 출력의 low에서 high로 변하는 지점까지이다. 프리세트 단자가 있는 플립플롭의 경우 프리세트의 입력에서 출력의 low에서 high까지 변하는 지점까지를 말하기도 한다.

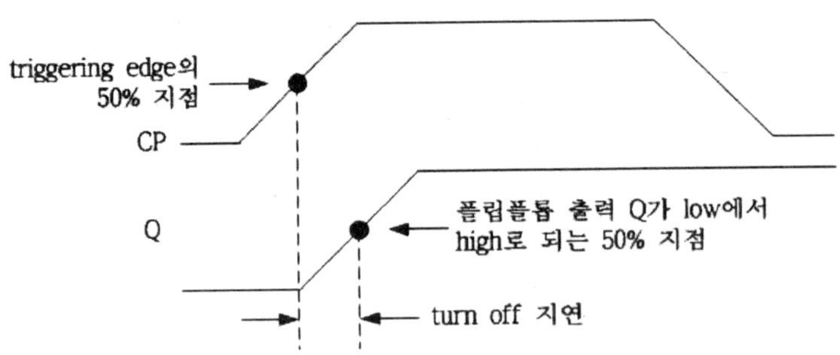


그림 9-3. Turn Off 지연

② Turn On 지연 : 반대로 클록 펄스의 Triggering Edge에서 출력의 high에서 low로 변하는 지점까지이다. 클리어 단자가 있는 플립플롭의 경우 클리어 입력에서 플립플롭의 출력의 high에서 low로 변하는 지점까지를 말하기도 한다.

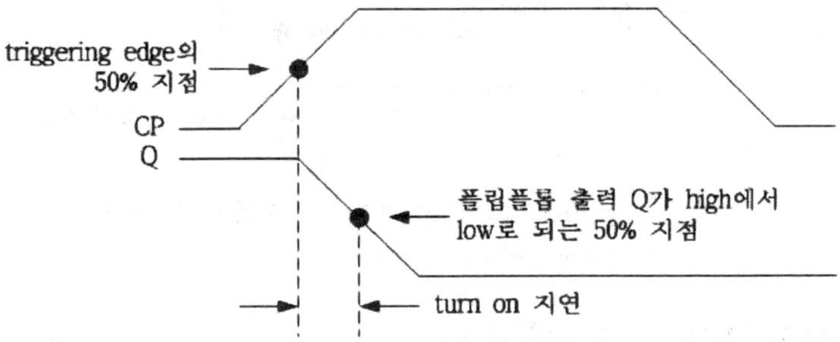


그림 9-4. Turn On 지연

(2) 준비(Set up) 시간

정상적인 동작을 위하여 플립플롭의 입력(J와 K, S와R, T, 또는 D 등)은 클록 펄스가 변하기 전에 어느 정도 시간이 유지되어야한다. 따라서 set up시간이란 플립플롭의 입력 변화지점에서 클록펄스의 triggering edge까지의 구간을 말한다.

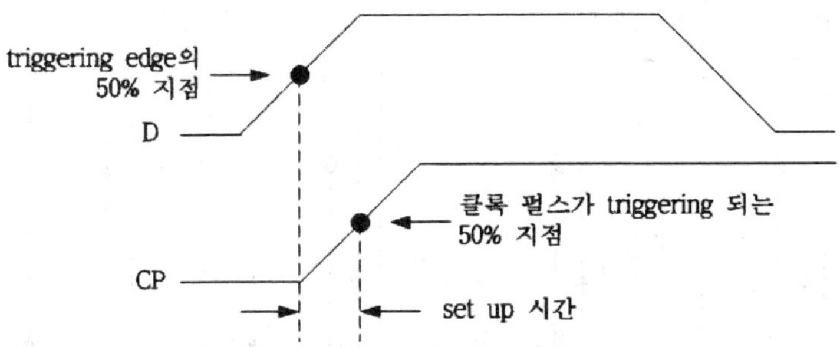


그림 9-5. 준비 시간(D 플립플롭으로 가정)

(3) 대기(Hold) 시간

플립플롭의 정상적인 동작을 위하여 클록펄스의 Triggering Edge에서 입력까지의 구간을 말한다. 즉, 클록 펄스가 변할 때, 입력이 어느 정도 시간동안 값을 유지하여야하는 시간간격을 말하는 것이다.

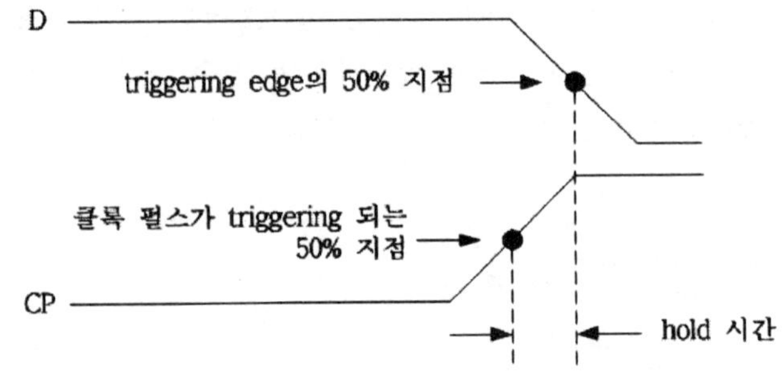


그림 9-6. 대기 시간(D 플립플롭으로 가정)

## 9.1.2. 병렬부하를 가진 레지스터

레지스터 내의 플립플롭의 수는 저장되는 비트 수와 같다. n비트 레지스터는 n개의 플립플롭으로 구성되고, n비트로 된 정보를 저장한다. [그림 9-3]과 같은 4비트 레지스터를 예로 생각한다.

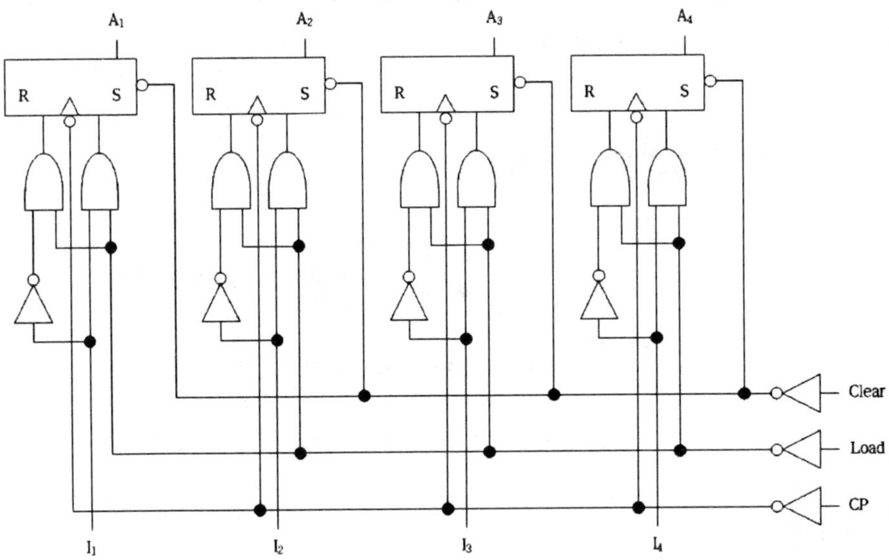


그림 9-7. 병렬 부하를 가진 4비트 레지스터

이 회로가 IC패키지에 포함되어 있다고 하면 4개의 출력 $A_1$, $A_2$, $A_3$, $A_4$, 4개의 입력 $I_1$, $I_2$, $I_3$, $I_4$, 세 개의 제어입력만이 밖으로 나오게 된다. 각 제어입력은 버퍼(buffer)를 가지고 있다. 이 버퍼는 입력 제어신호의 부하(load)를 감소시킨다.

클리어 단자에 0을 가할 때 플립플롭은 비동기적으로 클리어 된다(플립플롭의 클리어 단자에 작은 원이 있음을 유의한다.) 그리고 클리어 단자가 1일 때 정상 동작이 가능하다. 플립플롭의 CP단자의 작은 원은 falling edge에서 출력의 전이가 일어남을 표시하는 것이다. 부하(load)의 상태에 따라서 출력전이가 일어나거나 또는 일어나지 않게 된다. 로드가 0이면 S=R=0이므로 레지스터의 내용은 불변이고 부하(load)가 1이 되어야 동작상태가 된다.

I=1이면 S=1, R=0 그러므로 A=1
I=0이면 S=0, R=1 그러므로 A=0

클리어가 1, 로드가 1이 되고 다음에 클록 펄스가 인가되어야 정보가 전송된다. 이러한 형의 정보전송에서 모든 비트가 동시에 레지스터에 로드되므로 병렬부하라 부른다.

4비트 레지스터에서 4개의 입력단자, 4개의 출력단자, 3개의 제어단자, 2~3개의 전원단자가 있으므로 합계 13~14개의 단자가 필요하다. 즉, 14핀 IC패키지에 넣을 수 있다. 5비트 레지스터이면 16핀 패키지에 넣고, 9비트인 경우는 24핀 패키지에 넣을 수 있다. 4비트 이상의 레지스터가 필요한 경우에 2개 이상의 14핀 IC를 써서 해결할 수 있다. 즉, 8비트 레지스터는 2개의 4비트 레지스터 IC를 사용하고, 16비트 레지스터인 경우는 4개의 IC를 사용하면 된다.

## 9.2. 카운터

입력펄스에 따라서 레지스터의 상태가 미리 정해진 순서대로 되는 레지스터를 카운터(counter)라 부른다. 다시 말해, 카운터는 수를 세는 작용을 하는 회로이다. 입력펄스는 클록 펄스가 되거나 또는 외부로부터 얻을 수도 있다. 입력펄스의 시간 간격은 일정할 수도 있고 랜덤할 수도 있다.

카운터는 동기적으로 또는 비동기적으로 동작한다. 비동기식 카운터는 리플 카운터(Ripple Counter)라고도 한다. 왜냐하면 한 플립플롭의 출력이 다음 플립플롭의 입력으로 물결치듯 모든 플립플롭에 연속적으로 전달되기 때문이다.

동기식 카운터의 경우는 모든 플립플롭이 같은 클록 펄스를 받아서 동기 되어 상태가 변한다.

### 9.2.1. 동기식 2진 카운터 순서

카운터에 쓰이는 여러 순서 중에서 2진 순서(000→001→010→....)가 가장 간단하다. 2진수의 순서를 따르는 카운터를 2진 카운터라 한다. n개의 플립플롭을 가진 n 비트 2진 카운터는 0~$2^{n-1}$까지 카운터 한다.

카운터의 설계는 8장에서 간단히 언급하였으나 여기서는 보다 조직적으로 설계하는 방법에 대해서 논하고자 한다. [표 9-1]에서 보인 것과 같은 2진수의 순서로 카운트하는 카운터를 설계한다고 해보자. 표에서 알 수 있는 바와 같이 매 번의 카운트 후에 가장 낮은 비트가 보수로 바뀌고 또 자기보다 낮은 비트들이 전부 1이 될 때 다음번에 자기 비트가 보수로 바뀐다.

이와 같이 보수를 응용한 카운터 설계에서는 주로 T 플립플롭이나 JK 플립플롭을 이용한다. 2진 카운터에서 가장 낮은 비트를 저장하고 있는 플립플롭은 매 클록 펄스마다 보수가 되도록 한다. 레지스터의 다른 플립플롭은 그보다 낮은 플립플롭의 출력이 모두 1이 될 때만 보수가 되어 지게 한다.

표 9-1. 2진 카운터의 보수조건

| 계산 순서 | | | 다음 계산에 대하여 보수가 될 플립플롭의 비트들 |
|---|---|---|---|
| $A_2$ | $A_1$ | $A_0$ | |
| 0 | 0 | 0 | $A_0$ |
| 0 | 0 | 1 | $A_0$, $A_1$ (그 이유는 $A_0$=1) |
| 0 | 1 | 0 | $A_0$ |
| 0 | 1 | 1 | $A_0$, $A_1$ (그 이유는 $A_0$=1), A2 (그 이유는 $A_1A_0$=11) |
| 1 | 0 | 0 | $A_0$ |
| 1 | 0 | 1 | $A_0$, $A_1$ (그 이유는 $A_0$=1) |
| 1 | 1 | 0 | $A_0$ |
| 1 | 1 | 1 | $A_0$, $A_1$ (그 이유는 $A_0$=1), A2 (그 이유는 $A_1A_0$=11) |

참고로 T 플립플롭을 써서 4비트 2진 카운터를 구성하면 [그림 9-8]과 같이 설계된다. [그림 9-8]의 동작을 설명하면 $A_0$는 매 클록 펄스마다 보수로 되고, $A_1$는 $A_0$

가 1이 될 때마다 다음 클록 펄스에 동기 되어 보수로 된다. 여기까지는 그대로의 T 플립플롭으로 목적이 달성된다. 다음 $A_2$는 $A_1A0=11$일 때 보수가 되므로 $A_1$과 $A_0$을 AND 결합시켜 $A_2$의 T단자에 넣게 된다. 또 $A_3$은 $A_2A_1A_0=111$일 때 보수가 되므로 $A_1$과 $A_0$을 AND 한 결과를 다시 $A_2$와 AND 하여 마지막 플립플롭의 T 단자에 넣으면 된다. 모든 플립플롭은 1111상태 후에 보수가 되기 때문에 1111후의 다음 상태는 0000으로 된다.

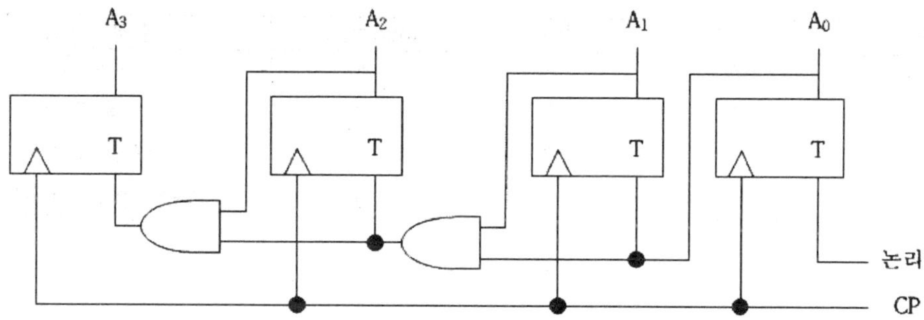


그림 9-8. T 플립플롭을 사용한 4비트 2진 카운터

## 9.2.2. 동기식 2진 다운 카운터

4비트 다운 카운터(Down Counter)의 경우 계산 순서는 15→14→13→...→0→15로 되어야 한다. 앞의 표 9-1을 보면 가장 낮은 비트는 매 클록펄스마다 보수가 되고 모든 다른 비트는 그보다 낮은 비트가 전부 0일 때 보수가 된다. 그러므로 업 카운터(Up Counter)와 다른 것은 $A_0$의 플립플롭을 제외하고 Q'에서 다음 플립플롭의 T 단자로 들어가면 된다.

## 9.2.3. 병렬부하를 가진 동기식 2진 카운터

앞에서 설명한 카운터는 CP단자에 들어오는 펄스의 수를 카운터 한다. 동작제어 신호를 인가해 줌으로써 카운터를 제어할 수 있다. 디지털 컴퓨터에서 카운터는 초기치를 레지스터에 병렬로 로드하는 능력을 갖고 다음에 카운터로서 동작한다.

[그림 9-9]는 병렬로 로드하는 능력을 가진 레지스터와 제어입력이 enable될 때 카운터로서 동작될 수 있는 논리도를 보인 것이다. 입력의 부하(load)가 1일 때 카운터는 disable되고 데이터 $I_0$~$I_3$를 플립플롭 $A_0$~$A_3$에 각각 전송한다. 만약 로드 입

력이 0이고 증가 카운터(Increment Count) 입력이 1이 될 때 레지스터는 카운터로 동작한다. 만약 제어 입력이 둘 다 0이면 클록 펄스가 레지스터의 상태를 변화시키지 않는다. 레지스터의 동작을 [표 9-2]에 요약해 놓았다.

캐리 출력은 모든 출력이 1이 될 때 1이 된다. 이것은 다음의 자리수가 높은 비트를 카운터하기 위하여 다음 플립플롭을 보수로 하는 데 사용한다.

표 9-2. 그림 9-9의 레지스터에서의 제어기능

| clear | CP | load | increment | 출력 $A_0$~$A_3$ |
|---|---|---|---|---|
| 0 | X | X | X | 모두 0 |
| 1 | X | 0 | 0 | 불변 |
| 1 | ↓ | 1 | X | 입력 $I_0$~$I_3$ 수신 |
| 1 | ↓ | 0 | 0 | 다음 값을 카운트 |

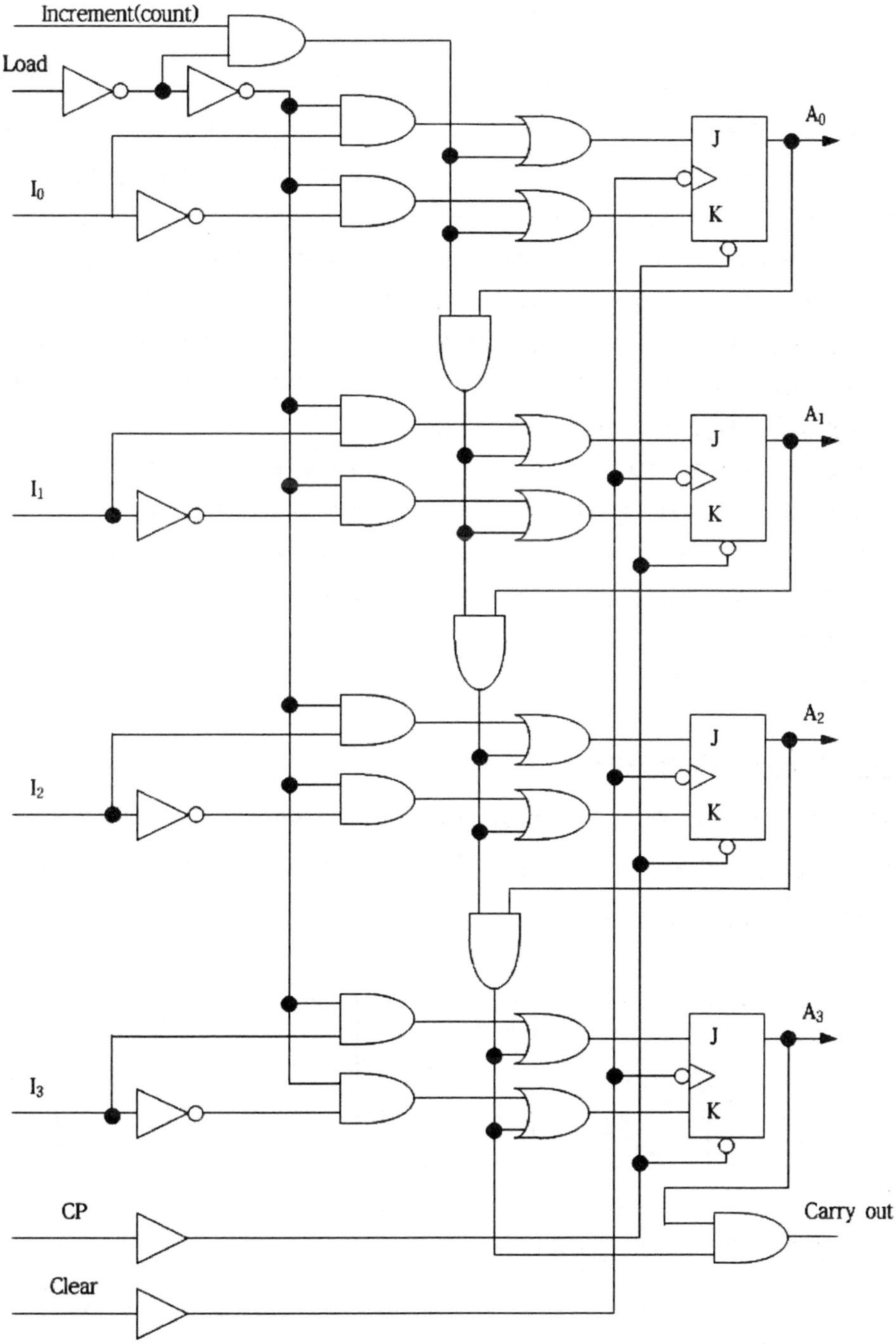


그림 9-9. 병렬 부하를 가진 2진 카운터

※ 참고 9-2. 카운터를 사용하는 이유

카운터는 수를 세는 기능 외에도 타이머나 분주기로 응용되는 경우도 있다. 10진 카운터가 있다고 생각해보자. 그러면 10개째의 펄스가 와서 0으로 되돌아 갈 때 최종단의 플립플롭의 출력이 변화한다. 다시 말하면 10진 카운터라면 최종단의 플립플롭의 출력 Q는 1/10으로 분주된 출력인 것이다. 즉, 10진 카운터에서 입력 펄스의 주파수가 1000Hz라면 출력은 1/10로 주파수 분주 된 출력으로 1000/10=100Hz인 것이다.
카운터는 특히 별개의 카운터를 접속하여 사용하기도 하는데 8진 카운터와 16진 카운터를 직렬 또는 종속 접속(때로 이를 캐스케이드(cascade) 카운터라고도 함)하면 128진 카운터와 1/128 분주기로 사용할 수 있게 된다. 여기서 캐스케이드란 어떤 카운터의 마지막 단을 다음 카운터의 입력에 연결하는 것이다.
주파수 분주의 특성을 이용하여 주파수 분주 된 펄스를 다시 반복 분주할 수 있는데 예를 들어 주파수가 60Hz 입력펄스를 1/60으로 주파수 분주하면 1Hz의 펄스를 얻는다. 이것은 1초마다 한번 씩 발생하는 펄스이다. 이제 이것을 다시 1/60분주하면 1분마다 1개의 주기를 가지는 펄스를 얻는다. 이렇게 계속 분주해 가면 정확한 시간, 분, 초를 가지는 디지털 타이머를 만들 수도 있다.

### 9.2.4. 시프트 레지스터

Shift 신호 또는 클록 신호에 의해 레지스터의 플립플롭에 저장된 2진 정보를 하나씩 이웃한 플립플롭으로 이동시킬 수 있는 능력을 가진 레지스터를 시프트 레지스터(Shift Resisters)라 한다.

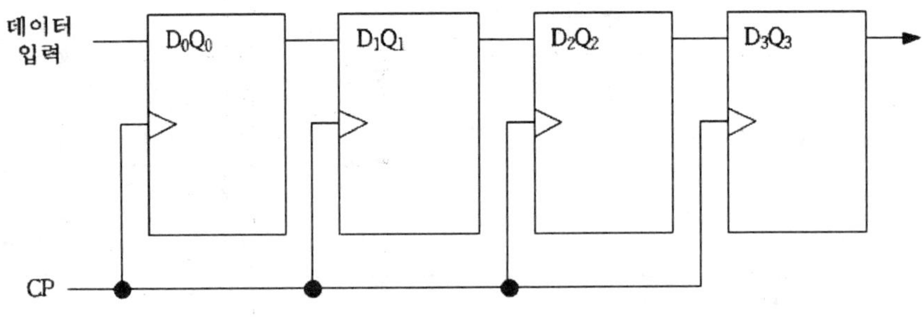


그림 9-10. 시프트 레지스터의 기본 회로(우측 시프트)

[그림 9-10]에 그려진 회로는 데이터를 오른쪽으로 이동시키는 오른쪽 시프트 레

지스터로서 데이터 입력이 시프트 레지스터로 들어가서 오른쪽 방향으로 시프트 되는 동작을 한다. 데이터 입력과 클록의 입력에 따른 출력을 파형으로 그리면 다음과 같다. 그림을 보면 클록의 하강에지에서 처음 단의 플립플롭의 데이터 입력이 다음 클록펄스마다 이동되어 다음 플립플롭의 출력 단에서 나타나게 된다. 결국 오른쪽으로 시프트 되는 동작을 하고 있음을 알 수 있다.

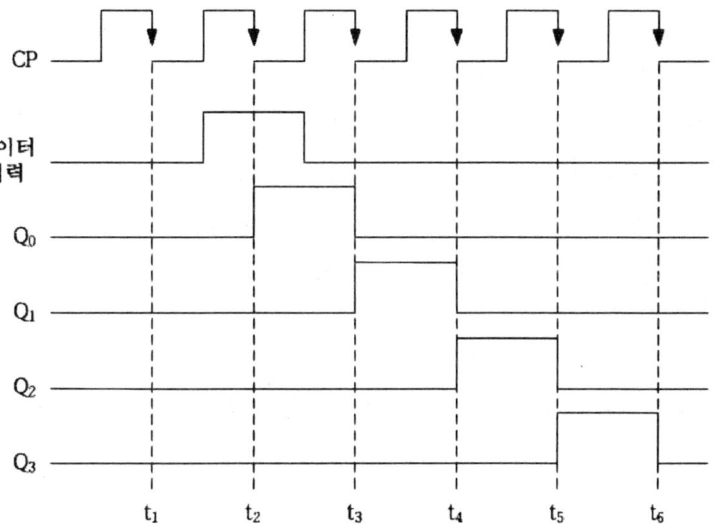


그림 9-11. 기본 우측시프트 회로의 동작 분석

n비트 시프트 레지스터는 n개의 플립플롭과 시프트 동작을 제어하는 게이트로 구성되어 있다. 시프트 레지스터를 입출력 방식에 따라 나누어 보면,

직렬 입력 → 직렬 출력
직렬 입력 → 병렬 출력
병렬 입력 → 직렬 출력
병렬 입력 → 병렬 출력

이 있을 수 있다. 이 4 가지 방식이 모두 가능하고, 동시에 겸할 수도 있다. 또한 시프트 되는 방향에 따라서는 왼쪽 시프트, 오른쪽 시프트 등으로 분류 가능하다. 컴퓨터에서 가장 많이 쓰이는 방식은 시간이 가장 적게 걸리는 병렬 입력→병렬

출력 방식이다.

시프트 레지스터를 이용하면 곱하기와 나누기를 할 수 있다. 즉 왼쪽으로 한 번 시프트하면 2로 곱한 결과가 되고 오른쪽으로 한 번 시프트하면 2로 나눈 결과가 되기 때문이다.

레지스터는 오른쪽 시프트 또는 왼쪽 시프트 중에 하나일 수 있고 양방향을 같이 겸할 수도 있다. 일반적인 시프트 레지스터는 아래의 기능을 갖고 있다.

- 클리어 동작은 레지스터를 0으로 한다.
- CP입력은 모든 동작을 동기 시킨다.
- 오른쪽 시프트제어는 오른쪽 시프트 동작을 enable 시킨다.
- 왼쪽 시프트제어는 왼쪽 시프트 동작을 enable 시킨다.
- 병렬로드제어는 n개의 입력선의 병렬입력을 가능케 한다.
- n개의 병렬출력선

이상의 모든 동작 능력을 가진 3비트 시프트 레지스터의 논리 회로도는 [그림 9-12]와 같다.

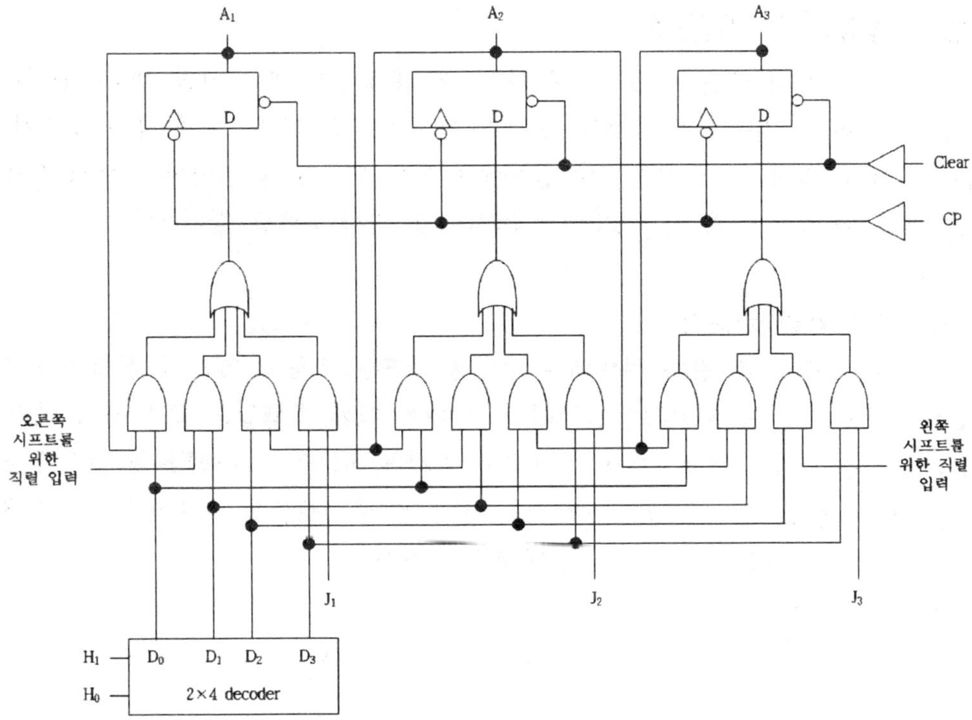


그림 9-12. 병렬부하를 가진 3비트 양방향 시프트 레지스터

여기서 플립플롭은 D형 플립플롭을 사용하였고 2×4 디코더의 동작은 [표 9-3]과 같이 된다.

표 9-3. 그림 9-12의 시프트 레지스터에서 모우드 제어의 효과

| 모우드 제어 | | 디코더 출력 | 레지스터 동작 |
|---|---|---|---|
| $H_1$ | $H_0$ | | |
| 0 | 0 | $D_0$ | 레지스터에 변화 없음 |
| 0 | 1 | $D_1$ | 오른쪽 시프트 |
| 1 | 0 | $D_2$ | 왼쪽 시프트 |
| 1 | 1 | $D_3$ | 병렬로드 $I_1$~$I_3$ |

## 9.2.5. 비동기식 카운터

동기식 카운터에 반하여 비동기식 카운터의 대표적인 예는 리플 카운터를 들 수 있다. 이것은 한 플립플롭의 클록 펄스 입력 CP는 들어오는 공유 클록 펄스에 의해서 트리거 되지 않고 다른 플립플롭에서 일어나는 출력 전이에 의해서 트리거 된다. 이 절에서는 이와 같은 리플 카운터의 몇 가지 종류를 알아본다.

### 9.2.5.1. 2진 리플 카운터

비동기식 2진 리플 증가 카운터는 보수를 만드는 기능이 있는 T 플립플롭 또는 JK 플립플롭이 각 플립플롭의 출력이 바로 다음 단의 플립플롭 클록 펄스 입력 단자에 연결되어 있는 직렬입력의 형태이다. 따라서 최하위 비트(MSB)를 저장한 플립플롭에만 클록펄스가 입력되며 예로서 4개의 JK 플립플롭을 사용한 [그림 9-13]의 4비트 2진 리플 카운터의 동작을 살펴보기로 하자.

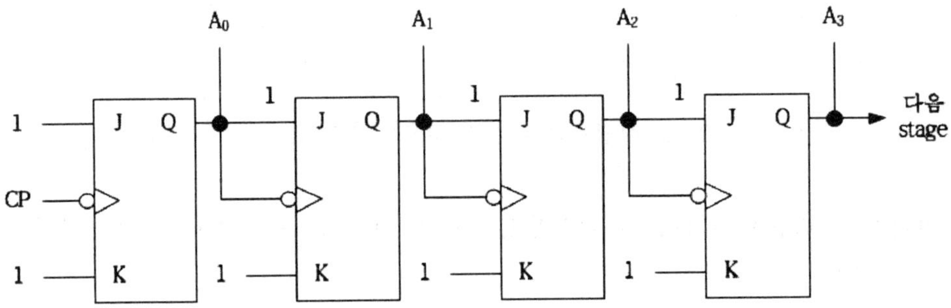


그림 9-13. 4비트 2진 리플 카운터의 논리 회로도

모든 J와 K 단자에는 논리 1이 입력되므로 클록 펄스 입력 단자에 펄스가 인가되면 falling edge에서 토글 작용을 하여 출력 상태를 바꾸어 주게 된다(각 플립플롭의 클록 펄스의 입력에 작은 원이 있음을 유의하기 바란다).

모든 플립플롭은 처음에는 리셋 상태로 가정하여 출력이 0이라 하자. 그러면 1번째 클록 펄스가 들어오기 이전에는 $A_3A_2A_1A_0$=0000이 될 것이며 1번째 클록 펄스가 들어오게 되면 이 펄스의 하강 에지(1→0)에서 $A_0$ 플립플롭은 플립플롭의 입력 J=K=1이므로 출력이 보수화 되어 출력 상태를 바꾸게 되고 $A_1$ 플립플롭은 0에서 1로 변했으므로, 즉 Positive Going Edge(0→1)이므로 출력변화가 없다. 따라서 $A_3A_2A_1A_0$=0001이 된다.

2번째 클록 펄스가 들어오면 $A_0$은 0으로 바뀌고 하강 에지로 되기 때문에 $A_1$ 플립플롭의 출력 상태가 1로 변한다. 그러나 $A_2$ 플립플롭은 $A_1$ 플립플롭 출력이 0에서 1로 변했으므로 Positive Going Edge에 해당되어 변화가 없다. 따라서 $A_3A_2A_1A_0$=0010이 된다.

3번째 클록 펄스가 들어오면 $A_0$은 0에서 1로 변하고 이 Positive Going Edge가 $A_1$에 들어가므로 $A_1$출력은 변하지 않으며, 출력은 $A_3A_2A_1A_0$=0011이 된다.

4번째 클록 펄스가 들어오면 $A_1$은 1에서 0으로 바뀌며 $A_0$가 하강 에지에 있으므로 $A_1$도 1에서 0으로 바뀐다. 그리고 $A_1$은 하강 에지로 되어 $A_2$ 출력이 0에서 1로 바뀌며 $A_3$는 변화가 없다. 따라서 $A_3A_2A_1A_0$=0100이 된다.

위와 같은 동작 특성을 계속해서 반복하면 0000~1111까지 16개의 상태를 반복하게 된다. 특히 16번째 클록 펄스가 들어오면 $A_3$, $A_2$, $A_1$, $A_0$ 모두 Negative Going Edge이므로 $A_3A_2A_1A_0$=0000이 되면서 앞의 과정을 반복하게 된다. 따라서 4 개의 플립플롭을 직렬 연결하면 $2^4$=(0~15)개의 독립된 출력 상태를 얻을 수 있다.

이상의 동작을 [표 9-4]에 요약 정리하였다.

표 9-4. 4비트 2진 리플 카운터의 보수가 될 플립플롭의 조건들

| 계산순서 | | | | 보수가 될 플립플롭의 조건들 |
|---|---|---|---|---|
| $A_3$ | $A_2$ | $A_1$ | $A_0$ | |
| 0 | 0 | 0 | 0 | $A_0$ 보수 |
| 0 | 0 | 0 | 1 | $A_0$ 보수 : A0는 1 → 0이고 $A_1$ 보수 |
| 0 | 0 | 1 | 0 | $A_0$ 보수 : |
| 0 | 0 | 1 | 1 | $A_0$ 보수 : $A_0$는 1 → 0이고 $A_1$ 보수 :<br>$A_1$은 1 → 0이고 $A_2$ 보수 |
| 0 | 1 | 0 | 0 | $A_0$ 보수 |
| 0 | 1 | 0 | 1 | $A_0$ 보수 : $A_0$는 1 → 0이고 $A_1$ 보수 |
| 0 | 1 | 1 | 0 | $A_0$ 보수 |
| 0 | 1 | 1 | 1 | $A_0$ 보수 : $A_0$는 1 → 0이고 $A_1$ 보수 :<br>$A_1$은 1 → 0이고 $A_2$ 보수 :<br>$A_2$는 1 → 0이고 $A_3$ 보수 |
| 1 | 0 | 0 | 0 | ...... |

이와 같이 플립플롭의 출력이 다른 플립플롭을 물결치듯 구동시키기 때문에 이

와 같은 카운터를 리플 카운터라 한다.

이처럼 비동기식인 경우에는 각 플립플롭이 갖는 전파 지연 시간을 고려해야 한다. 이때 전체 전파 지연 시간은 각 단계에서의 전파 지연 시간을 전부 합한 것과 같다. 예를 들어 만약 각 플립플롭의 전파 지연 시간이 10ns 라면 전체 전파 지연 시간은 40ns 가 될 것이다. 그러면 가해지는 클록의 시간이 전체 지연 시간보다 작을 경우, 예를 들어 30ns 마다 클록이 가해진다면 이 경우 정상적으로 카운팅 하기가 어렵기 때문에 입력 펄스의 주기를 전체 지연 시간보다 길게 되어야한다.

### 9.2.5.2. BCD 10진 리플 카운터

10진 리플 카운터는 모두 10개의 상태(0~9)를 갖게 되며 상태가 0즉 0000에서 9(1001)까지 변한 후 다시 원래의 상태 0(0000)으로 복귀된다. 이상의 10진 카운터의 카운터 순서가 다음에 표시되어있다.

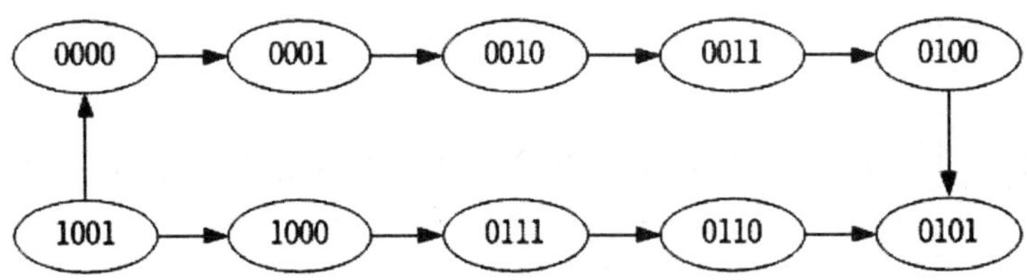


그림 9-14. BCD 10진 카운터의 카운터순서(상태도)

10진 리플 카운터의 논리 회로도는 다음과 같이 구현할 수 있다.

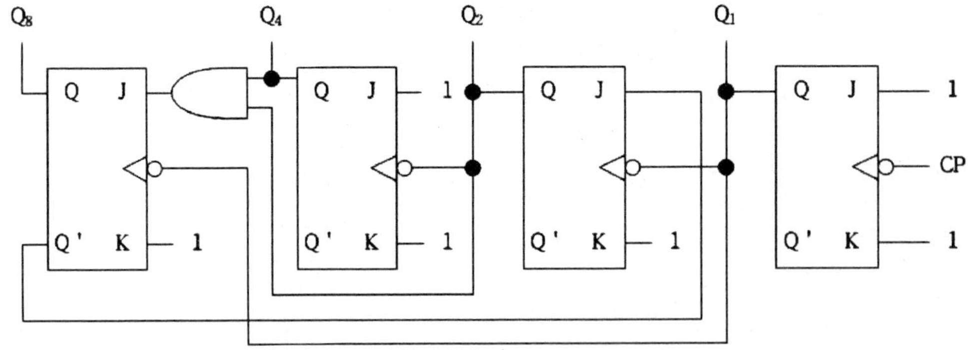


그림 9-15. BCD 10진 리플 카운터의 논리 회로도

[그림 9-16]은 실제로 논리 설계 후에 동작시험을 위해 클록펄스를 입력한 후에 얻어진 출력 파형을 나타내는 10진 리플 카운터의 동작 타이밍이다. 이와 같이 동작시험을 위해 입력 파형을 가하고 출력을 예측하는 과정을 시뮬레이션(Simulation)이라 하고 이와 같은 기능을 담당해주는 소프트웨어를 시뮬레이터라 부른다. 특히, 설계된 시스템의 논리레벨의 동작 시험을 해주는 이와 같은 시뮬레이터를 논리 시뮬레이터 (Logic Simulator)라 부르며 설계 레벨에 따라 논리 시뮬레이터 이상의 레벨에서 동작하는 기능 시뮬레이터(Functional Simulator), 논리 레벨이하의 트랜지스터 레벨의 시뮬레이터와 스위치 시뮬레이터 등이 개발되어 설계에 활용되고 있다.

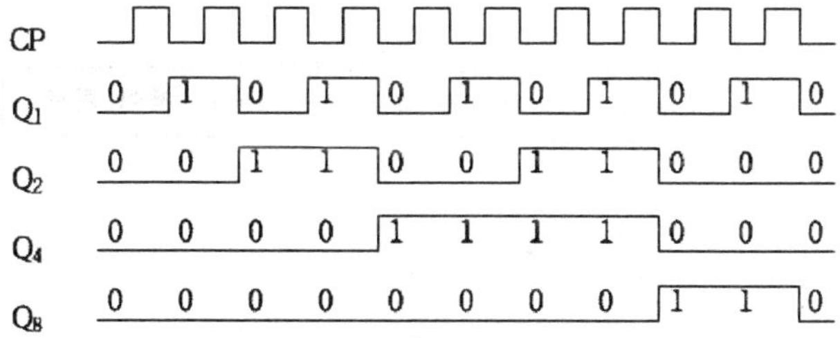


그림 9-16. 그림 9-15의 동작 타이밍

이상으로부터 10진 리플 카운터의 동작은 다음과 같이 정리할 수 있다.

- 출력 $Q_1$은 클록 펄스가 들어 올 때마다 보수화(반전)된다.
- $Q_2$는 $Q_8$=0이고 $Q_1$이 1→0일 때 보수화되며 $Q_8$=1이고 $Q_1$이 1→0이면 클리어 된다.
- $Q_4$는 $Q_2$가 1→0일 때 보수화된다.
- $Q_8$은 $Q_2$=$Q_4$=1이고 Q1이 1→0일 때 반전된다. 만약 $Q_2$ 또는 $Q_4$가 0이고 $Q_1$이 1→0 일 때는 클리어 된다.

이와 같은 BCD 리플 카운터 회로에 대응되는 IC 형태는 TTL 7490등이 있다.

※ 참고 9-3. 레지스터 전송

컴퓨터에서 레지스터에 저장된 정보는 다른 레지스터로 이동되어 다른 동작을 할 수 있도록 하는데 어떤 레지스터에 저장된 정보를 다른 레지스터로 옮기는 것을 정보 전송(Transfer)이라 한다. 특히 레지스터끼리의 정보전송을 레지스터 전송이라 하고, 레지스터 간에 정보전송을 위한 선(Line)들의 집합을 버스(Bus)라 하는데, 이것은 레지스터 간의 정보전송을 위한 공통회로라 보면 된다.

또한 레지스터끼리의 정보전송은 병렬과 직렬의 2가지 형태의 전송이 가능한데, 병렬 전송은 [그림 9-17]과 같이 한 번의 클록 펄스동안 레지스터의 내용이 한 번에 전송되는 것이다.

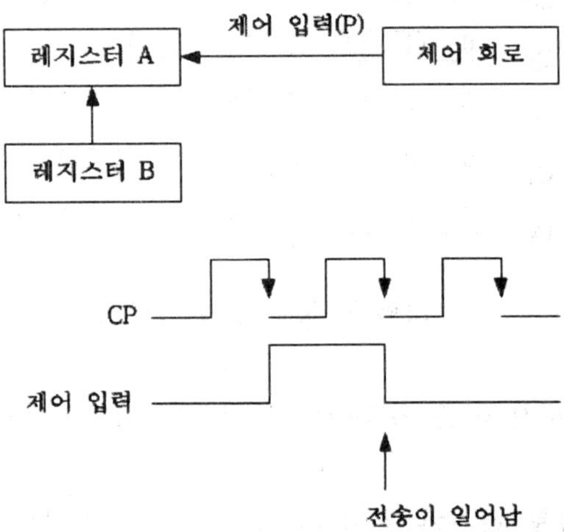


그림 9-17. 병렬전송 블록도와 동작원리

[그림 9-18]에서 레지스터 B의 정보비트가 제어입력 P가 발생되어 레지스터 A에 전송되는 것을 표현하고 있다. 즉, 한 클록의 하강 에지에서 P=1이며 다음 클록의 하강 에지에서 P=0인 순간 레지스터 전송이 일어난다. 이것을 레지스터 전송을 표현하는 간결한 언어형식으로 나타내면 P: A←B로 표현 가능하다. 이것은 P=1일 때 A←B가 실행됨을 나타내는 것이다. 직렬전송은 병렬전송과 달리 한 번의 클록펄스에 1 비트씩 차례로 실어 보내는 방식이다.

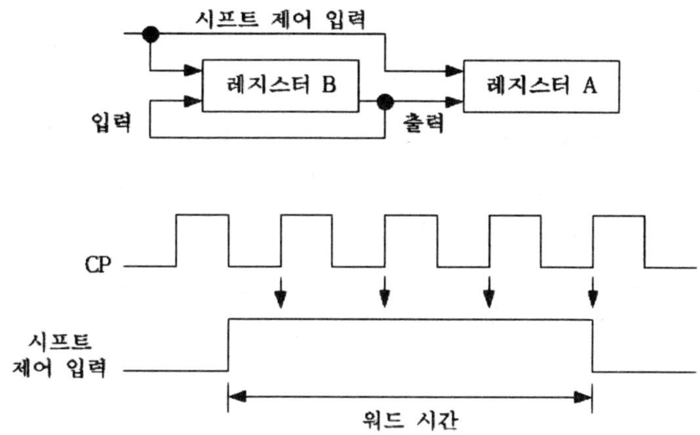


그림 9-18. 직렬전송의 개념도와 동작원리

# 9.3. 메모리 장치

메모리 장치는 레지스터로부터 또는 레지스터에 정보를 전송하는 데 필요한 관련회로를 포함하고 있는 저장용 레지스터의 집합이다. 여기에는 크게 RAM과 ROM이 있으며 ROM은 이미 앞에서 자세히 설명하였으므로 여기서는 RAM에 대해 자세히 알아보기로 한다.

## 9.3.1. RAM

메모리 장치의 기억장치 레지스터에서 요구에 따라 어느 번지의 정보도 랜덤(Rrandom)하게 액세스(Access, Read 또는 Write)하도록 구성된 메모리 장치를 RAM이라 부른다. RAM에서 각 단어(또는 워드)는 한 레지스터에 저장된다. 여기서 8비트의 한 묶음을 바이트(Byte)라 부른다. 기억단어(Word)는 0과 1의 그룹으로서 수, 명령코드, 영문자, 기타 2진 코드 정보 등을 나타내도록 되어있으며 일반적인 메모리 장치의 단위이다.

기억장치와 주변장치 사이의 정보의 송수신은 제어선, 번지 선택선, 데이터 입력 및 출력선을 통하여 이루어지며 CPU로부터의 제어신호에 따라 요구되는 전송방향이 정해진다(Read, Write 신호). 번지선은 여러 개의 번지 중에서 한 단어만을 선택하고 입력선을 통하여 정보를 기억장치에 저장시키고 출력선을 통하여 정보를 기억장치로부터 꺼낸다.

일반적인 컴퓨터의 기억장치의 기능 블록도는 그림 9-19와 같으며 m개의 단어이면 번지는 0, 1, 2, ..., m-1까지가 있다. k개의 번지 비트라면 $2^k$=m개의 단어 중 하나를 선택할 수 있도록 한다. 1,024워드이면 $2^{10}$=1,024이므로 10비트의 번지선이 필요하다. 즉, 기억장치 용량이 1024워드이면 번지선은 10개가 필요하다. 일반적으로 컴퓨터에서는 1KB는 1024바이트이다.

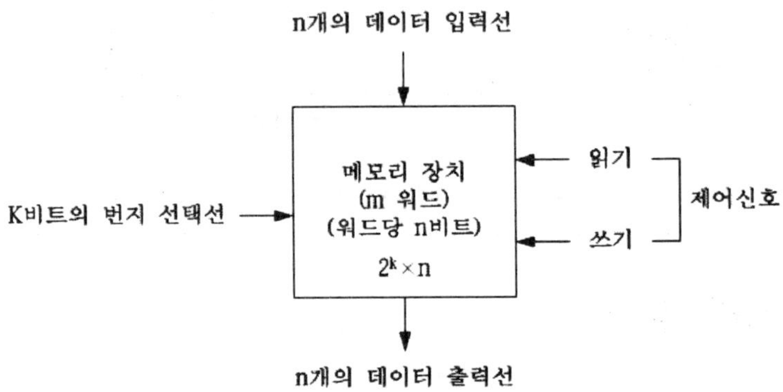


그림 9-19. 일반적인 컴퓨터의 기억장치의 기능 블록도

**예제 9-1**

64k×8 인 기억장치가 있다. 이 경우 번지선 수와 데이터 선의 수를 구하라.

(풀이)

64k×8=$2^{16}$×8 이 되므로 필요한 번지선은 16개, 데이터선은 8개 필요하다. 이때 $2^{10}$=1k 이고 $2^6$=64이므로 64k=$2^{16}$ 가 된다.

## 9.3.2. IC RAM

IC 메모리에서 Read/Write제어는 한 선으로 되어있다. 이 선이 1이면 read, 0이면 write 동작을 하게 된다. 메모리가 m워드이고, 한 워드당 n비트라면 m×n개의 저장셀(cell)로 구성된다. 또한 Write나 Read을 위하여 워드를 선택하는 데 필요한 관련 논리 회로가 있어야 한다.

반도체 IC형 RAM을 이루는 가장 기본적인 저장장치는 본서 제8장에서 다룬바있는 플립플롭이다. [그림 9-20]에 그려진 2진 저장셀은 가장 기본적인 기억장치의 구성단위이다. 이 셀은 1비트만을 저장하며, 많은 셀을 작은 반도체 칩에 넣기 위해서 아주 작게 만들어진다. 셀의 동작을 살펴보면, 만약 선택선이 1이고 read/write가 1이면 플립플롭의 출력은 출력으로 나가고 선택선이 1이고 read/write가 0이면 입력이 1일 때 S=1, R=0으로 되어 Q=1이 되므로 입력이 플립플롭에 들어간다. 또 선택선이 0이면 입력과 출력이 disable된다.

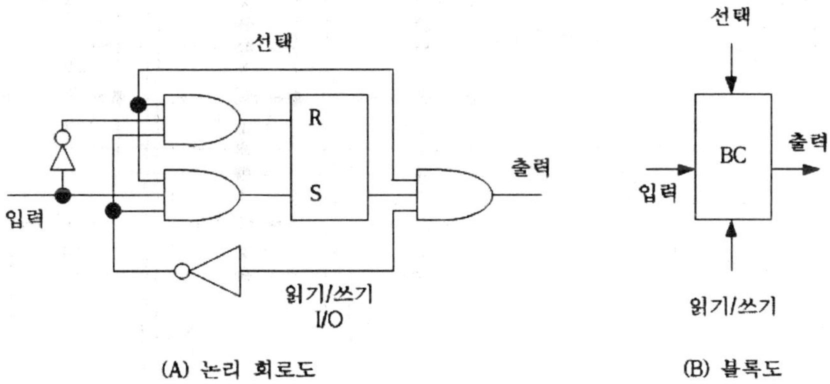


그림 9-20. 메모리 셀

4×3 RAM의 구성은 그림 9-21과 같다. 4개의 워드, 워드 당 3비트이므로 합계12개의 셀로 구성된다. 2개의 번지 선택입력은 2x4디코더에 들어가고 디코더의 출력은 한 단어를 선택한다.

메모리 enable이 0일 때 디코더의 모든 출력은 0이 되어 어떤 메모리 단어도 선택할 수 없으며 메모리 enable이 1일 경우에는  4개의 단어 중 하나가 선택된다. Read/write신호가 1이면 선택된 단어의 비트들이 OR게이트에 들어가므로 영향이 없다. 또한 Read/Write가 0이면 선택된 단어의 플립플롭이 데이터 입력에 연결된다. Inhibit동작은 메모리 enable을 0으로 유지하도록 하여 얻어진다.

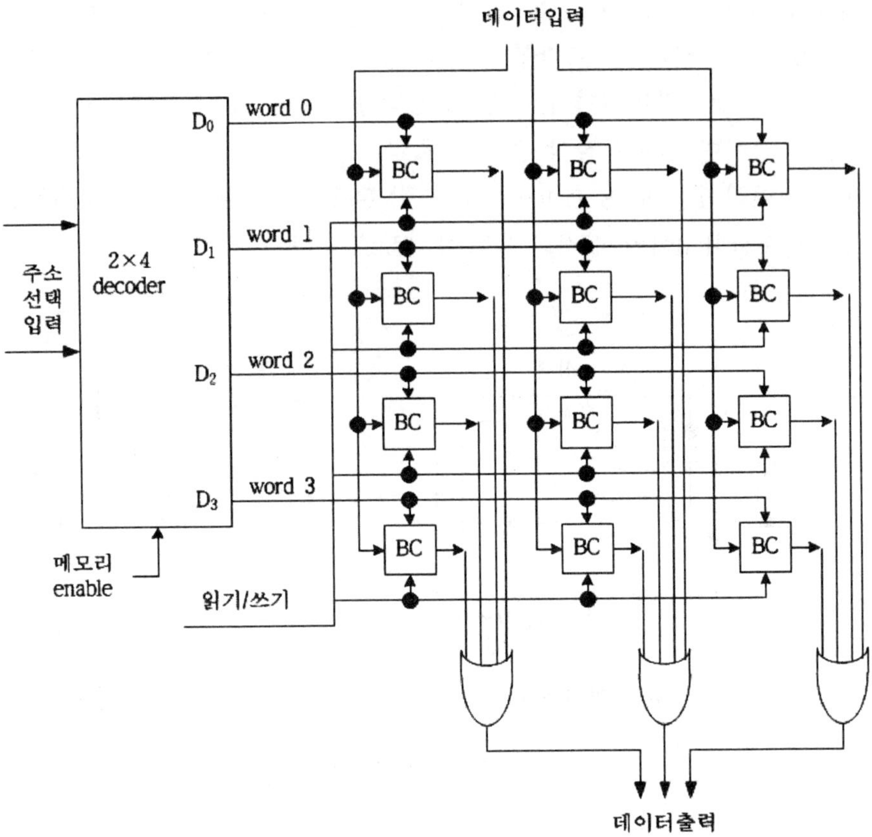


그림 9-21. 4×3 RAM

## 9.3.3. 자기 코어 메모리

단어를 읽어낼 때 IC 메모리는 정보를 그대로 유지한다. 이것은 read동작 동안에 메모리 단어가 파괴되지 않으므로 비파괴 read성질을 갖는다고 말하여진다. 2진 저장셀로 많이 쓰이는 또 다른 메모리는 자기 코어 메모리(magnetic core memory)이다. 자기코어는 페라이트(ferrite)라는 산화철인 자기재료로 되어 있고 링 모양을 하고 있다. 자기코어의 기억원리는 링에 끼워져 있는 선에 전류를 흘리면 2가지 서로 다른 자화 방향이 생긴다. 이것에 따라 1, 0을 표시하게 된다.

자기 코어에 저장된 정보를 읽어낼 때는 자화방향을 변화시켜야 되므로 파괴(Destructive) read메모리이다. 그러므로 읽고 난 후에는 다시 원래의 정보를 저장시켜야 하는 부가적 제어기능이 있어야 된다.

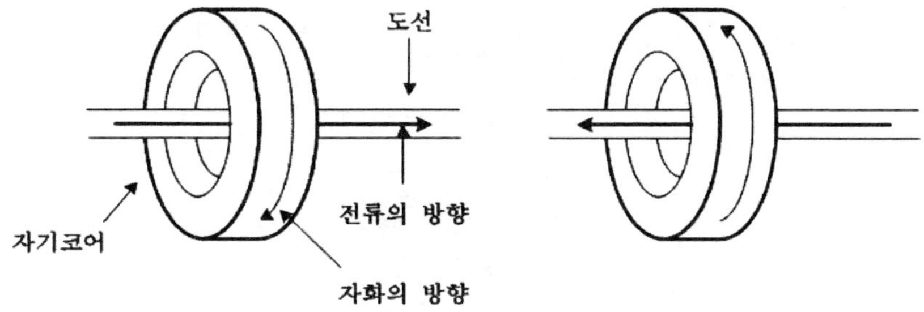


(A) 1의 기억　　　　(B) 0의 기억

그림 9-22. 자기코어의 기억원리, 자기코어에 1비트 저장을 보여주는 그림

### 9.3.4. 메모리 동작

기억장치에 기억된 자료를 읽거나 기억장치에 자료를 저장(쓰기)하기 위해서는 제어신호, 자료의 입출력선, 해당 주소의 자료를 읽거나 쓰기 위한 주소선택선 등이 필요하다. 기억장치의 동작은 그림 9-23과 같이 2개의 외부 레지스터((Memory Address Register, MAR), MBR(Memory Buffer Register, Information Register또는 storage register)와 2개의 제어 신호(Read, Write)로 간단히 설명될 수 있으며 컴퓨터의 내부의 메모리동작의 가장 기본적인 설명으로 이를 인용한다.

기억장치의 번지선은 메모리 번지 레지스터(MAR)의 출력에 항상 연결되어 있어 MAR의 내용으로 번지를 지정하며 정보를 써넣거나 읽어낼 때 데이터는 항상 MBR을 거치게 되어 있다. MBR의 데이터 출력부분은 메모리장치에 저장된 내용을 꺼낼 때(READ) 이용하고, 입력부분은 메모리장치로 데이터를 저장시킬 때(Write)사용한다.

기억장치로부터 워드를 외부로 읽어내고(Read)/넣는(Write) 외부동작의 과정을 간단히 요약하면 [그림 9-23]과 같다.

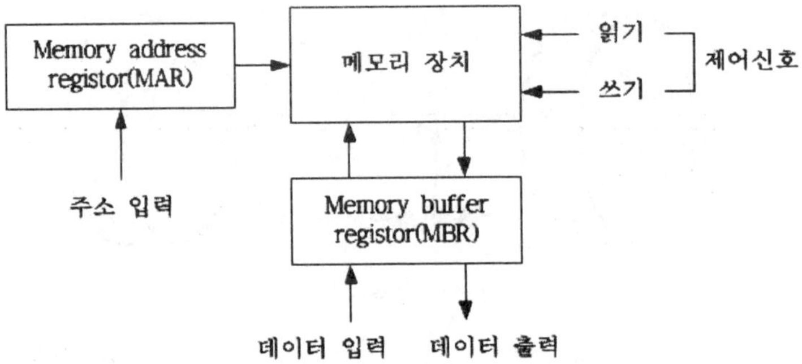


그림 9-23. 컴퓨터내부의 메모리동작을 보여주는 간단한 예

### 9.3.4.1. READ 동작

① 읽어내려는 워드의 번지 비트를 MAR에 입력시킨다.
② 기억장치의 번지를 선택한다.
③ read제어신호를 발생시킨다.
④ 기억장치로부터 해당 워드를 읽어 MBR에 임시 저장한다.
⑤ MBR의 데이터 출력부로 내보낸다.

### 9.3.4.2. WRITE 동작

① 써 넣으려는 기억장치의 번지를 MAR에 넣는다.
② 기억장치의 주소를 선택한다.
③ MBR의 데이터입력부분을 통하여 기억장치에 써넣으려는 워드를 입력한다.
③ write제어신호를 준다.
④ MBR에 일시 저장된 워드를 기억장치(메모리장치)로 옮긴다.

이때 write할 경우 단어의 이전 내용은 삭제되고 새로운 워드가 쓰여 지게 된다.

## 9.3.5. 메모리장치의 특성

기억장치가 read신호를 받은 시간부터 읽은 데이터가 출력할 때까지의 시간을 한다. 파괴 read 메모리에서 읽어낸 정보를 다시 재 저장하는 데 걸리는 시간을 복원시간(Rrestoration time)이라 한다. 이 때 사이클 시간(cycle time)은 액세스시간과 복원시간을 합한 것으로서, 비파괴 메모리에서는 사이클 시간이 액세스시간과 같다. 기억장치의 사이클 시간은 100ns에서 1μus정도이다.

RAM에서는 메모리의 번지가 어디이든지 간에 액세스시간은 같다. 그러나 시프트레지스터와 같은 순차 액세스 메모리에서는 번지에 따라 액세스시간이 상이하다.

# 9장 연습 문제

1. 레지스터를 정의하고 직렬 및 병렬레지스터의 개념을 비교하시오.
2. 4비트 양방향 시프트레지스터를 설계하시오.
3. 2개의 4비트 시프트레지스터로 직렬 가산기를 설계하시오.
4. 4비트 2진 카운터를 동기식과 비동기식으로 설계하고 각 플립플롭의 상태를 비교 설명하라.
5. BCD 10진 리플 카운터를 4개의 D 플립플롭으로 설계하시오.
6. 동기식 BCD 10진 카운터를 JK 플립플롭으로 설계하시오.
7. Johnson 카운터를 JK 플립플롭으로 설계하시오.
8. RAM의 일반적인 블록도를 그리고 이를 이용하여 4×3 RAM을 설계하시오.
9. 5비트 시프트레지스터를 설계하시오.
10. 4단 리플 카운터의 동작 타이밍도를 그리시오. 클록펄스는 16개 인가하시오.
11. 플립플롭에서 클리어와 프리세트 단자의 필요성을 설명하시오.
12. 11번 문제에서 JK 플립플롭의 경우 이에 대한 클리어 프리세트 단자를 표시하시오.
13. 12번 문제에서 클리어 동작을 설명하시오.
14. 주종 JK 플립플롭을 그리고 race around가 무엇인지 설명하고 이것이 이 경우 생기지 않음을 증명하시오.
15. 시프트레지스터로 펄스 발생기를 만드는 방법을 설명하시오.
16. 그림 9-24와 같은 3단(cascade) 10진 BCD 카운터를 동작원리를 설명하시오.

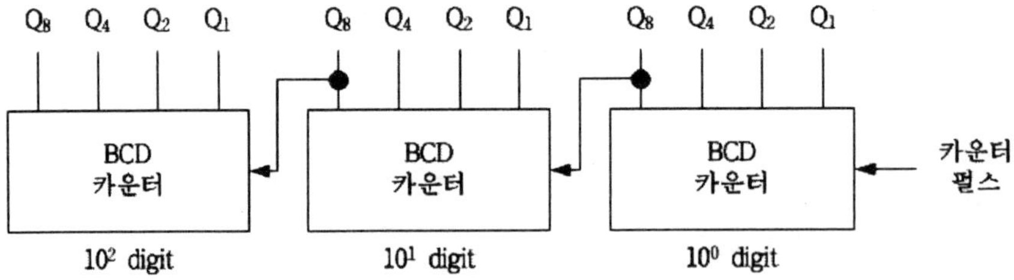


그림 9-24. 문제 16의 논리 회로도

17. 자기코어 메모리에서 1과 0을 저장하는 방식을 그림을 그려 설명하시오.

18. 4비트 8진 카운터를 JK 플립플롭으로 설계하시오.

19. 입력단자 C가 1일 때 레지스터에 저장된 2진수를 그것의 2의 보수로 변환하는 4비트 레지스터를 설계하시오. 필요하면 입력단자를 더 만들어 활용하시오.

20. 다음과 같은 2진 순서를 반복하는 2진 카운터를 JK 플립플롭으로 설계하시오.

(1) 00 → 01 → 10 → 00 ......

(2) 000 → 001 → 010 → 011 → 100 → 000 .....

(3) 000 → 100 → 010 → 001 → 110 → 000 .....

21. 문제 8번의 4×3 RAM 2개를 이용하여 8×3 RAM을 설계하시오.

22. 어떤 컴퓨터의 메모리 장치가 워드당 32비트의 8192워드를 저장할 수 있다면 MAR과 MBR의 플립플롭의 개수는 각각 몇 개인지 설명하시오.

23. 22번 문제에서 MAR이 15비트라면 이 메모리 장치가 저장할 수 있는 메모리 단위에 대해서 설명하시오.

24. 메모리 장치의 READ/ WRITE 동작의 과정을 레지스터 중심으로 설명하시오.

# 10. VLSI 설계

※ 학습목표

VLSI 설계 과정과 논리 설계의 연관성 및 CAD툴의 필요성을 인식하고 IC의 종류를 체계적으로 학습한다.

■ 세부목표

(1) VLSI 설계에서 CAD툴의 필요성 이해

(2) VLSI 설계 과정

(3) 각종 IC의 종류 및 특성 확인

지금까지 설명된 여러 방식들은 수작업에 의하여 설계할 경우에 과거로부터 논리 설계자들이 즐겨 사용하던 방식이다. 그러나 최근 논리 설계는 대규모 집적회로화를 전제로 수행되는 하나의 전단계로 인식되고 있다. 따라서 최종적으로 만들어질 VLSI 칩의 칩면적은 다소 증가하는 것을 감수하고서라도 회로설계에 대한 정확성은 유지하면서 되도록 빠른 시간에 원하는 논리 회로를 설계하는 방식이 매우 중요한 요소로 인식되고 있다. 그 이유를 보면 논리 회로 설계를 통하여 칩구조를 이룰 소자 자체가 소량 다품종화 되는 추세로 마치 소프트웨어 업계에서 신제품을 매우 빠른 시간에 다시 내놓아야 경쟁력을 가질 수 있는 상황과 매우 흡사하다. 결국 빠른 시간에 논리 설계를 완성하지 않으면 안 되는 절박한 상황에 논리 설계자들이 놓이게 된 것이다. 이 때문에 현재 대부분의 논리 회로 설계에서는 컴퓨터를 응용한 설계(Computer Aided Design, CAD)를 행하는 것이 필수화되었다.

이 장에서는 이러한 CAD를 이용한 논리 설계 즉, 논리 설계 자동화에 대한 개략적인 소개와 각종 IC의 전반적 특성을 소개함으로서 논리 설계의 실제적이고도 현실적인 면을 독자들이 접할 수 있도록 하려한다.

# 10.1. CAD 기술의 필요성

최근에 들어와서 반도체 집적기술이 발전하여 보다 고성능의 논리 회로를 설계할 수 있게 되고 이를 VLSI화 할 수 있게 되었다. 또한 일반 사용자가 요구하는 커스텀(Custom) VLSI 칩 및 디지털 시스템 설계가 가능하게 되었으며 이를 가능하게 한 주요기술의 하나가 바로 CAD 기술이다.

CAD 기술의 필요성은 다음과 같이 요약된다.

■ VLSI는 범용성이 적어서 소량 다품종의 생산이 요구되므로 VLSI의 총생산원가의 비율을 줄이려면 CAD 기술이 필요하다.

■ VLSI는 대규모의 복잡한 시스템이므로 설계 시간의 단축 및 정확성 확보를 위해 인간이 직접 손으로 설계하는 방식보다는 컴퓨터를 응용한 CAD 기술이 필요하다.

# 10.2. CAD 기술을 이용한 VLSI 생산 과정

일반적인 CAD 기술에 의한 VLSI의 생산과정은 논리 설계, 논리검증 및 시뮬레이션(9장참조), 배치(Pacement) 및 배선(Routing)등의 레이아웃(layout), 제조공정, 테스팅 등의 크게 5단계로 이루어진다.

여기서 가장 관심이 가는 부분은 바로 본서의 내용과 밀접한 논리 설계과정인데 현재 VLSI설계는 진리치표등을 이용한 수작업 논리 설계는 앞서 지적한 바와 같이 불가능하며 소프트웨어 설계자들이 알고리즘을 구현하기 위해 프로그래밍 언어를 사용하는 것과 흡사하게 CAD에 의한 논리 설계에서는 설계할 하드웨어의 구조나 동작을 하드웨어 기술언어(Hardware Description Language, HLD)로 기술한다. 다음에 이와 같은 기술언어는 컴퓨터에 입력되어 여러 변환 단계를 거쳐 다음의 설계 과정에서 이용할 수 있는 의미 있는 데이터를 생성한다. 이것은 소프트웨어의 경우 컴파일러와 흡사하다. 소프트웨어 컴파일러는 소스 코드에서 목적 코드를 생성하지만 하드웨어에서는 다음 단계의 설계를 위한 의미 있는 데이터를 생성한다는 점에 차이가 있으며 이 때문에 이러한 변환기를 하드웨어 컴파일러라 부른다. 완전한 칩 마스크 데이터를 만들어내는 소프트웨어는 실리콘 컴파일러라 부른다.

물론 논리 회로가 이미 구해진 상태에서 설계하기 위해서는 논리 회로도를 바로 컴퓨터에 입력할 수 있는데 이 경우는 HDL로 기술하는 과정은 생략되며 스키메틱 엔트리(Schematic ntry) 툴을 사용하여 논리 회로를 바로 입력한다. VLSI를 설계하기 위한 논리 회로 설계과정을 도표로 나타내어 정리해보면 다음과 같다.

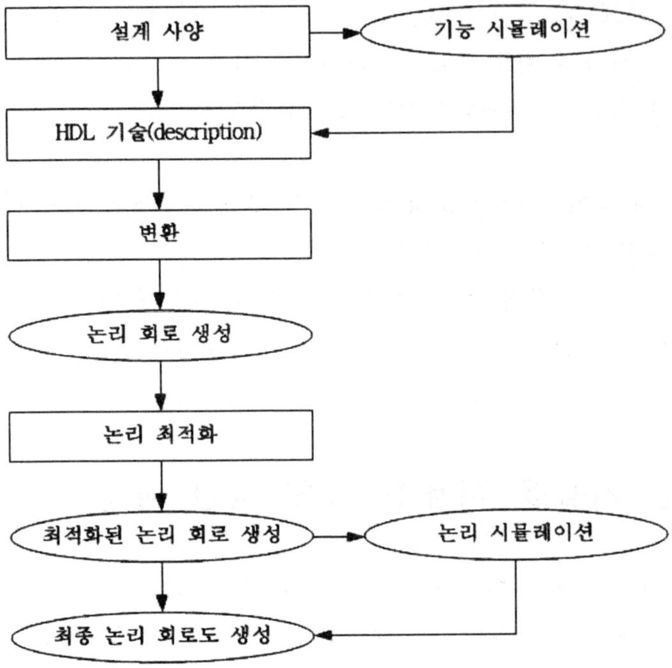


그림 10-1. VLSI의 논리 설계 과정

하드웨어 기술언어는 현재까지 매우 다양한 언어들이 개발되어 사용되어왔으나 최근 VHDL(Very High Speed IC Hardware Description Language)의 표준화에 따라 VHDL을 사용하는 사례가 증가하고 있다.

## 10.3. IC의 종류

집적회로(IC)는 트랜지스터, 다이오드, 저항 등의 전자 부품을 하나의 칩 위에 집적화시켜 놓은 실리콘 반도체 결정이다. 이와 같은 여러 부품은 칩 내부에서 서로 배선되어 복잡한 전자회로를 이룬다.

칩은 금속이나 플라스틱 패키지 안에 설치되고 접점은 외부단자에 연결되어 최종 IC가 완성되게 된다. 집적회로의 이점을 살펴보면 다음과 같다.

- 크기가 작다.
- 가격이 싸고, 전력 소비가 작다.
- 신뢰성이 높고, 동작속도가 빠르다.

집적회로는 크게 선형 집적회로와 디지털 집적회로로 구분되며 선형집적회로는 연속적인 신호에 적합하게 만들어진 것으로 연산 증폭기, 전압비교기, 전압 안정기 등의 용도로 사용되며 디지털 집적회로는 2진 디지털 신호에 적합하며 게이트, 플립플롭, 레지스터, 카운터, 가산기, 메모리 등의 소규모에서 대규모의 디지털 동작을 위해 사용된다. 이미 이에 대한 내용은 본서에서 다루었으며 각 IC를 규모별로 나누고, 표준장치로 논리 회로를 설계하는 방법도 이미 공부하였다.

이 절에서는 보다 체계적으로 이와 같은 IC를 구분해보고, 그 특성을 세부적으로 알아보기로 한다.

### 10.3.1. 디지털 집적회로의 분류

디지털 집적회로는 여러 가지 방법에 따라 분류할 수 있으며 논리 회로 그룹에 따라서 다음과 같이 일반적으로 분류하고 있다.

- TTL : 트랜지스터-트랜지스터 논리(Transistor Transistor Logic)
- ECL : 이미터-결합 논리(Emitter Coupled Logic)
- MOS : 금속-산화물 반도체(Metal Oxide Semiconductor)
- CMOS : 상보 금속-산화물 반도체(Complementary Metal Oxide Semiconductor)

여기서 TTL은 가장 널리 사용되어오고 있는 집적회로이며 ECL은 고속도의 동작이 요구되는 논리 회로에 주로 사용되며, MOS는 부품의 밀접도가 높이 요구되는 경우에, CMOS는 적은 전력소비가 요구되는 경우 예를 들면 디지털 손목시계 등에 널리 사용되고 있다.

## 10.3.2. 디지털 집적회로의 특성 파라미터

디지털 집적회로의 선택에서 설계자들이 고려하여야 할 사항인 디지털 집적회로의 특성 파라미터는 다음과 같다.

■ 팬 아웃(Fan Out) : 정상동작을 벗어나지 않고 한 표준 게이트 출력이 구동할 수 있는 최대 부하(Load)수를 말한다. 예를 들어 하나의 게이트가 N개의 같은 게이트를 구동하는 경우 팬 아웃은 N이라고 할 수 있다. 여기서 표준 부하는 다른 유사 게이트의 입력으로 되는 전류의 양으로 정의한다.

■ 전력 소모(Power Dissipation) : 한 게이트가 소모하는 전력을 말하는 것으로 되도록 이 값이 적어야하는데 예를 들어 한 게이트가 DC +5V에서 동작할 때 논리 high(1)일 때 4mA의 전류가 흐르고, 논리 low(0)에서 2mA가 흐른다면 이 게이트가 소모하는 평균 전력 소모의 양은 {(5×4mW)+(5×2mW)}/2=15mW가 된다.

■ 전파 지연(Propagation Delay) : 게이트의 입력신호를 주고 출력신호를 얻기까지 소요되는 평균 전이 시간을 말한다. 전파지연이 짧을수록 동작 속도가 빠르다. 전파지연은 항상 존재한다.

■ 잡음 여유(Noise Margin) : 회로 출력에 바라지 않는 잡음이 일어나는 최소 잡음 레벨을 말한다.

## 10.3.3. TTL 집적회로

TTL 집적회로의 기본 게이트는 NAND게이트이며 TTL의 종류는 표준(TTL), 저전력(LTTL), 고속(HTTL), 쇼오트키(Schottky TTL), 저전력 쇼오트키(LSTTL)등이 있으며 TTL의 출력은 다음의 3가지가 있다.

■ 개방 콜렉터(Open Collector) 출력 : 콜렉터를 개방 시킨 것으로서 외부저항이 삽입된다. 와이어드 논리중 와이어드 AND(본 서 4-6절 "와이어드 논리 회로 설계" 참고)에 응용된다.

■ 토템폴(Totem Pole) 출력 : TTL의 표준 출력으로서 전파지연이 감소되고 팬 아웃을 크게 할 수 있으며 출력 전력이 높다.

■ 3 상태(Tri State) 출력 : 제 3의 상태로 고임피던스(z)를 둔 것으로 이 상태에서는 나머지 입력들이 정상적으로 들어와서 출력이 되어야하지만 출력을 불가능하

게 만든다. 이것은 양방향성(I/O) 핀의 처리 등에 응용된다.

[그림 10-2]의 3상태 게이트를 보자. [그림 10-2(A)]의 3상태 버퍼게이트는 C가 high이면 출력이 나오며 출력은 Y=A이다. 만약 C가 low이면 출력 Y는 고임피던스 상태가 되어 출력이 되지 않는다. [그림 10-2(B)]의 3상태 인버터게이트는 C가 low이면 출력이 나오며 출력은 Y=A′이다. 만일 C가 high이면 출력 Y는 고임피던스 상태가 되어 출력이 되지 않는다.

(A) 3 상태 버퍼 게이트 (B) 3 상태 인버터 게이트

그림 10-2. 3 상태 TTL 게이트

## 10.3.4. ECL 집적회로

ECL은 비포화 상태에서 동작하므로 동작 속도가 매우 빠르며 전파지연이 1ns~2ns정도로 매우 적다. 기본 게이트는 NOR 게이트이며 OR 출력도 가능하다. 2개 이상의 ECL 게이트 출력을 서로 결선하여 와이어드 논리로 실현할 경우 쉽게 결선 OR 를 구성할 수 있다. 즉, OR-AND-INVERT 기능을 쉽게 만들 수 있다(본서 4-6절 참고). ECL 게이트의 전력 소모는 약 25mW 정도이고, 팬 아웃은 25이상, 잡음 여유는 약 0.3V 정도로 TTL 게이트 보다는 다소 떨어진다.

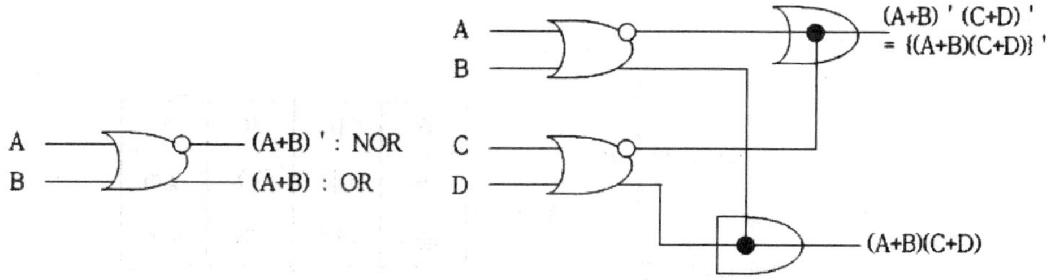


(A) 단일 게이트 (B) 2개의 게이트의 결선 조합

그림 10-3. ECL게이트의 기호도

## 10.3.5. MOS 집적회로

트랜지스터는 크게 양극성(Bipolar)과 단극성(Unipolar)으로 나눌 수 있는데 MOS는 전자(Electron)과 정공(Hole)의 2개의 캐리어(Carrier)중 하나의 캐리어를 이용하여 동작하므로 단극성 소자라 부르며 앞서 설명한 TTL, ECL 등은 양극성 소자이다.

MOS는 이와 같이 단극성 트랜지스터이므로 양극성 트랜지스터보다 차지하는 면적이 적게 제조할 수 있어서 밀접도가 큰 대규모 시스템(VLSI)에 적합하다. MOS는 pMOS, nMOS, CMOS가 있으며 n채널 MOS인 nMOS는 음전압을 인가하면 동작하고 pMOS는 양전압을 인가하면 동작한다.

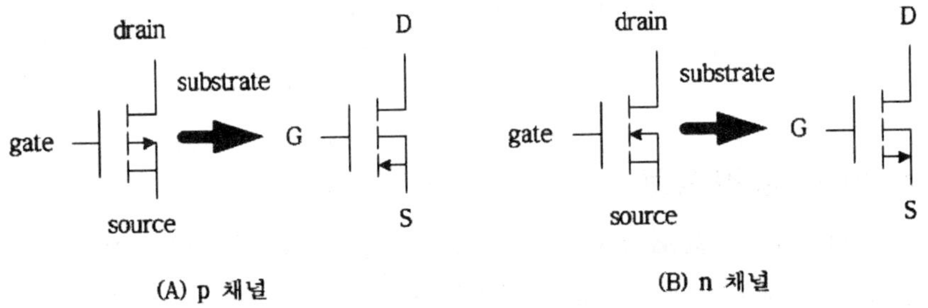


그림 10-4. MOS 트랜지스터의 기호

한편, 현재 널리 사용되는 CMOS는 이와 같은 pMOS와 nMOS를 상보적으로 구성한 것이다. MOS는 고밀도 집적화, 저전력 소모 등의 특징으로 널리 사용되고 있다. [그림 10-5]는 CMOS 인버터 회로와 동작 원리를 설명하고 있다.

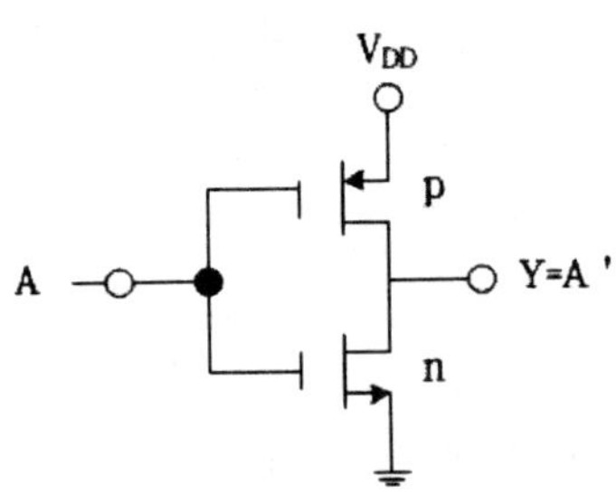


| A | p | n | Y |
|---|---|---|---|
| low | ON | OFF | high |
| high | OFF | ON | low |

그림 10-5. CMOS 인버터 회로도

[그림 10-5]에서 입력이 low가 되면 pMOS는 ON되고 nMOS는 OFF가 되어 결국 출력은 high가 되며, 만일 입력이 high가 되면 pMOS는 OFF되고 nMOS는 ON이 되어 출력은 low가 되어 인버터로 동작한다. CMOS NAND 및 NOR 게이트의 경우에는 그림 10-6과 같이 회로 구성을 할 수 있다. 이와 같은 회로 구성에서 pMOS단만 생각하여 입력 A, B가 직렬로 접속된 경우에는 (AB)'로 해석하면 되겠고, NOR의 경우와 같이 pMOS단이 병렬로 구성되는 경우에는 (A+B)'로 해석하면 된다.

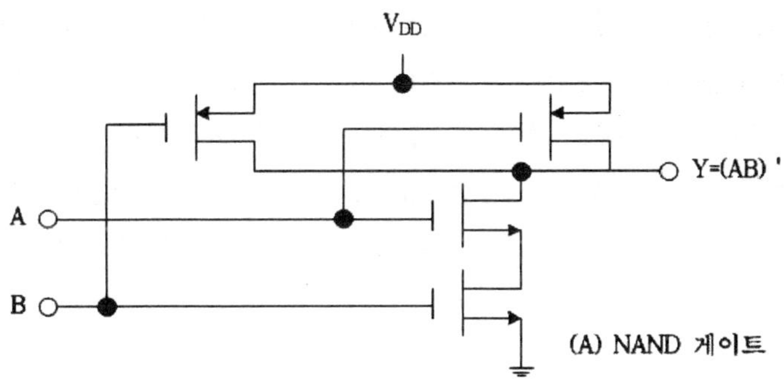


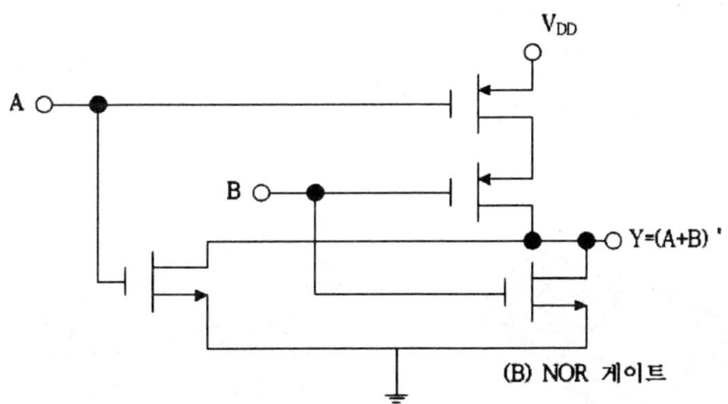


그림 10-6. CMOS NAND 및 NOR 게이트

## 10.3.6. 집적회로의 규모에 따른 분류

집적회로를 집적되는 소자의 규모에 따라 일반적으로 다음과 같이 분류하고 있다.

■ SSI(Small Scale Integration) : 10개 이하의 게이트로 이루어져 있으며, 이러한 IC는 한 패키지 내에 여러 개의 게이트 또는 플립플롭이 포함되어 있다.

■ MSI(Medium Scale Integration) : 10~100개의 게이트로 구성되어 있고, 레지스터, 카운터, 디코더 등과 같은 기본적인 논리기능을 가진 집적회로에 쓰인다.

■ LSI(Large Scale Integration) : 수백 개의 게이트로 구성되며, 대규모 기억장치, 마이크로프로세서 및 휴대용 계산기 칩 등이 이에 해당한다.

■ VLSI(Very Large Scale Integration) : 수천에서 수만 개의 게이트로 이루어져 있고, 대형 기억장치, 복잡한 마이크로프로세서 및 마이크로컴퓨터 칩 등이 이에 해당한다.

## 10.3.7. 집적회로 패키지

집적회로 패키지에는 [그림 10-7]과 같이 Flat형과 DIP(Dual In-Line Package)형의 2가지 종류가 널리 사용되고 있다. DIP형이 가격이 싸고 프린트 기판에 설치하기가 용이하기 때문에 주로 사용되고 있다. IC패키지의 외부는 플라스틱이나 세라믹으로 처리되어져 있다. 대부분의 패키지는 표준 크기이고, 14~64개의 핀을 갖고 있다.

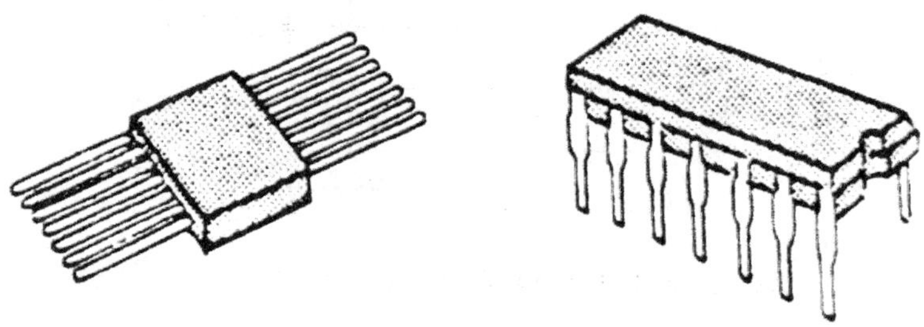

그림 10-7. IC 패키지

각 IC는 회사에 따라 고유의 명칭번호를 갖고 이 번호가 패키지의 표면에 프린트되어 있다. 이 번호는 제작회사에서 지정하며, 각 업체는 여러 제품에 관련된 필요한 정보를 제공하기 위해서 데이터 북이나 카탈로그를 발행한다. 예를 들면 TTL IC는 7400series와 5400series로 되어 있으며 어떤 제조업체는 9000 또는 8000series로 명칭을 붙이고 있다.

ECL IC는 10000series이고 CMOS는 4000series로 명칭을 붙인다.

# 10장 연습 문제

1. VLSI 설계에서 CAD 기술의 필요성을 설명하시오.
2. 시뮬레이터와 논리 설계의 연관성을 설명하시오.
3. 표준 IC를 게이트 그룹에 따라 분류하고 장단점을 기술하시오.
4. VLSI 설계에서 논리 설계과정의 일반적 단계를 기술하시오.
5. CMOS 회로의 인버터를 그리고, 그 동작과정을 설명하시오.
6. 다음의 논리식을 만족하는 회로를 CMOS로 설계하시오.

   $F = (A+B+C)'$

7. 다음의 논리식을 만족하는 CMOS 회로를 설계하시오.

   $F = (ABCD)'$

8. 집적회로의 패키지 종류를 열거하고, 그 특징을 간단히 설명하시오.

# 알기쉬운 디 지 털 공 학


2015년 3월 2일 인쇄
2015년 3월 5일 발행
저 자 곽 승 욱 • 정 필 성 공저
펴낸이 오 성 겸
펴낸곳 오성미디어
주 소 132-916 서울시 도봉구 창 3동 491-1
전 화 02) 997-0136
FAX 02) 997-0137
등 록 2000. 5. 12 제 7-212 호
ISBN 978-89-6628-157-2 값16,000원